凝煉知識品味閱讀

凝煉知識品味閱讀

圖解
系列

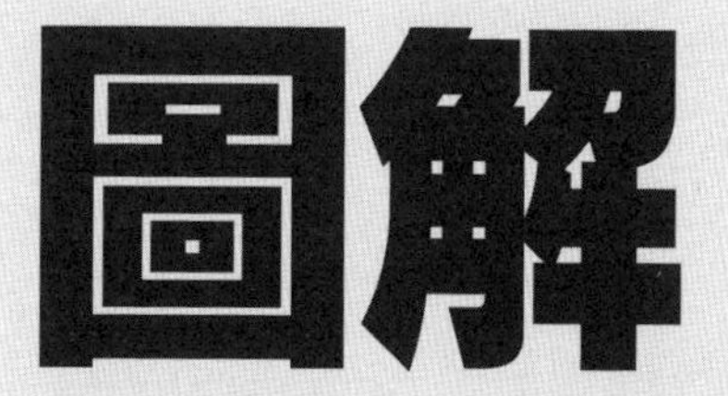

五南圖書出版公司 印行

環境管理系統 ISO 14001：2015實務

林澤宏、林啟燦／編著

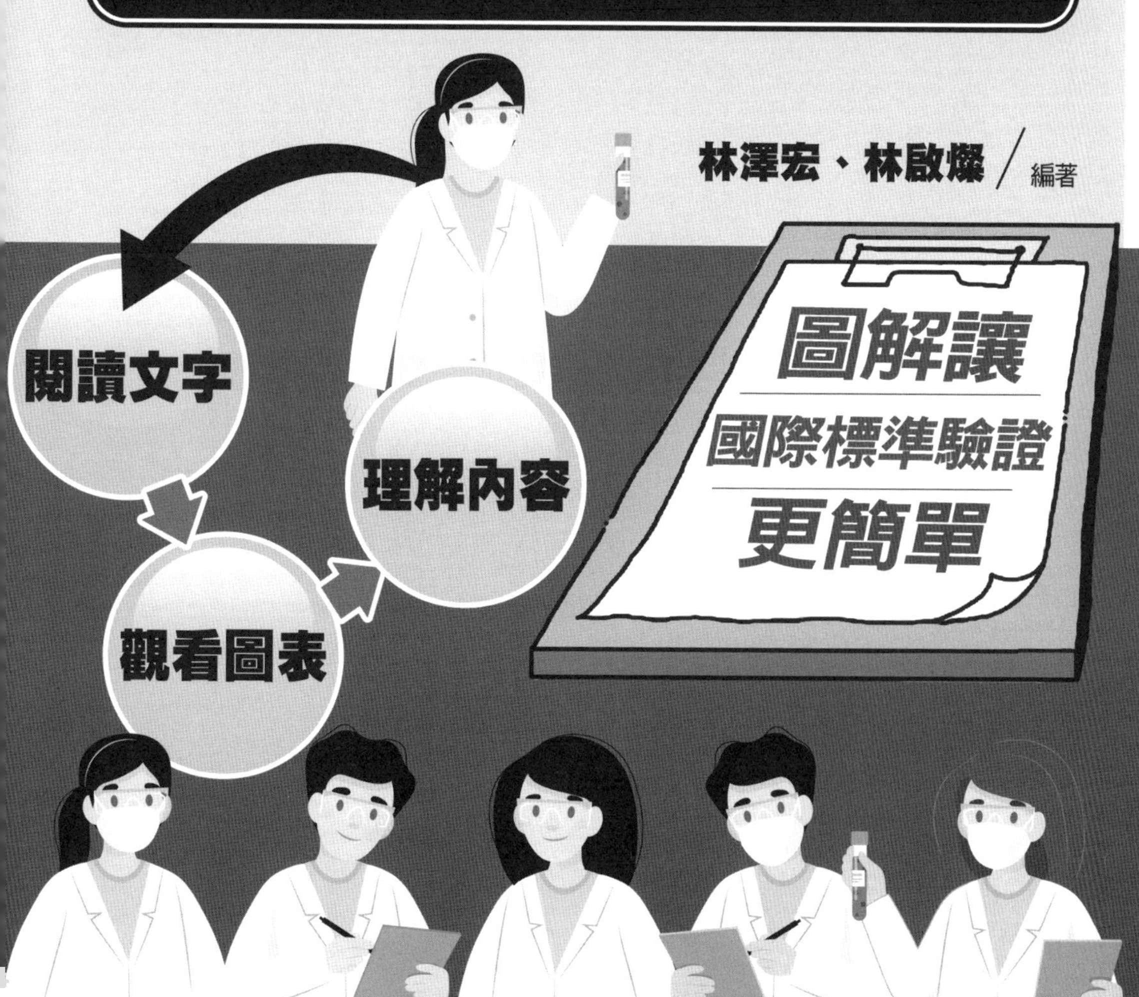

推薦序1

任何產業的營運都與系統化與標準化的管理息息相關，環境管理亦不例外。

本書作者林澤宏博士與林啟燦教授擁有多年的ISO輔導經驗，深切體會到學術與實務之間存在的巨大鴻溝，也深知業界專案經理們在執掌ISO環境管理系統實務運作中的挑戰與辛勞；爰以著作本書，祈盼讀者能按部就班，依照ISO條文要求重點推動，建置永續發展生命週期與環境風險評估之基石。

基於業界因應國際化環境管理實務趨勢之需求，為了使讀者能夠快速擷取ISO 14001之精神與竅門，本書系統性地將環境管理的基本概念與實務的運作，循序漸進、深入淺出地詳加說明，輔以圖文並茂的呈現方式，逐條解釋箇中之重點；且於每項條文解釋之後，導入「知識補充站」及「個案研究」以幫助讀者加深印象與充分理解。

本書作者長期涉獵ISO管理之相關研究與工廠實務，對於眾多ISO系列之原有精神，亦多有新的啟發和融會貫通之領悟；因此，在撰寫本書ISO 14001的實務內容中，亦會導入其他如ISO 9001、ISO 22000之比較與融合。且為了符合社會各界之引頸期盼，亦持續籌備著作ISO系列性圖解專書，延伸至ISO 14067產品碳足跡與ISO 14064-1溫室氣體盤查等實務手冊。

最後，再次銘謝作者林啟燦教授之邀請，吾人抱持著十二萬分之榮幸與最誠摯之謝意，撰寫此序。本書之完成，筆者箇中辛苦、溢於言表，非親身經歷者，難以體會，故吾人推薦並讚揚ISO 14001入門口袋書成功圓滿上市。

富世達股份有限公司 前任總經理 沈旻勳 謹序

2024年5月，於高雄

推薦序2

台灣有150多萬家的中小企業推動ISO 14001環境管理系統以符合企業的運作與發展需求，透過環境管理系統可使企業組織對於自身活動、產品與服務等管理運作有更深入的瞭解，以期更有效運用有限的資源。更重要的是，藉由ISO 14001環境管理系統之循環運作，可從中發現組織內部的運作缺點，進而解決問題；透過跨部門合作，可以達到持續改善，邁向提升競爭力之目標，成就企業永續發展的經營優勢。

為協助企業快速有效掌握環境管理系統，本書作者林澤宏博士與林啟燦教授於本書創作規劃時，特將此圖解專書分成十個章節。首先綜合介紹包含ISO 9001品質管理、ISO 14001環境管理、ISO 45001職安衛管理及ISO 50001能源管理等系統，藉此協助讀者統合性瞭解組織內部既有之國際標準，以避免疊床架屋之重複工作。接續強調多數公司已建立的品質管理系統，利用已建置的文件化、知識與風險管理基礎，來協助推動ISO 14001環境管理系統。過程中，首重組織背景及利害關係者的界定，也透過上級領導階層的承諾及環境政策的宣告來展現領導力，透過PDCA等循環執行規劃來達成環境管理目標，同時也論及組織內部的資源配置及認知教育與溝通技巧，此部分對於企業營運績效的穩定、持續改進與緊急應變能力的提升會有頗多助益。

另外，值得一提的是本書主要特色之一，乃是透過實務與個案教學的方式，作為對應條文規定解析應用輔助說明，此部分有別於坊間各類ISO相關之專業參考書籍；不但可做為ISO 14001環境管理系統基本入門圖解專書，也更適合產官學界想要瞭解ISO之新鮮人，跨域發展本職學能的參考書籍。

近年來，世界各國逐漸感受到全球氣候變遷對人類所帶來的威脅；因此，也極力暢導ESG企業永續經營的重要性。我國蔡英文總統也在2021年4月22日宣告台灣邁向2050 Net-Zero淨零碳排之國家政策目標；行政院也訂定12大項策略及達標路徑圖；同時，也開始輔導與補助企業進行ISO 14064組織碳盤查與ISO 14067產品碳足跡之計算，以滿足歐盟CBAM與美國CCA碳邊境稅之申報。

為順應國際綠色經濟潮流及符合國內企業之需求，本書《圖解環境管理系統ISO 14001：2015實務》恰逢其盛、來得正是時候；因此，本人也樂於推薦本書順利出版，成功上架，造福有永續抱負的有緣人。

嘉南藥理大學校長 錢紀銘 博士 謹序

2024年5月，於台南

序

TAF國際認證論壇公報中，對已獲得ISO 14001認證之驗證的預期結果，從利害關係者之角度，強調「在界定之驗證範圍內，其已獲得驗證之環境管理系統的組織，能夠管理其與環境之間的互動，並能展現以下之承諾：1.預防汙染。2.符合適用之法律與其他要求。3.持續改進其環境管理系統，以達成其整體環境績效之改善。」

實務推動輔導包括涉及到環境管理體系、環境審核、生命週期評估等國際環境領域內的諸多焦點問題。組織經營同步考慮到對環境保護議題、預防汙染和社會經濟學持續成長需要的同時，如何因應有效經營管理公司業務、產品和服務中所應面對的環境考量面及衝擊，並提出中長期因應措施。

ISO 14001強調系統導向環境管理（systematic approach to environmental management）係指將相互關連的過程作為系統加以鑑別、了解及管理，有助於組織 達成環境目標的有效性與效率。

適合性（itability）環境管理系統如何適合組織的運作、文化和營運系統。充裕性（equacy）環境管理系統是否符合本國際標準的要求，並進行適當的實施。有效性（fectiveness）環境管理系統是否達到所預期的結果。

本書分三大部分來探討：第一部分前三章，如何圖解讓讀者能快速有效了解ISO 14001環境管理系統要點條文與實務推動精神，包括國際標準介紹、品質管理系統要項、概述；第二部分重點條文4.0組織背景至條文10.0改進要求，透過重點圖表與實務說明，啟發讀者融入環境管理工作生活化系統思維，有別一般專書；第三部分附錄，附錄1融合其他國際標準條文要求（ISO 9001、ISO 13485、ISO 14064-1、ISO 45001、ISO 50001），提供管理者明確推動ISO 14001管理審查環境目標，附錄2提供TAF國際認證論壇公報，企業明確從推動至宣告通過ISO 14001驗證可預期的結果，附錄3補充適合各產業ISO 14001：2015條文要求與法規要求。

本書著重實務Case study個案教學，對應條文解析補充教學，有別市場專書內容，適合高中職大學以上老師學生深度了解ISO 14001環境管理系統架構之基本認識，更適合產業社會新鮮人，值得跨領域多元學習環境管理系統之口袋書。

林澤宏、林啟燦

2024年5月

iesony88@gmail.com

Line id：iesony88

本書目錄

本書目錄

本書目錄

本書目錄

本書目錄

本書目錄

第 1 章

國際標準介紹

章節體系架構 ▼

Unit 1-1 品質管理系統簡介

中小企業推動品質管理系統範圍，依公司場址所有產品與服務過程管理，輸入與輸出作業皆適用之。列舉電動自行車產業包括一階委外加工供應商、客供品管理、風險管理與品質一致性車輛審驗作業等。

中小企業爲確保組織環境品質系統之程序及政策得以落實；有效的執行品質保證責任，以滿足客戶之需求，達成公司之目標與品質政策，需制訂文件程序化。品質管理系統定義，即爲落實公司品質管理而建立之組織架構，工作職掌，作業程序等並將其文件化管理。

一般中小企業品質系統依據當地政府法令與ISO國際標準規範要求；以追求客戶滿意需求過程導向，公司之品質政策制定之，其文件架構一般採四階層文件來進行整體組織程序文件規劃。各部門依據品質文件系統架構及權責分工，制訂各類品質文件，部門間程序文件互有抵觸時，以上階文件爲管理基準。

品質管理系統之執行，組織部門各項文件須有管制，且分發至各相關部門依此品質管理系統規定有效確實執行。各部門於執行期間若遇執行困難或是更合適之作業方式時，得依其「文件管制程序」之原則方法提出修訂。

品質管理系統之稽核，可由管理代表依公司內部稽核程序，指派合格稽核人員，進行實地現況查核。稽核後，對於不合事項應提書面報告交由該權責部門進行矯正再發管制程序辦理。

一般程序文件架構：四階層文件

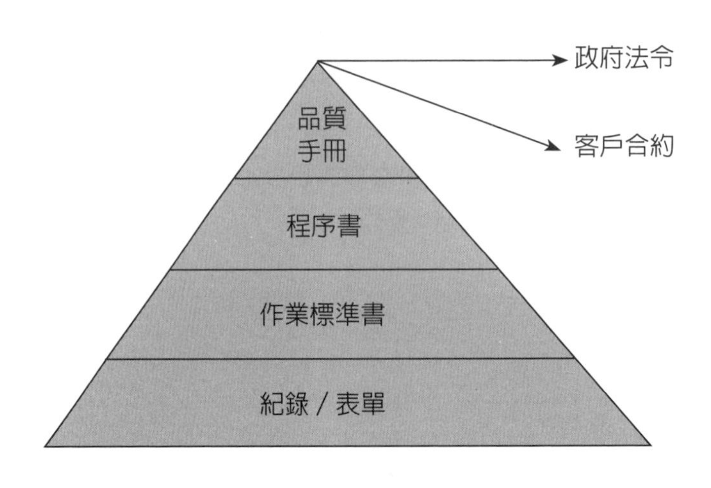

圖解ISO 9001：2015國際標準品質管理系統圖（中英文對照）

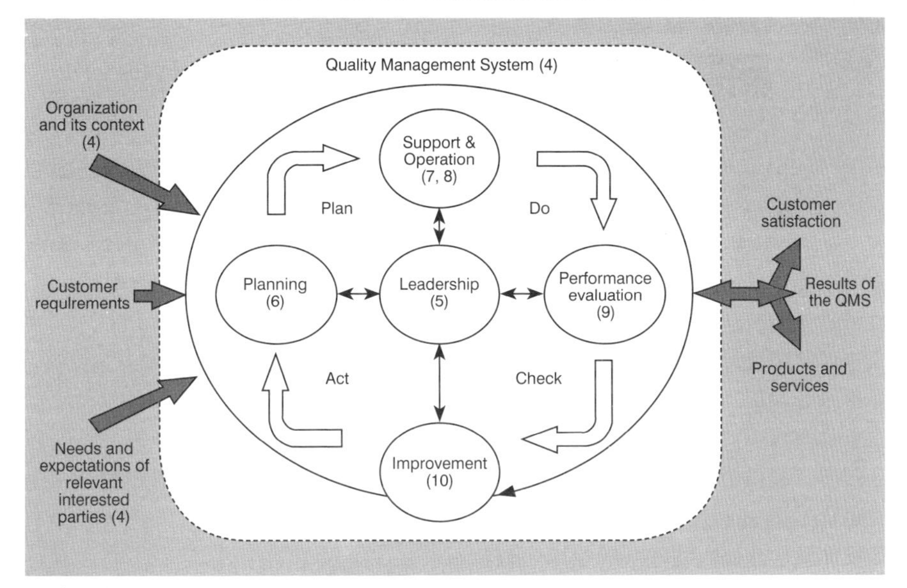

國際標準參考https://www.iso.org/standard/

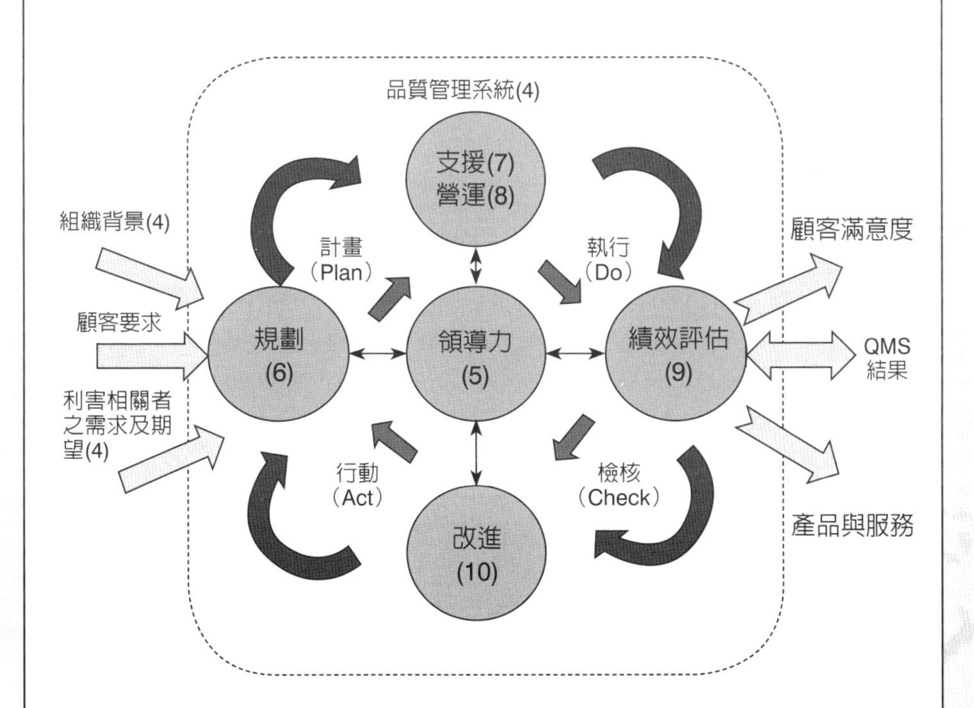

Unit 1-2
品質管理系統ISO 9001：2015

ISO 9001品質管理系統標準，經過多年的市場驗證，並透過ISO國際組織的檢視，於2015年9月發布FDIS全新版ISO 9001：2015條文。本次內容變化幅度較大，也是近十年ISO變動最大版本，對企業推動ISO國際標準衝擊最大、影響深遠。而導入新版ISO 9001：2015預估可帶給企業六大好處：

1. 將經營管理與品質管理，落實日常重點管理結合。
2. 強化品質經營，提升績效管理。
3. 強化經營規劃：包括風險評估與經營環境變遷納入系統管理。
4. 運用整合系統打造組織核心經營體系。
5. 高階經營者領導承諾投入（commitment and engagement）與員工認知與職能提升（awareness and competence）是新版成功基礎。
6. 具彈性適合於複數管理系統標準之融合。

鼓勵所有中小企業完成ISO專案改版活動。本書除著重於條文解說，採先以系統發展爲基礎，同時提供圖表與個案式內容輔助解釋做爲學習入門與企業人才培育所需，最後實務個案依企業組織使用上針對系統驗證與經營提出可行方案，藉以創造組織經營效益。幫助企業組織掌握條文標準要點，提升企業競爭力。

ISO是國際標準組織（International Organization for Standardization）之簡稱，於1947年2月正式成立，其總部設在瑞士日內瓦，成立之主因是歐洲共同市場爲了確保流通全歐洲之產品品質令人滿意，而制訂世界通用的國際標準，以促進標準國際化，減少技術性貿易障礙。

回顧1987年，ISO 9000系列是一種品保認證標準，由ISO/TC 176品質管理與品質保證技術委員會下所屬SC2品質系統分科委員會所編訂。於1987年3月公布。ISO 9000系列是由ISO 9000、ISO 9001、ISO 9002、ISO 9003、ISO 9004所構成。是一項公平、公正且客觀的認定標準，藉由第三者的認定，提供買方對產品或服務品質的信心。減少買賣雙方在品質上的糾紛及重覆的邊際成本，提升賣方產品的品質形象。

ISO 9001品質管理系統是ISO管理體系中最基本國際標準要求，應用範圍最廣、發證量最多的國際標準證書；從1987年發布了第一版，1994年第二版、2000年第三版、2008年第四版。

組織除了考量全面品質管理效益，執行品質系統應在乎改善經營績效，故在ISO 9001：2015中於0.1 General章節中已納入考量：A robust quality management system help an organization to improve its overall performance and forms an integral component of sustainable development initiative。

ISO 9001：2015國際標準品質管理系統圖（個案參考例）

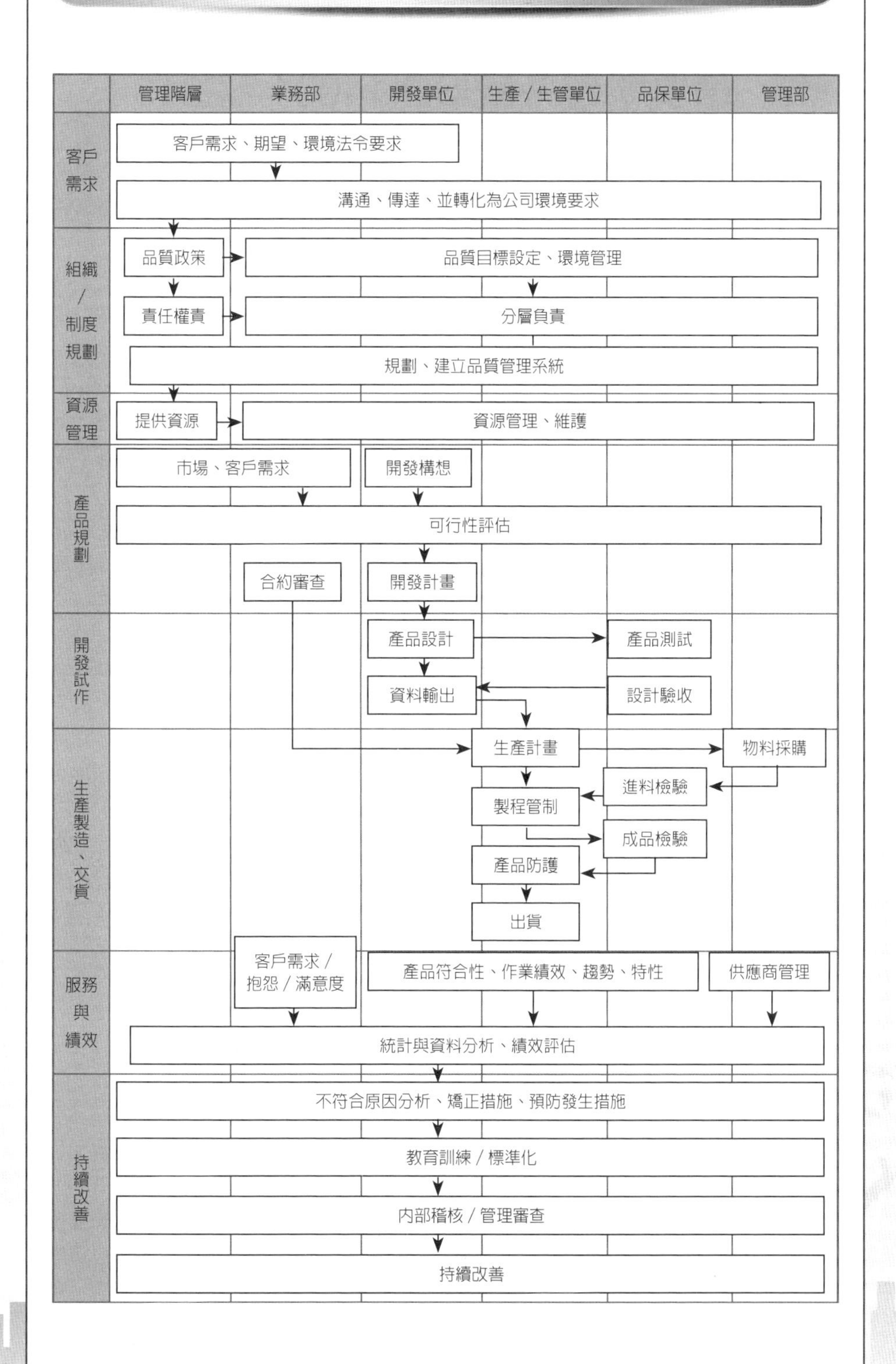

Unit 1-3 環境管理系統ISO 14001：2015

ISO 14001：2015規定組織可以用來提高其環境績效的環境管理系統的要求。旨在供組織尋求以系統化方式管理其環境責任的使用，從而有助於實現可持續發展的環境支柱。

ISO 14001：2015爲環境幫助組織實現其環境管理系統的預期成果，組織本身和相關方提供價值。根據組織的環境政策，環境管理體系的預期成果包括：提高環境績效；履行合乎法規義務；實現環境目標。

ISO 14001：2015適用於任何組織，無論其規模，類型和性質如何，適用於組織認爲它可以控制的活動，產品和服務的環境方面或考慮到生命週期的影響。ISO 14001：2015是實現環境管理系統，沒有規定具體的環境表現標準。國際標準參考https://www.iso.org/standard/60857.html。

台灣松下電器公司政策曾宣示，公司自覺環境使命在於善盡企業社會責任，從推動環境管理系統開始，即藉由ISO 14001精神，以預防汙染、持續改善、塑造綠色企業、生產綠色商品、滿足顧客需求，對內追求提高競爭力、對外提昇企業形象以及拓展商機，實踐達成永續經營的環境目標。

台灣檢驗科技公司SGS黃世忠副總裁曾說，在台灣中小企業推動ISO 14001具顯著成功，證明此標準符合衆多台灣公司企業需求。透過實施環境管理系統可使企業組織對於自身環境管理運作，包括活動、產品與服務，有更深入的了解，也更能有效使用有限資源。更重要的是，藉由推動ISO 14001環境管理系統之循環運作，從執行活動中發現議題，進而解決問題，跨部門合作，達到持續改善，邁向提升競爭力之目標。因此推動實施環境管理系統，追求不只是獲得一紙證書，而是組織眞正能從過程中持續改善，成就企業組織之永續發展與經營優勢，正向循環獲得客戶與消費者肯定與支持。

小博士解說 個案研究

2017年企業社會責任報告書中揭露，台橡要求合作夥伴應遵守當地法令不得強迫勞工、違反合法工時及薪資和福利。台橡對於供應商評選已包含ISO 9001、ISO 14001、RoHS（HSF）、QC 080000、OHSAS 18001及CNS 15506乃至於企業社會責任等重要指標，要求供應商遵守集會結社自由、禁用童工可杜絕強迫勞動等規範，以維護基本人權。2017年生產原料類供應商已有30家發行CSR報告。其中對2家原料供應商執行定期評估，結果並無違反事項。

ISO 14001：2015國際標準環境管理系統圖（個案參考例）

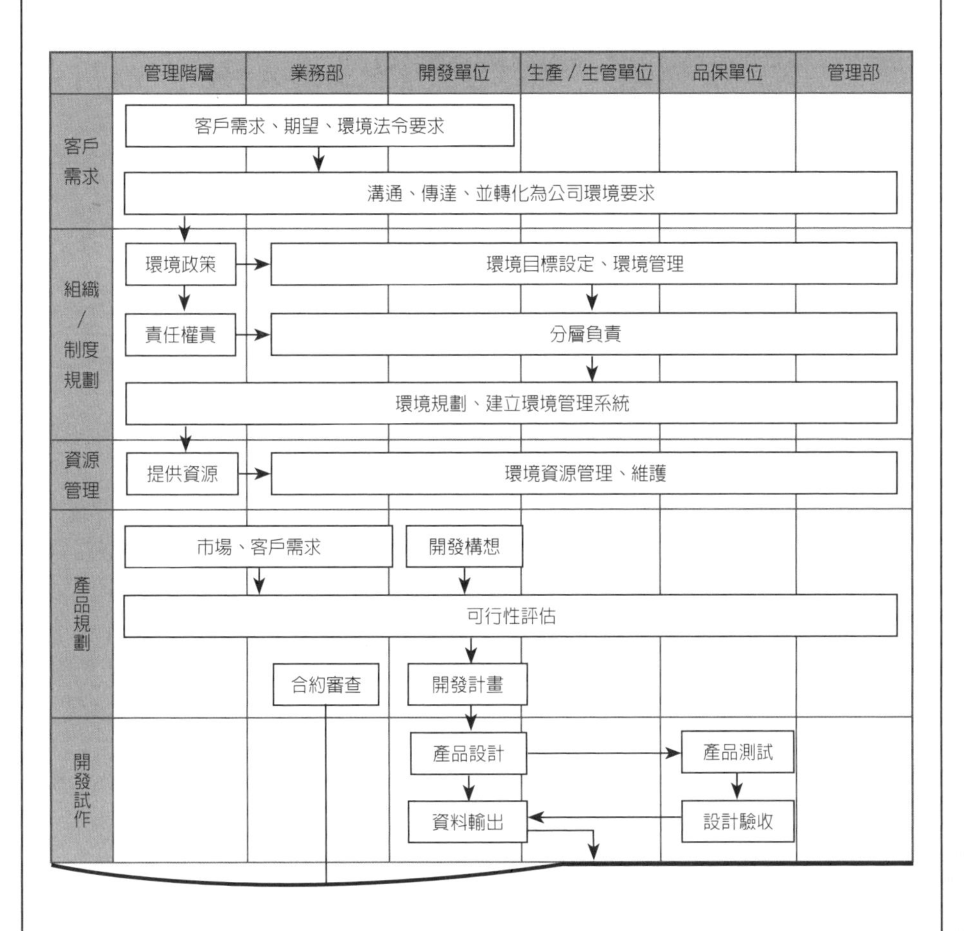

ISO 14001：2015通過廠商列舉

產業業態	產業學習標竿
橡膠業	建大輪胎、正新輪胎、國際中橡、台橡
塑膠業	介明塑膠（股）公司、胡連精密股份有限公司
金屬加工業	中鋼公司、豐祥金屬
化工業	東聯化學、臺灣中華化學、大勝化學
電信業	台灣大哥大、遠傳電信
運輸業	台灣高鐵、豐田汽車

Unit 1-4 環境管理—水足跡ISO 14046：2014

ISO 14046：2014制定了與基於生命週期評估（LCA）的產品，過程和組織的水足跡評估相關的原則，要求和指南。

ISO 14046：2014提供了將水足跡評估作爲獨立評估進行和報告的原則，要求和指南，或作爲更全面的環境評估的一部分。

評估中只包括影響水質的空氣和土壤排放量，並不包括所有的空氣和土壤排放量。

水足跡評估的結果是影響指標結果的單一個值或簡介。

雖然報告在ISO 14046：2014範圍內，但水足跡結果的溝通（例如以標籤或聲明的形式）不在ISO 14046：2014的範圍之內。

BSI對水足跡ISO 14046查證認爲，在水資源匱乏及需求不斷增長的今日，水的使用和管理對於任何組織來說是一個值得思考的重要關鍵。水資源管理不論是在任何一個地方或是全球各地，都需要一個一致性的評估方法。ISO 14046水足跡標準即是一個一致性的且值得信賴的評估方法。國際水足跡標準是適用於評估組織產品生命週期查證報告的規範和指引。ISO 14046提供環境評估一個更廣泛及獨立計算水足跡報告的規範和指引。

ISO 14046水足跡效益，BSI認爲水的評估是鑑別未來管理風險的方法之一，以做好因爲水的使用而對環境的影響提高產品的流程效率和組織層級分享知識和最佳實踐於產業和政府滿足顧客的期望提升對環境保護的責任 。

清潔水對生命至關重要，也是我們最寶貴的資源之一，但世界上約40%的人口無法獲得足夠的水。同時，我們自己也是最大的敵人，因爲社會產生的廢水80%以上未經處理或再利用就流回生態系統。

這個問題得到了廣泛的認可，這就是爲什麼水在聯合國的幾個永續發展目標SDGs中占有重要地位，而政府和企業也面臨越來越大的限制用水的壓力。然而，爲了做到這一點，他們首先必須能夠測量它。

〈ISO 14046環境管理－水足跡－中小企業實用指南〉旨在幫助各類組織，特別是中小企業，更好地了解該標準並最大限度地發揮其效益。合著作者Sebastien Humbert表示，與碳足跡等其他評估相比，水足跡是一種相對較新的評估類型，並且有多種方法，結果各不相同。

ISO 14046的發展得到了來自約60個國家和20個非政府組織的數千名貢獻者的參與，爲所有相關方提供了關於共同語言的國際共識，並提供了一個衡量其用水造成的環境影響的架構。（資料來源：https://www.iso.org/news/ref2209.html）

ISO 14046：2014 國際標準藍圖

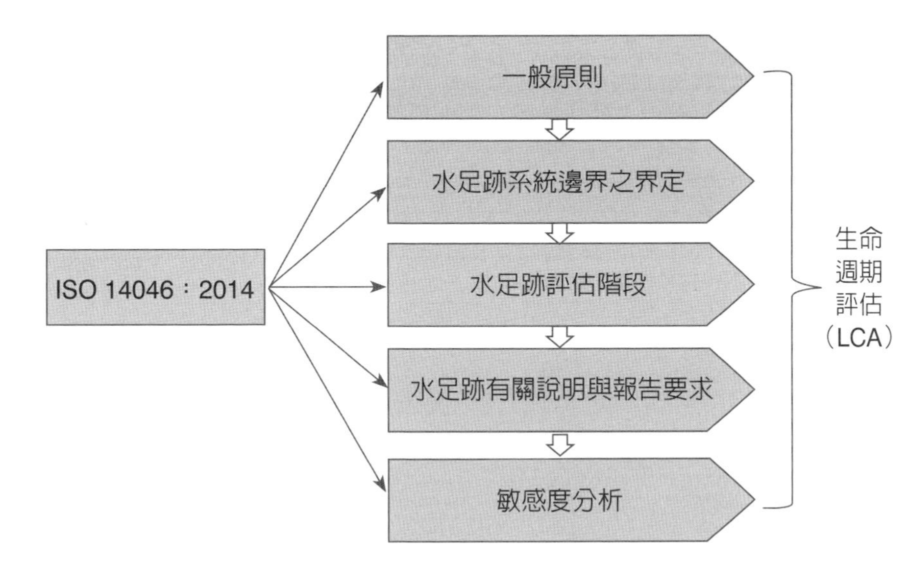

水是世界上應對氣候變遷最有力的武器之一。沒有它，我們就沒有濕地、紅樹林和泥炭地等自然保護來保護我們免受洪水和侵蝕或捕獲碳排放。我們都可以盡自己的一份力量來更好地管理水資源。以下是五種可以提供幫助的主要方法：

1. 計算您的水足跡：了解組織用水對環境的眞正影響是改善組織用水的第一步。ISO 14046環境管理－水足跡中的原則、要求和指南，是世界上第一個國際公認的確定組織用水效率的方法。它涵蓋了從水的數量、質量和位置到由於土地使用或其他活動導致的水變化的一切。它還可以幫助組織找到機會，減少與生命週期各階段的產品相關的潛在與水相關的影響，以及提高節水效率的流程。其結果不僅是可用於全球環境報告的可靠數據，也是確保持續改善的方法。
2. 有效管理水資源：氣候變遷、人口成長以及製造業和農業中的用水密集型方法都給我們的供水帶來了巨大的壓力，因此我們別無選擇，只能提高水資源的利用效率。據聯合國稱，在過去的一百年裡，全球用水量的增長是全球人口增長的兩倍：這意味著到2030年，將有7億人因缺水而面臨流離失所的風險。

   了解我們使用了多少水、在哪裡以及如何使用，以及製定有效的策略來最大限度地減少消耗和最大限度地提高效率，是水效率管理系統的關鍵目標。

   ISO 46001水效率管理系統中的要求和使用指南，旨在幫助各種規模和狀態的組織提高水效率。透過水效率管理的明確框架和指導，它提供了評估和核算用水的方法和工具，以及確定和實施優化用水措施並不斷改進方法的方法。
3. 廢水再利用，用於灌溉
4. 下水道解決方案（沒有下水道的情況）
5. 變廢爲寶

（資料來源：https://www.iso.org/news/ref2492.html）

ISO 14046水足跡查證通過廠商列舉

產業業態	產業學習標竿
製造業	興普科技、明安國際、清淨海生技
太陽能源業	茂迪太陽能電池片、新日光
飲料食品業	三皇生技
半導體科技業	新唐科技晶圓、日月光
金融證券業	玉山金控

Unit 1-5 溫室氣體—產品碳足跡 ISO 14067：2018

產品碳足跡，可提供企業組織實施盤查製造單一產品，從原料製造運輸到銷售與使用，活動數據即投入使用能資源耗用與輸出廢水廢棄物所排放之數據，與科學量化之暖化潛值加權，所計算之碳足跡排放量，簡稱二氧化碳當量。

ISO 14067根據國際生命週期評估標準（ISO 14040和ISO 14044）對產品碳足跡（CFP）進行量化和傳播的原則，要求和指南進行了定量和環境標籤以及用於通訊的聲明（ISO 14020、ISO 14024和ISO 14025）。還提供了產品部分碳足跡的量化、宣傳要求和準則（部分CFP）。

基於這些研究的結果，ISO 14067適用於CFP研究和CFP宣傳的不同選擇。

如果根據ISO 14067報告CFP研究的結果，則提供程序以支持透明度和可信度，並且允許知的選擇。ISO 14067：2018以符合國際生命週期評估標準（LCA）（ISO 14040和ISO 14044）的方式規定了產品碳足跡（CFP）的量化和報告的原則，要求和指南。三陽工業二輪事業協理陳邦雄表示，爲了對產品溫室氣體做更有效率的管理，並實踐塑造「年輕、環保、科技」的產品形象，故於業界率先以E-Woo電動機車作爲標的產品，於2013年1月成立盤查小組，進行產品碳足跡盤查，依循公司永續發展策略及英國PAS2050之標準程序進行溫室氣體盤查、數據蒐集、排放量計算、文件製作、減量行動計畫，並委託BSI英國標準協會進行第三方查證，以確認E-Woo電動機車的溫室氣體排放數據有一致性、完整性、與準確性。

此次盤查係依據電動機車在整個生命週期過程中所直接與間接產生的溫室氣體總量，並統一用二氧化碳當量（CO2e）標示，三陽邀約49家廠商共同參與盤查，依據產品生命週期盤查原材料階段、製造加工階段、配銷運輸階段、使用階段及最終處置階段，查證結果爲搖籃到大門（cradle to gate）每輛475kg CO2e，搖籃到墳墓（cradle to grave）每輛549kg CO2e。（節錄2013年12月3日工商時報 郭文正）

ISO 14067企業逐步推動永續發展藍圖

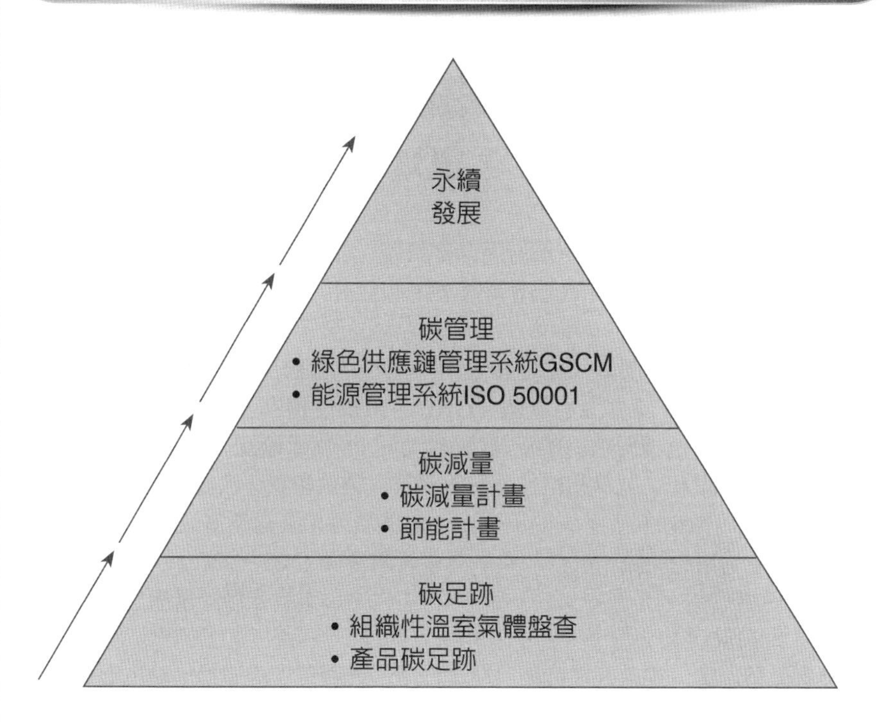

ISO 14067（PAS2050）產品碳足跡通過廠商列舉

產業業態	產業學習標竿
運輸業	台灣高鐵車站間旅客運輸碳足跡
金融業	玉山銀行
食品業	軒記集團台灣肉乾王、舊振南食品鳳梨酥
飲品業	統一企業、黑松沙士、味丹礦泉水
製造業	日月光半導體、大愛感恩科技、世堡紡織、宏洲窯業、聚隆纖維、茂迪太陽能電池
自行車業	美利達Merida、桂盟KMC、亞獵士科技、建大輪胎、固滿德輪胎、政豪座墊
電動二輪車	三陽工業SYM、可愛馬科技

Unit 1-6 溫室氣體—組織層級量化與報告 ISO 14064-1：2018

ISO 14064-1：2018制定了組織層面溫室氣體（GHG）排放量和清除量的量化和報告的原則和要求。它包括組織溫室氣體清單的設計、開發、管理、報告和驗證要求。

ISO 14064-2：2019制定了原則和要求，並在項目層面提供指導，用於量化、監測和報告，其目的在減少溫室氣體（GHG）減排或提高其活動。它包括規劃溫室氣體項目，確定和選擇與項目和基線情境相關的溫室氣體源，sinks and reservoirs（SSRs）、監測、量化、記錄和報告溫室氣體項目績效和管理數據品質的要求。

ISO 14064-3：2019制定了原則和要求，並爲驗證和確認溫室氣體（GHG）聲明提供了指導。它適用於組織、項目和產品溫室氣體報表。

ISO 14060標準系列是溫室氣體計畫中立的。 如果溫室氣體計畫適用，該溫室氣體計畫的要求是ISO 14060標準系列要求的補充。

此溫室氣體制定，實務盤查可應用在家庭型、社區型、企業型、城市型與國家型溫室氣體。

ISO 14064組織溫室氣體藍圖

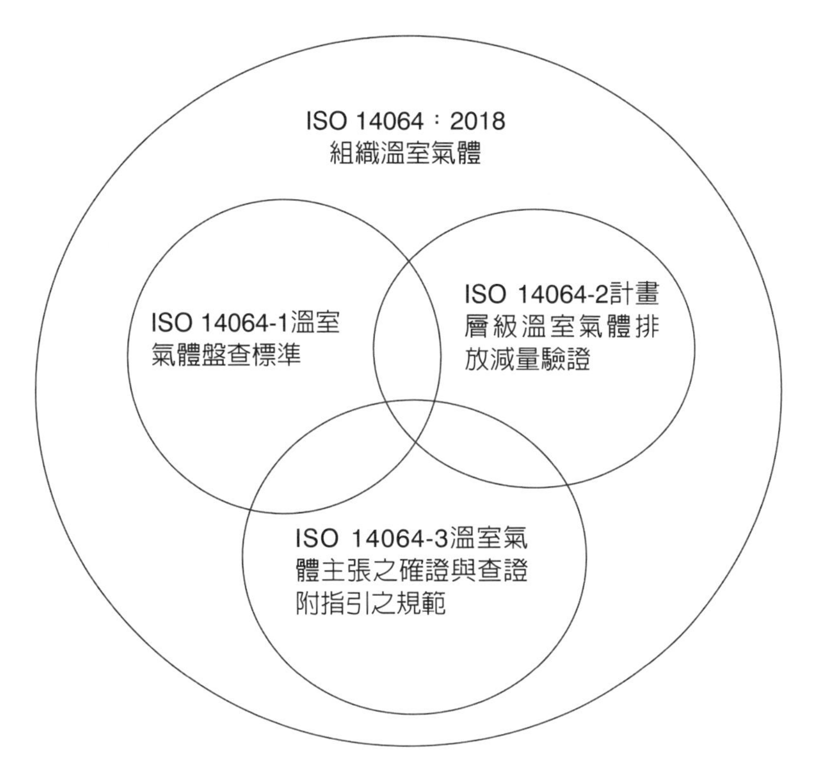

ISO 14064-1組織溫室氣體驗證通過廠商列舉

產業業態	產業學習標竿
百貨業	遠東SOGO百貨
政府機關	台南市政府、台電公司
製造業	英全化工、福懋興業、明安國際、大統新創
自行車業	捷安特Giant
金融證券業	元大證券、兆豐金控、玉山銀行
壽險業	中國人壽、新光人壽、台灣人壽

Unit 1-7 驗證作業流程介紹

品質管理系統驗證步驟介紹如下（以中央標準檢驗局爲例）。

中小企業嚴謹透過ISO 9001驗證會讓組織更加蓬勃。無論組織想開拓國際市場或擴充國內服務版圖，驗證證書可協助組織對客戶展現品質的基本承諾。

- 透過內外部稽核定期追查可確保貫徹、監督和持續改善組織的管理系統。
- 驗證可使組織提高整體品質系統績效，並拓展市場機會。
- 驗證申請步驟如下：

步驟1. 準備申請資訊。

步驟2. 正式申請

步驟3. 主導評審員文件審查與訪談

選派評審員負責審核所有申請文件，並評估其內容與ISO 9001標準要求的差異。並擇期赴組織現場進行免費之訪談活動以了解運作現況。訪談結果如果可以進行下一階段之正式評鑑，組織與主導評審員可一起決定評鑑最佳日期。

步驟4. 評鑑

正式評鑑將由主導評審員帶領評鑑小組執行。它包括對申請者之品質系統進行全面的抽樣，以查核實施的效果。

步驟5. 驗證確認

根據主導評審員的建議，將配合您所提出之矯正計畫經過本局複審小組審核後，被本局正式確認後獲得證書，本局將以正式公文通知查核結果。

步驟6. 持續年度追查

獲得驗證後，每年均有追查小組定期查核，以促進系統改進並確保系統符合標準要求。

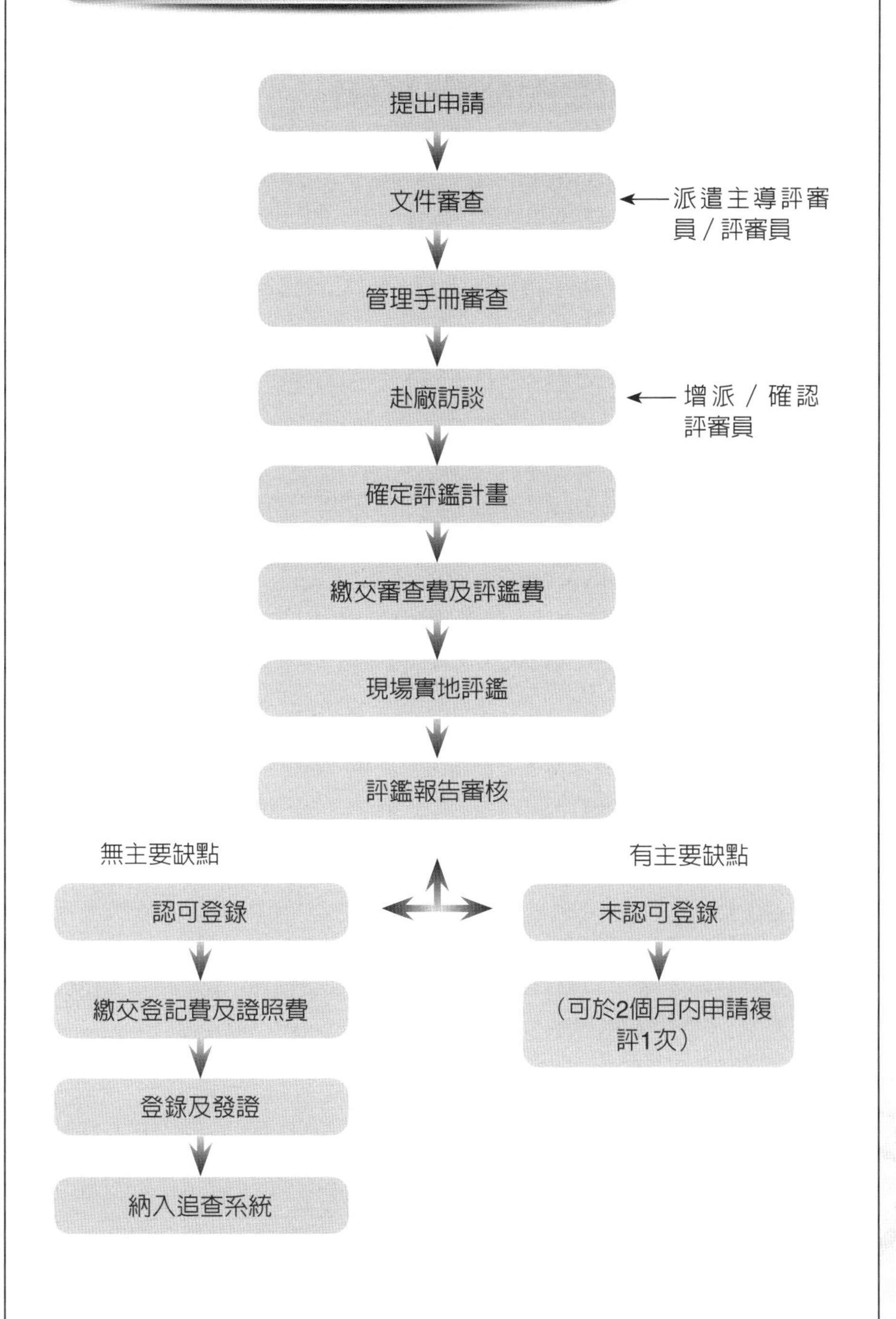
參照CNS一般性驗證流程
提出申請
文件審查
派遣主導評審員／評審員
管理手冊審查
赴廠訪談
增派／確認評審員
確定評鑑計畫
繳交審查費及評鑑費
現場實地評鑑
評鑑報告審核
無主要缺點
有主要缺點
認可登錄
繳交登記費及證照費
登錄及發證
納入追查系統
未認可登錄
(可於2個月內申請複評1次)

Unit 1-8 稽核員證照訓練介紹

ISO 19011：2011對管理系統稽核提供指導綱要，包括稽核原則，管理稽核計劃和進行管理系統稽核，以及參與稽核過程的個人能力評估指導，包括管理稽核人員計畫，稽核員和稽核小組。

ISO 19011：2011適用於所有需要對管理系統進行內部或外部稽核或管理稽核程序的組織。

ISO 19011：2011對其他類型的稽核應用是可行的，只要特別考慮所需的具體能力即可。

ISO 10019：2005爲選擇品質管理系統顧問和服務提供之指導綱要。

它旨在幫助組織選擇品質管理系統顧問。它對評估品質管理體系顧問能力的過程提供指導，並提供相信組織對顧問服務的需求和期望得到滿足的信心。

ISO合格證書與登錄作業是由各國家所成立的認證團體（Accreditation Body）執行，如台灣TAF、日本JAB、韓國KAB、香港HKAS、中國大陸CNACR、澳洲JAS-ANZ、瑞士SAS、義大利SIT、德國TGA、法國COFRAC、英國UKAS、加拿大SCC、美國ANSI、美國RAB等認證機構。由認證機構依ISO規範稽核當地驗證機構（Certification Body）。

當地中小企業產品驗證與ISO管理系統，由合格ISO驗證機構，進行產品驗證、管理系統稽核、與稽核人員訓練，一般稱第三者國際驗證單位。如SGS、AFNOR、B.V、BSI、DNV等驗證機構。

有關稽核員登錄作業，是合格稽核員國際註冊（IRCA）授證機構，位於英國倫敦，是國際品質保證協會IQA的分支機構，是客觀且獨立運作的機構。目前IRCA的稽核員登錄主要是針對品質管理、環境管理、食品安全、風險管理、職業安全衛生、資訊安全與軟體開發等管理系統的稽核員進行登錄。

一般稽核員的登錄要求可分爲六大要件，包括品質經驗年資、專業工作經驗年資、學歷資格、稽核員訓練課程、實際稽核經驗與有利證明文件。

ISO 14001：2015環境管理系統——主導稽核員訓練課程（以SGS-IRCA為例）

課程目的	課程大綱
了解ISO 14001環境管理系統之需求與登錄計畫，符合ISO 14010～14012主導稽核員之訓練需求。使公司環管及相關人員熟悉國際環管標準內容，以期提升管理效能，降低環境風險。從研習中，可學到「如何作好環境管理系統」及「如何準備通過ISO 14000認證」，並由演練中體會如何扮演好的陪審人員。	• 環境管理系統標準解析 • 環境考量面及顯著性評估 • 環境風險及管理 • 國內環保法規及考量面介紹 • 環境政策 • 環保目標標的 • 環境專案之建立 • 環境管理系統要項要求 • 意外及緊急事件規劃環境管理系統內部稽核及管理審查 • 環境溝通與審查 • 環境管理系統外部稽核要求 • 環境管理系統驗證稽核 • 環境管理系統驗證稽核規劃執行

ISO 14001：2015環境管理系統——內部稽核員訓練課程（以SGS為例）

課程目的	課程大綱
ISO 14001：2015內部稽核員訓練課程可使學員對環境管理ISO 14001：2015內部稽核之管制重點有完整與基本的認知，並結合環境管理系統運作機制之應用演練，建立學員回到企業後可運用ISO 14001：2015內部稽核手法，在符合標準基礎上進行有效持續改善之能力。	• 環境管理之稽核基本介紹（條文要求） • 新舊版標準文件化資訊之差異概述 • 稽核計畫安排與準備（Annex SL架構） • 稽核演練（生命週期之環境考量面、新版查檢表製作） • 稽核之執行、報告與跟催 • 課程回饋與結論

Unit 1-9 常見ISO國際標準ISO 45001：2018

ISO 45001：2018是新公布國際標準規範，全球備受期待的職業健康與安全國際標準（OH&S）於2018公布，並將在全球範圍內改變工作場所實踐。ISO 45001將取代OHSAS 18001，這是全球工作場所健康與安全的參考。

ISO 45001：2018職業健康與安全管理系統指引要求，為改善全球供應鏈的工作安全提供了一套強大有效的流程。旨在幫助各種規模和行業的組織，新的國際標準預計將減少世界各地的工傷和疾病。

根據國際勞工組織（ILO）2017年的計算，每年工作中發生了278萬起致命事故。這意味著，每天有近7700人死於與工作有關的疾病或受傷。此外，每年大約有3.74億非致命性工傷和疾病，其中許多導致工作缺勤。 這為現代工作場所描繪了一幅清醒的畫面－工作人員可能因為「幹活」而遭受嚴重後果。

ISO 45001希望改變這一點。它為政府機構，工業界和其他受影響的利益相關者提供有效和可用的指導，以改善世界各國的工作者安全。 通過一個易於使用的框架，它可以應用於專屬工廠和合作夥伴工廠和生產設施，無論其位置如何。

ISO 45001的制訂委員會ISO/PC 283主席David Smith認為，新的國際標準將成為數百萬工人的眞正遊戲規則：「希望ISO 45001能夠帶來工作場所實踐的重大轉變並減少全球範圍內發生的與工作有關的事故和疾病的慘痛代價」。新標準將幫助組織為員工和訪客提供一個安全健康的工作環境，持續改善他們的OH&S表現。

由於ISO 45001旨在與其他ISO管理系統標準相結合，確保與新版本ISO 9001（品質管理）和ISO 14001（環境管理）的高度兼容性，已經實施ISO標準的企業將有所依循與融合。

新的OH&S標準基於ISO所有管理系統標準中的常見要素，並採用簡單的「規劃－執行－查核－行動」（PDCA）模式，為組織提供了一個框架，用於規劃他們需要實施的內容為了盡量減少傷害的風險。這些措施應解決可能導致長期健康問題和缺勤的問題以及引發事故的問題。

國際標準參考https://www.iso.org/news/ref2272.html。

ISO 45001：2018通過廠商列舉

產業業態	產業學習標竿
金融業	玉山銀行、中國信託銀行
工程承攬業	中鼎公司、世久營造探勘工程股份有限公司
塑膠業	台灣積層工業股份有限公司
科技製造業	精遠科技、台灣櫻花、帆宣系統科技
電信業	中華電信行動通信分公司
醫院	桃園聯新國際醫院
學校	中原大學

ISO 45001：2018職業安全衛生管理系統圖（個案參考例）

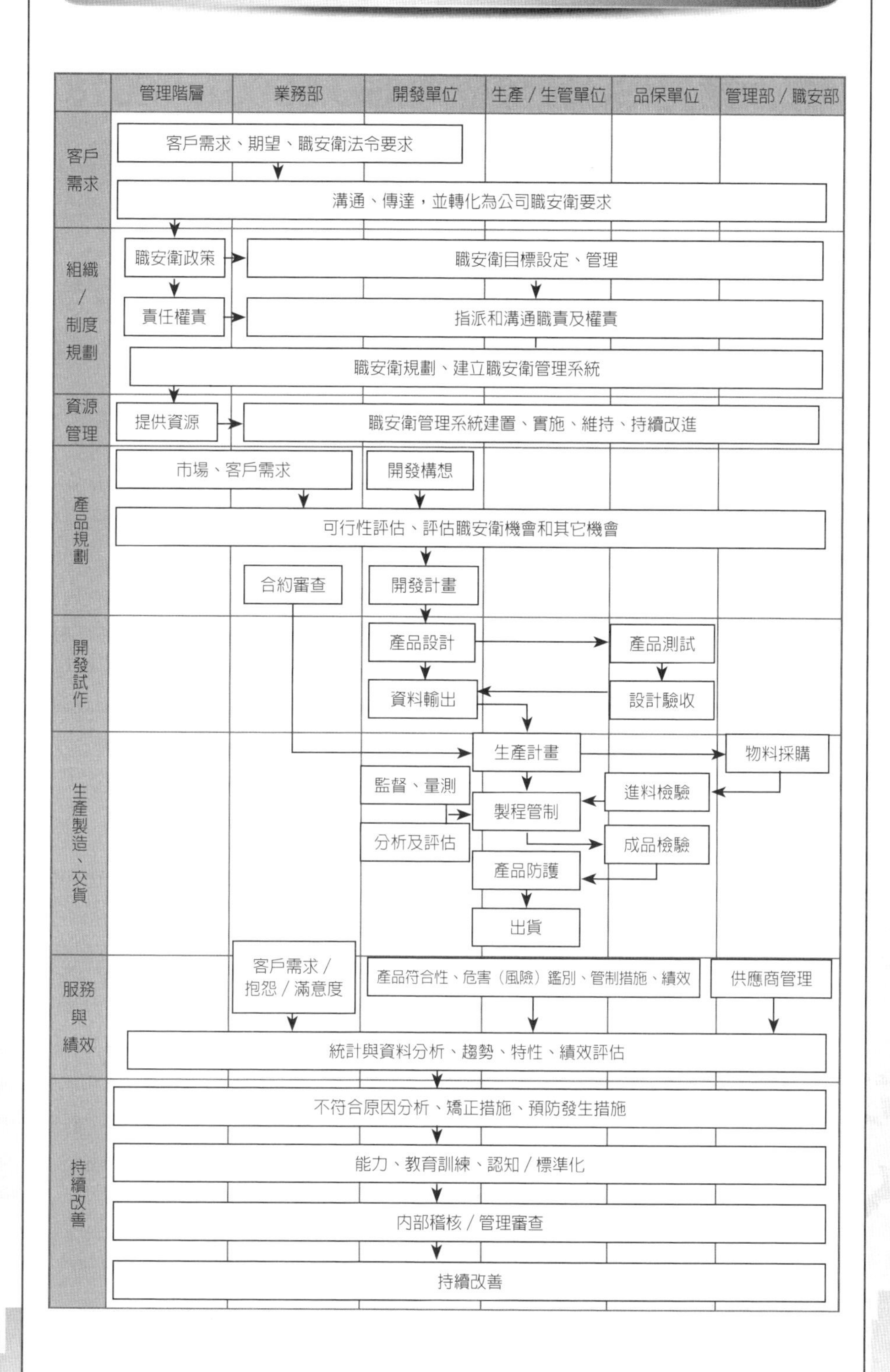

Unit 1-10 常見ISO國際標準ISO 50001：2018

有效利用能源有助於組織節省資金，並有助於保護有限資源和面對環境氣候變化。ISO 50001能源管理系統（EnMS），支持所有產業的組織更有效地使用能源。

ISO 50001：2018國際標準建立、實施、維護和改進能源管理系統（EnMS）的要求。預期的結果是使組織能夠採用系統的方法來實現能源績效和能源管理體系的持續改進。ISO 50001：2018文件：

1. 適用於任何組織，無論其類型，規模，複雜程度，地理位置，組織文化或其提供的產品和服務如何。
2. 適用於受組織管理和控制的影響能源績效的活動。
3. 適用於所消耗的能量的數量，用途或類型。
4. 要求證明持續的能源性能改進，但沒有定義要實現的能源性能改進水平。
5. 可以獨立使用，也可以與其他管理系統對齊或融合。

ISO 50001基於持續改進的管理系統，也用於其他標準，如ISO 9001或ISO 14001，使組織更容易將能源管理融合到改善品質和環境管理的整體工作中。ISO 50001：2018為組織提供了以下要求的框架，包括制定更有效利用能源政策、修復目標和滿足政策要求、善用數據能更好地理解和決定能源使用、測量結果、審查政策的運作情況，以及持續改進能源管理。

ISO 50001實務推動流程：

- 成立能源管理團隊，並界定相關權責與分工。
- 召開專案計畫啟始會議，邀請最高管理階層制定能源政策。
- 實施能源審查，分析重大能源使用及項目，並建立能源基線及能源管理績效指標。
- 執行節能技術診斷，以制定能源管理目標、標的及行動計畫。
- 依據ISO 50001國際標準發展能源管理制度，包括：程序文件、操作規範及紀錄表單。
- 舉辦教育訓練與落實溝通，提升人員對能源管理的認知與能力。
- 落實監測、量測及分析，以掌握重大能源使用之關鍵特性。
- 實施內部稽核，以強化管理系統運作機能。
- 召開管理階層審查會議，與融合當地國家能源政策，以檢討能源管理系統之運作成效。

ISO 50001能源管理系統

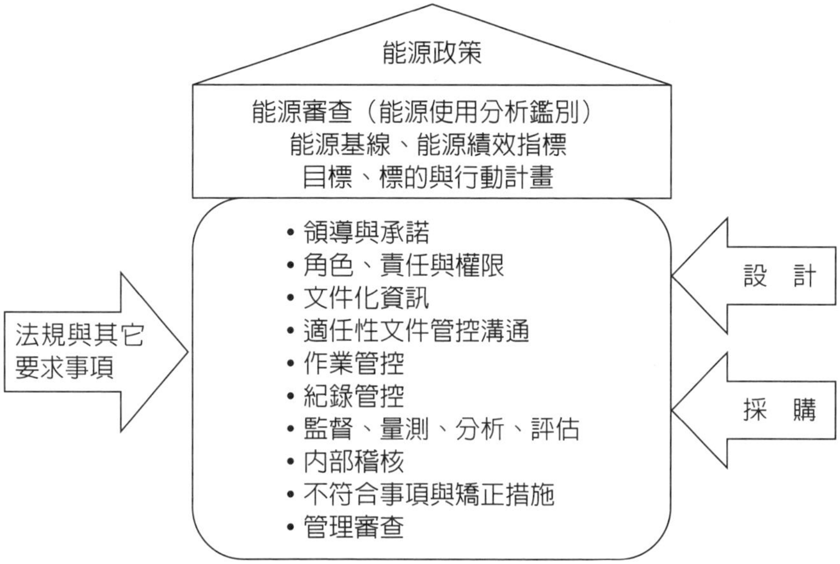

能源政策

能源審查（能源使用分析鑑別）
能源基線、能源績效指標
目標、標的與行動計畫

法規與其它要求事項

- 領導與承諾
- 角色、責任與權限
- 文件化資訊
- 適任性文件管控溝通
- 作業管控
- 紀錄管控
- 監督、量測、分析、評估
- 內部稽核
- 不符合事項與矯正措施
- 管理審查

設　計

採　購

能源管理分級評估

層級	政策	能源管理組織	動機	資訊系統	教育與行銷	設備投資
4	高階主管經常有能源政策、行動計畫與定期審視的承諾	能源管理完全整合入管理結構，有為能源消耗負責的能源代表團	各階層的能源管理者有經常性的正式與非正式溝通	有明確的目標、監測、耗能、除錯、量化節能與預算追蹤系統	由內部與外部行銷能源效率的價值與能源管理的績效	所有新建或改裝機會都願意有肯定的綠色
3	有正式的能源政策但沒有來自頂層管理授權的行動	能源管理者對能源行動，向有代表全體使用者的董事負責	用主流的管道傳遞能源行動直接與大部分的使用者知道	根據分表的資料傳給個別的使用者，但節能未能有效地傳遞給使用者	有提高職員能源認知的計畫以及經常性的公衆推廣運動	採用與其他投資同樣的回收標準
2	資深部門主管或能源經理有自行的能源政策	有正職的能源管理者，對明確的能源行動報告，但產線經理不明確此行動	根據監測的的電表數據寫監測與目標報告	能源單位被確實地列入到預算中	確實的職員訓練	只採用能短期回收的投資標準
1	有粗略的能源指南	兼職的或權限有限的能源管理者	工程師與少數使用者有非正式的接觸	根據採購單資料回報能源成本，工程師整理報告給內部技術部門使用	使用非正式管道來推廣能源效率	僅採取低價的行動方案
0	沒有清楚的能源政策	沒有能源管理系統或沒有正式的能源消耗管理者	沒有接觸使用者	沒有能源資訊系統也沒有能源消耗記錄	沒有提倡能源效率	沒有打算投資或改善能源效率

Unit 1-11 常見ISO國際標準：ISO/IEC 17025：2017

ISO/IEC 17025：2017制定了實驗室能力，公正性和一致性操作的一般要求。

無論人員數量多少，ISO/IEC 17025：2017適用於所有執行實驗室活動的組織。

實驗室客戶，監管機構，使用同行評估機構和認證機構的組織和計畫使用ISO/IEC 17025：2017來確認或認可實驗室的能力。

財團法人全國認證基金會（TAF）推動國內各類驗證機構、檢驗機構及實驗室各領域之國際認證，建立國內驗證機構、檢驗機構及實驗室之品質與技術能力的評鑑標準，結合專業人力評鑑及運用能力試驗，以認證各驗證機構、檢驗機構及實驗室，提升其品質與技術能力，並致力人才培訓與資訊推廣，強化認證公信力，拓展國際市場，提升國家競爭力。

全國認證基金會成立宗旨在建立符合國際規範並具有公正、獨立、透明之認證機制，建構符合性評鑑制度之發展環境，以滿足顧客（政府、工商業、消費者等）之需求，提供全方位認證服務，促進與提升產業競爭力及民生消費福祉。

TAF主要任務建立及維持國內認證制度之實施與發展，確保本會之認證運作符合國際規範ISO/IEC 17011之要求，以公正、獨立、透明之原則，提供有效率及值得信賴的認證服務，滿足顧客之期望。持續維持與運用國際認證組織之相互承認協議機制，積極參與國際或區域認證組織之認證活動或主辦國際認證活動，建立符合WTO及APEC符合性評鑑制度之基礎架構，有利經貿發展。

建構全國符合性評鑑資料庫及知識服務體系（網址http://www.ca.org.tw），提供認證品質及技術之專業網絡及資訊服務。加強推廣國家及產業需求之符合性評鑑認證方案，健全國內符合性評鑑制度之發展環境。

ISO 17025認證效益（TAF）：

- 確保實驗室／檢驗機構之能力與檢驗數據之正確性。
- 提升實驗室／檢驗機構品質管理效率。
- 檢測數據爲國內外相關單位所接受。
- 減少重複校正／測試／檢驗之時間與成本。

ISO 17025國際標準藍圖

ISO/IEC 17025：2017

4.一般要求
- 4.1公正性
- 4.2保密性

5.架構要求
- 5.1法律實體
- 5.2管理階層
- 5.3活動範圍
- 5.4滿足要求（標準、顧客、主管機關、認可組織）
- 5.5組織架構及關聯程序
- 5.6權力及資源
- 5.7承諾（顧客溝通及管理系統完整性）

6.資源要求
- 6.1概述
- 6.2人員
- 6.3設施與環境條件
- 6.4設備
- 6.5計量追溯性附錄A
- 6.6外部供應產品與服務

7.過程要求
- 7.1要求、標單與合約的審查
- 7.2方法的選用、查證與確認
- 7.3抽樣
- 7.4試驗或校正件之處理
- 7.5技術紀錄
- 7.6量測不確定度的評估
- 7.7確保結果的有效性
- 7.8結果報告
- 7.9抱怨
- 7.10不符合工作
- 7.11數據管制—資訊管理

8.管理系統要求
- 8.1選項（選項A或B）
- 8.2管理系統文件化（選項A）
- 8.3管理系統文件的管制（選項A）
- 8.4記錄管制
- 8.5風險與機會因應措施（選項A）
- 8.6改進（選項A）
- 8.7矯正措施（選項A）
- 8.8內部稽核（選項A）
- 8.9管理審查（選項A）
- 附錄A計量追溯性
- 附錄B管理系統選項

備註：選項A：第八章管理系統要求章節。
選項B：實驗室依據ISO 9001要求建立與維持一套管理系統。

ISO 17025 測試實驗室認證通過廠商列舉

技術類別	測試領域，產業學習標竿
音響	國家中山科學研究院資訊通信研究所水下科技組、金頓科技股份有限公司
生物	光泉牧場股份有限公司、財團法人食品工業發展研究所
化學	國家中山科學研究院航空研究所、財團法人金屬工業研究發展中心
電信	國家中山科學研究院電子系統研究所、台灣電力公司綜合研究所
游離輻射	行政院原子能委員會核能研究所、台灣電力股份有限公司
營建	經濟部水利署南區水資源局、國立雲林科技大學
機械	中國鋼鐵股份有限公司、國家中山科學研究院航空研究所
非破壞	中國鋼鐵股份有限公司、中國非破壞檢驗有限公司
光學	財團法人工業技術研究院、經濟部標準檢驗局第六組
溫度	財團法人塑膠工業技術發展中心、內政部建築研究所
鑑識科學	中華電信股份有限公司電信研究院、衛生福利部食品藥物管理署

ISO 17025 校正實驗室認證通過廠商列舉

代碼	項目	校正領域，產業學習標竿
KA	長度（Length）	中國鋼鐵股份有限公司、財團法人工業技術研究院、正新橡膠工業股份有限公司
KB	振動量／聲量（Vibration & Acoustics）	財團法人工業技術研究院、台灣電力股份有限公司電力修護處
KC	質量／力量（Mass/Force）	經濟部標準檢驗局、中國鋼鐵股份有限公司、中華航空股份有限公司
KD	壓力量／真空量（Pressure/Vacuum）	交通部中央氣象局、正新橡膠工業股份有限公司
KE	溫度／濕度（Temperature/Humidity）	財團法人工業技術研究院、交通部中央氣象局、財團法人台灣大電力研究試驗中心、正新橡膠工業股份有限公司
KF	電量（Electricity）	財團法人工業技術研究院、財團法人台灣大電力研究試驗中心
KG	電磁量（Electromagnetics）	財團法人工業技術研究院、財團法人台灣商品檢測驗證中心
KH	流量（Flow）	台灣中油股份有限公司煉製研究所、行政院環境保護署環境監測及資訊處
KI	化學量（Chemical）	財團法人台灣商品檢測驗證中心、財團法人工業技術研究院
KJ	時頻（Time And Frequency）	財團法人工業技術研究院、中華電信研究所、量測科技股份有限公司
KK	游離輻射（Ionizing Radiation）	台灣電力股份有限公司、中華航空股份有限公司、國立清華大學原子科學技術發展中心

Unit 1-12 常見ISO國際標準：ISO/IEC 27001：2022

ISMS統稱ISO 27001，其資訊安全管理要求國際標準的官方簡稱是ISO/IEC 27001。它是由ISO和國際電工委員會（IEC）聯合發布的。表明它是由ISO和IEC資訊技術聯合技術委員會（ISO/IEC JTC 1）的第27小組委員會（資訊安全、網路安全和隱私保護）負責發布的標準指引。

ISO/IEC 27001是資訊安全管理系統（Information Security Management Systems, ISMS）標準。它定義了ISMS必須滿足的要求。

ISO/IEC 27001標準爲任何規模、各行各業的公司提供建立、實施、維持和持續改善資訊安全管理系統的指導。

符合ISO/IEC 27001是意味著組織或企業已建立一個系統來管理與公司擁有或處理的資料安全相關的風險，並且該系統遵守本國際標準中規定的所有最佳實踐和原則。

隨著網路犯罪的增加和新威脅（包括資訊戰）的不斷出現，管理網路風險似乎是困難甚至失控。ISO/IEC 27001幫助組織提高風險意識並主動識別和解決弱點。

ISO/IEC 27001提倡採用整體的資訊安全方法：審查人員、政策和技術。根據此標準實施的資訊安全管理系統是風險管理、網路彈性和卓越營運的工具，可協助高階營運者能穩健邁向永續經營與資訊管理。

實施ISO/IEC 27001標準中資訊安全系統架構可以幫助組織：

1. 抵禦網路攻擊，減少您面對日益增長的網路攻擊威脅的脆弱性。
2. 應對新威脅的準備，應對不斷變化的安全風險。
3. 資料完整性、保密性和可用性，確保財務報表、智慧財產權、員工資料和第三方委託的資訊等資產保持完好、保密並可根據需要而使用。
4. 所有支援的安全性，提供一個集中管理的框架，將所有資訊保護在一個地方；讓整個組織的人員、流程和技術做好準備，以應對基於技術的風險和其他威脅。
5. 組織範圍內的保護，保護所有形式的信息，包括紙本數據、雲端數據和數位數據。
6. 節約成本，透過提高效率和減少無效防禦技術的費用來節省資金。
7. 可邁向營運團隊資訊安全目標一致性。
8. 跨部組織團結適切適宜揭露資訊安全政策可視化。

ISO/IEC 27001（也稱爲CIA）中資訊安全的三項原則：

1. 保密（Confidentiality）

   意義：只有適當的人才能存取組織持有的資訊。

   風險範例：犯罪者掌握客戶的登入詳細資訊並在暗網上出售。

2. 資訊完整性（Information integrity）

意義：組織用於開展業務或爲他人安全保存的資料得到可靠儲存，不會被刪除或損壞。

風險範例：工作人員在處理過程中意外刪除了文件中的一行。

3. 資料的可用性（Availability of data）

意義：組織及其客戶可以在必要時存取資訊，以滿足業務目的和客戶期望。

風險範例：您的企業資料庫因伺服器問題、備份不足而離線。

符合ISO/IEC 27001要求的資訊安全管理系統透過應用風險管理流程來保護資訊的機密性、完整性和可用性，並讓相關方相信風險已充分管理。

什麼是ISO/IEC 27001認證？以及獲得ISO 27001認證意味著什麼？ISO/IEC 27001認證是向利害關係人和客戶證明您致力於並能夠安全可靠地管理資訊的一種方式。持有認可機構頒發（TAF）的證書可能會帶來額外的信心，因爲認可機構（TAF）對認證機構（CB）的能力提供了獨立的確認。

與其他ISO管理系統標準一樣，實施ISO/IEC 27001的公司可以決定是否要經歷認證流程。一些組織選擇實施該標準是爲了從其包含的最佳實踐中受益，而另一些組織也希望獲得認證以使客戶和客戶放心。

ISO/IEC 27001在世界各地廣泛使用。根據2021年ISO調查，140多個國家報告已超過50,000個證書，涉及從農業到製造業到社會服務等所有經濟部門。（資料來源：https://www.iso.org/standard/27001）

Unit 1-13 清真認證與ISO 22000：2018

清眞認證（Halal Certification）起源於伊斯蘭教法，舉凡穆斯林教友日常生活食用或碰觸身體的產品，必須符合伊斯蘭教法，即爲「清眞（Halal）」，避免碰觸不潔之物（豬，酒精）。關於豬與酒精的違反清眞的議題，另衍生出一些日常生活注意的事項：豬方面，凡事涉及豬成分相關製品，豬成分相關添加物，都相當敏感。酒精方面，除了酒類外，可食用酒精成分相關添加物之劑量規定，在各國清眞認證的標誌上呈現差異。其中，豬以外其他動物，必須特別留意是否違反可蘭經規範之屠宰方式，不只是豬肉，任何動物之血液以及死肉皆違反清眞。

經濟部投資業務處曾揭露，2017年11月23日於「世界清眞高峰會」（World Halal Summit）暨「第五屆伊斯蘭合作組織清眞展」（the 5thOrganization of Islamic Cooperation Halal Expo）在伊斯坦堡舉行，大約逾80國150項品牌參展。

峰會會長（Summit head）Yumus Ete表示，土耳其欲提高在全球清眞商務（halal business）的市占率由2～5%至10%，金額由現1,000億美元爲4,000億美元。

Ete會長指，全球清眞市場現共有約4兆美元規模，其中2兆美元屬「伊斯蘭金融」（Islamic finance）、1兆屬「清眞食品產業」（Halal food industry）、2,500億美元屬「清眞旅遊」（Halal tourism）、其餘7,500億美元屬「清眞藥療化妝品及紡織品」（medicine cosmetics and textiles）等。

土耳其「食品檢驗暨認證研究協會」（Food Auditing and Certification Research Association, GIMDES），土耳其獲清眞認證（halal certification）商品僅占其總商品的30%。

有關「清眞旅遊」（Halal tourism）近年在亞洲、歐洲及中東地區興起「清眞旅館」（Halal hotels）對虔城的穆斯林旅客不供酒及豬肉，男、女分池游泳，旅館員工穿著也需符合伊斯蘭慣例（customs），電視亦不播放未符伊斯蘭價值觀的頻道節目。

清眞（Halal）對於穆斯林食用或碰觸身體的產品，必須追溯源頭，從原物料開始，到產品處理、工廠設施、製造機械、包裝、保管儲藏、物流，甚至最終端零售賣場，都必須符合「清眞（Halal）」，這就是清眞認證提倡的「從農場到餐桌」概念（From Farm to Fork）。根據AFNOR國際驗證規範，遵循伊斯蘭教法精神，採用全球首例在國際管理系統認證要求的基礎上加入伊斯蘭教法規定的中東地區清眞認證規範進行驗證，並提供具有阿拉伯聯合大公國國家清眞標章的認可證書，其接受範圍涵蓋衆多國家和地區，包括中東地區各國、東南亞、大陸及歐美日韓等。除了清眞認證證書外，也可根據產業別同時獲得ISO 22000（食品安全）、HACCP（危害分析管制）、GMP（優良生產規範）、ISO 22716（化妝品優良製造規範）等國際標準認可證書，產官學研合作協助中小企業推廣清眞產品、開拓國際清眞市場，行銷台灣友善環境。

ISO 9001：2015品質管理系統	ISO 22000：2018食品安全管理系統
0.簡介	0.簡介
1.適用範圍	1.適用範圍
2.引用標準	2.引用標準
3.名詞與定義	3.名詞與定義
4.組織背景	4.組織背景
4.1了解組織及其背景	4.1了解組織及其背景
4.2了解利害關係者之需求與期望	4.2了解利害關係者之需求與期望
4.3決定品質管理系統之範圍	4.3決定食品安全管理系統之範圍
4.4品質管理系統及其過程	4.4食品安全管理系統及其過程
5.領導力	5.領導力
5.1領導與承諾	5.1領導與承諾
5.1.1一般要求	
5.1.2顧客為重	
5.2品質政策	5.2食安政策
5.2.1制訂品質政策	5.2.1制訂食安政策
5.2.2溝通品質政策	5.2.2溝通食安政策
5.3組織的角色、責任和職權	5.3組織的角色、責任和職權
6.規劃	6.規劃
6.1處理風險與機會之行動	
6.2規劃品質目標及其達成	6.2規劃食安目標及其達成
6.3變更之規劃	6.3變更之規劃
7.支援	7.支援
7.1資源	7.1資源
7.1.1一般要求	7.1.1一般要求
7.1.2人力資源	7.1.2人力資源
7.1.3基礎設施	7.1.3基礎設施
7.1.4流程營運之環境	7.1.4工作環境
7.1.5監督與量測資源	
7.1.6組織的知識	
7.2適任性	7.2適任性
7.3認知	7.3認知
7.4溝通	7.4溝通

	7.4.1一般要求
	7.4.2外部溝通
	7.4.3內部溝通
7.5文件化資訊	7.5文件化資訊
7.5.1一般要求	7.5.1一般要求
7.5.2建立與更新	7.5.2建立與更新
7.5.3文件化資訊之管制	7.5.3文件化資訊之管制
8.營運	8.營運
8.1營運之規劃與管制	8.1營運之規劃與管制
8.2產品與服務要求事項	8.2前提方案（PRPs）
8.2.1顧客溝通	
8.2.2決定有關產品與服務之要求事項	
8.2.3審查有關產品與服務之要求事項	
8.2.4產品與服務要求事項變更	
8.3產品與服務之設計及開發	8.3追蹤系統
8.3.1一般要求	
8.3.2設計及開發規劃	
8.3.3設計及開發投入	
8.3.4設計及開發管制	
8.3.5設計及開發產出	
8.3.6設計及開發變更	
8.4外部提供過程、產品與服務的管制	8.4緊急事件準備與回應
8.4.1一般要求	8.4.1一般要求
8.4.2管制的形式及程度	8.4.2緊急情況及事件處理
8.4.3給予外部提供者的資訊	
8.5生產與服務供應	8.5危害控制
8.5.1管制生產與服務供應	8.5.1實施危害分析預備步驟
8.5.2鑑別及追溯性	8.5.2危害分析
8.5.3屬於顧客或外部提供者之所有物	8.5.3管制措施及其組合的確認
8.5.4保存	8.5.4危害控制計畫
8.5.5交付後活動	
8.5.6變更之管制	

8.6產品與服務之放行	8.6更新規定PRP及危害控制計畫的資訊
8.7不符合產出之管制	8.9產品與流程不符合的控制
	8.9.1一般要求
	8.9.2更正
	8.9.3矯正措施
	8.9.4潛在不安全產品之處理
	8.9.5撤回／召回
	8.8關於PRPs及危害控制計畫的查證
9.績效評估	
9.1監督、量測、分析及評估	8.7監督及量測的控制
9.1.1一般要求	
9.1.2顧客滿意度	
9.1.3分析及評估	
9.2內部稽核	9.2內部稽核
9.3管理階層審查	9.3管理階層審查
9.3.1一般要求	9.3.1一般要求
9.3.2管理階層審查投入	9.3.2管理階層審查投入
9.3.3管理階層審查產出	9.3.3管理階層審查產出
10.改進	10.改進
10.1一般要求	10.1一般要求
10.2不符合事項及矯正措施	10.3食安管理系統的更新
10.3持續改進	10.2持續改進

個案討論

分組組員團隊合作，查閱公開資訊，如ISO環境品質手冊，分組選定一專題研究個案。

章節作業

分組查閱通過ISO國際標準規範要求並驗證公開於公司官網之廠商，進行產業學習標竿，進行說明。

1. ISO 9001通過廠商有哪些？
2. ISO 14001通過廠商有哪些？
3. ISO 14067通過廠商有哪些？
4. ISO 14064通過廠商有哪些？
5. ISO 14046通過廠商有哪些？
6. ISO 17025通過廠商有哪些？
7. HACCP通過廠商有哪些？
8. GMP通過廠商有哪些？
9. ISO 22716通過廠商有哪些？
10. ISO 22000通過廠商有哪些？
11. ISO 27001通過廠商有哪些？
12. ISO 56000通過廠商有哪些？

第 2 章

品質管理系統要項

章節體系架構 ▼

Unit 2-1 七大管理原則(1)

一、顧客導向（Customer focus）

品質管理主要重點是滿足顧客要求，並致力於超越顧客的期望。

主要重點：與客戶互動的每個層面提供機會爲客戶創造更多的價值（商機）。了解當前和未來客戶及其他利益關係人的潛在需求有助於組織的永續發展。

二、領導（Leadership）

所有階層的領導建立一致的目標和方向，並創造使員工參與達成組織建置品質目標的友善環境。

主要重點：建立一致的目標、方向和參與，使組織能夠統合其策略、政策、流程及有限資源以達成目標。

三、員工參與（Engagement of people）

組織所有人員要能勝任，被適宜授權即能從事以創造價值，有授權即能參與的員工，透過組織強化其員工能力以創造價值。

主要重點：有效率地管理組織，讓所有階層的員工參與，並尊重他們個體適切發展是很重要的。認知、授權和強化技能和知識，促進員工的參與，以達成組織的目標。

個案研究中以台船防蝕科技爲例，主要業務爲船舶塗裝、大型鋼構防蝕、表面處理、專業塗裝施工、海洋工程防蝕處理等。台蝕公司承襲台船公司優質的管理系統，並強化人員訓練，深耕優良技術人力，除具備國際級塗裝品管、品保證照外，同時加強製程管控，全力爲顧客確保品質，提供長效期防蝕服務。爲提供顧客全方位防蝕的企業目標，應用並引進國內外先進的各式防蝕材料及技術，兼顧效率及環保綠能，以最短的時間、最高的品質、最佳的管理及最合理的價格，從工程規劃至施工團隊整合，提供顧客最優質的系統化全方位的防蝕服務需求。

企業願景：最重視安全、環保、品質與服務的塗裝專業團隊。

企業目標：創造利潤、照顧夥伴、提供全方位防蝕服務。

經營理念：自動自發、團隊合作、服務顧客、品質至上。

經營策略：策略聯盟、研發創新；擴大營收、降低成本；組織精簡、激勵即時。

七大品質管理原則藍圖

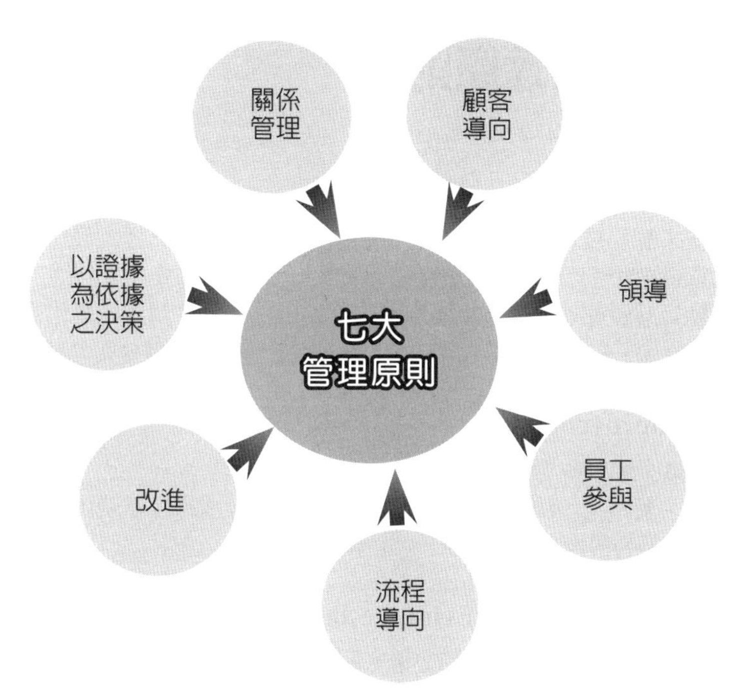

個案：防蝕系統設計製造安裝

七大原則	個案學習
顧客導向	客製提供陰極防腐蝕產品服務
領導	合理價格、高品質與快速服務
員工參與	上下目標一致、團隊合作
流程導向	TQM、Lean production
改進	提供安全穩定快樂職場環境
以證據為依據之決策	精確、持續改進、及時
關係管理	曾被評為最佳供應商

Unit 2-2 七大管理原則(2)

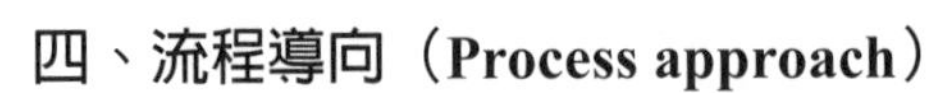

四、流程導向（Process approach）

當活動被了解及被管理成有互相關係的流程，成爲一個具連貫流程化系統，一致的及可預測的結果可以更有效率被達成。

主要重點：品質管理系統是由互相關聯流程所構成。了解系統是如何產生其結果，包括所有流程、資源、管制和相互作用所產生的，能使組織優化其績效。

五、改進（Improvement）

成功的組織不斷地專注於改進。

主要重點：基本上，改進是讓組織維持目前的績效水準，反映內部和外部環境的改變，並創造新的機會。

六、以證據為依據之決策（Evidence-based decision making）

基於數據和資訊的分析和評估的決策，更可能產生預期的結果。

主要重點：了解因果關係及非預期的後果很重要的。在決策時，事實、證據和數據分析帶來更大的客觀性與商機。

七、關係管理（Relationship management）

對於永續發展，組織管理其與利益團體的關係，如供應商、客戶等等關鍵利益團體（利害關係人）。關係管理要點，組織管理其與利益團體的關係以優化其績效的影響，永續發展實現的可能性更大。加強與供應商和夥伴的網絡關係管理往往是特別重要的。

推薦標竿學習企業

產業業態	國內產業學習標竿
橡膠業	建大輪胎、正新輪胎、國際中橡、台橡
塑膠業	上緯企業、鼎基化學、興采實業、員全
金屬加工業	三星科技、巧新科技、鐵碳企業、桂盟
化工業	台灣永光化學、長興化學、南光化學、生達化學
自行車產業	巨大機械、美利達、太平洋自行車、亞獵士科技

IPO流程範例

2. 輸入Input
- 產品需求
- 請購單
- 模治具規格
- 圖面（設計）

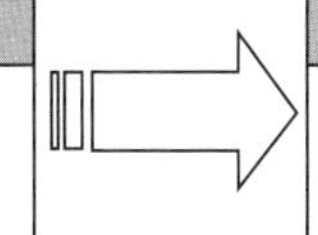

1. 流程Process
- 治工具管理流程

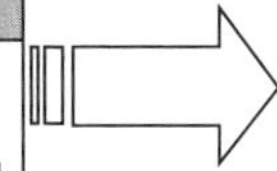

3. 輸出Output
- 訂購單
- 驗收單
- 治工具點檢表

預防保養系統流程Prevent maintain management

5. 藉由什麼？What（材料／設備）
- 三用電表
- 3D量測平台
- 游標卡尺
- 潤滑防銹油
- 電力分析儀

6. 藉由誰？Who（能力／技巧／訓練）
- 專業技術工程師
- 具電子、自控、機械維護能力

2. 輸入Input
- 年度計劃表plan
- 人力配置manpower
- 訂單預測forecast
- 保養治工具tooling

1. 流程Process
- 預防保養作業
- prevent maintain

3. 輸出Output
- 設備保養紀錄
- 維修履歷表
- 部品採購、領用作業
- 碳排、能源耗用紀錄

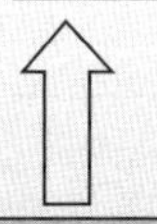

4. 如何做？How（方法／程序／指導書）
- 模治具維護保養準則
- 預防保養準則
- 量測分析作業準則
- 職業安全作業準則

7. 藉由哪些重要指標？Result（衡量／評估）
- 稼動率
- 修機率
- 部品耗用費
- 節能減碳量

Unit 2-3 內部稽核

內部稽核之目的爲落實企業國際標準管理系統之運作，各部門能確實而有效率合時合宜之執行，以達成經營管理與管理系統之要求，並能於營運過程實行中發現產品品質異常或服務不到位，能即時督導矯正以落實管理系統運作與維持。

ISO 9001：2015_9.2 internal audit條文要求

9.2.1

組織應在規劃的期間執行內部稽核，以提供品質管理系統達成下列事項之資訊。

(a) 符合下列事項。

(1) 組織對其品質管理系統的要求事項。

(2) 本標準要求事項。

(b) 品質管理系統已有效地實施及維持。

9.2.2

組織應進行下列事項。

(a) 規劃、建立、實施及維持稽核方案，其中包括頻率、方法、責任、規劃要求事項及報告，此稽核方案應將有關過程之重要性、對組織有影響的變更，及先前稽核之結果納入考量。

(b) 界定每一稽核之稽核準則（Audit criteria）及範圍。

(c) 遴選稽核員並執行稽核，以確保稽核過程之客觀性及公正性。

(d) 確保稽核結果已通報給直接相關管理階層。

(e) 不延誤地採取適當的改正及矯正措施。

(f) 保存文件化資訊以作爲實施稽核方案及稽核結果之證據。

備註：參照CNS 14809指引。

小博士解說

面對組織內外部稽核作業，稽核員應具備以下能力，需不斷終身學習。

人格特質	處事的能力
心胸開闊、客觀（Open mind）	有效撰寫與傾聽的技巧
正確判斷與堅毅不搖	主持／控制會議的能力
對於評鑑範圍內規則的敏感性	計畫、組織及排程的能力
對於壓力情境能夠有效反應	化解衝突的能力
Open/close meeting掌握度	決策的能力
對缺失與觀察報告解析條理	獲得合作的能力
專注、成熟	保存事實的能力
傾聽	取捨最適圓滿解

圖表（查檢表或稽核流程）

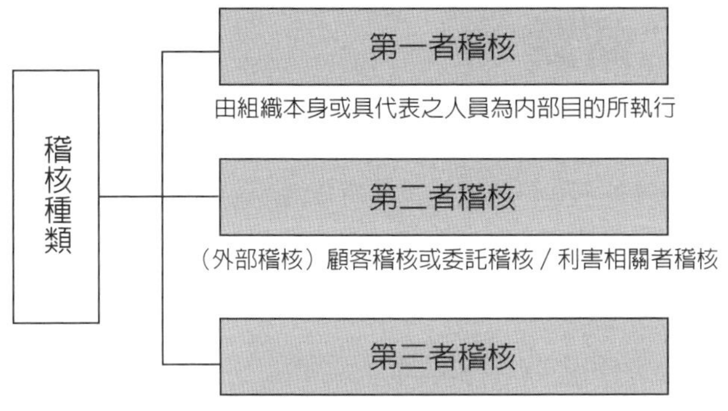

備註1（稽核依據）：法令規章、標準、標準程序書、管理辦法、作業指導書、作業說明書、共通規範、特定規範、相關之紀錄、表單、報告及實際操作之要求。

備註2（稽核原則）：廉潔、公平陳述、專業、保密性、獨立性、證據為憑。

內部稽核實施流程

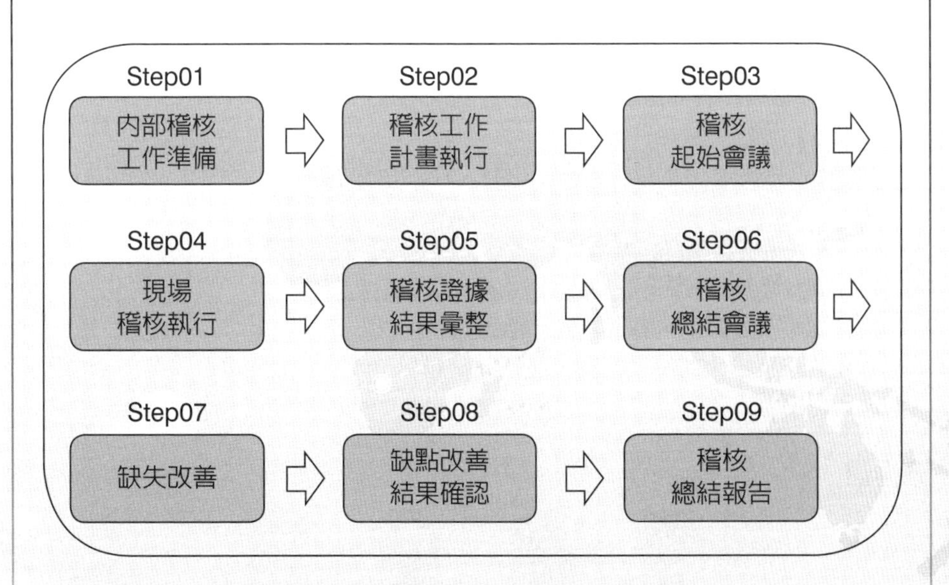

管理審查

管理審查之目的為維持企業的品質管理系統制度，以審查組織內外部品質管理系統活動，以確保持續的適切性、充裕性與有效性，結合內部稽核作業輸出與管理審查會議討論，能即時因應風險與掌握機會，達到品質改善之目的並與組織策略方向一致。

一、管理審查議題（參考例）：

1. 顧客滿意度與直接相關利害相關者之回饋。
2. 品質目標符合程度並審視上次審查會議決議案執行結果。
3. 組織過程績效與產品服務的符合性。
4. 不符合事項及相關矯正再發措施。
5. 監督及量測結果（如法規、車輛審驗）。
6. 內外部品質稽核結果。
7. 外部提供者之績效（如客供品）。
8. 處理風險及機會所採取措施之有效性。
9. 改進之機會。
10. 其他議題（知識分享、提案改善）。

二、參加會議對象（參考例）：

1. 總經理為管理審查會議之當然主席。
2. 管理代表為會議之召集人。
3. 各部門主管、幹部及經理指派相關人員為出席會議之成員。

三、管理審查事項之執行（參考例）：

1. 管理代表負責管理審查會議中決議事項之執行工作。
2. 決議事項及完成期限應記載入會議紀錄中。
3. 審查事項輸出的決策行動，包括系統過程及產品有效性之改善及相關投入資源之需要。

流程圖

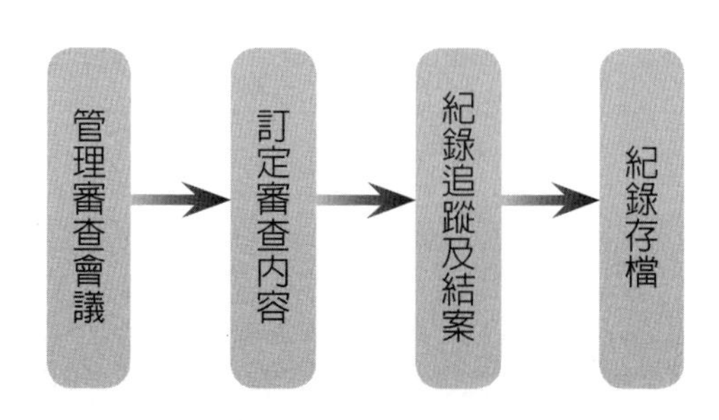

ISO 9001：2015_9.3 Management review條文要求

9.3.1 一般

最高管理階層應在所規劃之期間審查組織的品質管理系統，以確保其持續的適合性、充裕性、有效性，並與組織的策略方向一致。

9.3.2 管理階層審查之投入

管理階層審查的規劃及執行應將下列事項納入考量。

(a) 先前管理階層審查後，所採取的各項措施之現況。

(b) 與品質管理系統直接相關的外部及內部議題之改變。

(c) 品質管理系統績效及有效性的資訊，包括下列趨勢。

(1) 顧客滿意及來自於直接相關利害關係者之回饋。(2) 品質目標符合程度。(3) 過程績效及產品與服務之符合性。(4) 不符合事項及矯正措施。(5) 監督及量測結果。(6) 稽核結果。(7) 外部提供者之績效。

(d) 資源之充裕性。

(e) 處理風險及機會所採取措施之有效性（參照條文6.1）。

(f) 改進之機會。

9.3.3 管理階層審查之產出

管理階層審查之產出應包括如下之決定及措施。

(a) 改進機會。(b) 若有需要，改變品質管理系統。(c) 所需資源。

組織應保存文件化資訊，作爲管理階層審查結果之證據。

✚ 知識補充站

因應全球智能化供應鏈管理挑戰，企業面對中長期推動方案，並追求供應鏈符合國際環保規範，從管理審查建議管理階層因應措施參考如下：

1. 建立原物料成分管制物質清單，並依國際環保法規及有害物質管制要求適時更新，作為公司自我要求並與國際環保潮流趨勢銜接之基準。
2. 建立供應商原物料成分管制保證書，要求原物料供應商切結銷售公司之產品未含環境有害物質，確保公司之產品於供應鏈體系中可符合國際要求。
3. 建立供應商設施風險管理評鑑，增列公司供應商評鑑之範圍。
4. 供應商管制程序管理審查評鑑及落實供應商產品檢驗報告分類彙整，強化現有供應商環保資訊之建檔管理。
5. 將公司對供應商之綠色產品相關要求，透過採購管制程序優先列入採購對象，落實執行綠色採購管理。
6. 加強製程作業與委外加工廠作業安全風險管理評估。
7. 因應技術人才培訓與管理儲備留才，逐步建立智慧管理績效指標。
8. 附加於機械設備導入機聯網、生產管理可視化與智慧化科技應用，如機聯網智慧機上盒，進而提升供應鏈強度。並具備資料處理、儲存、通訊協定轉譯及傳輸，以及提供應用服務模組功能之軟硬體整合系統。

Unit 2-5 文件化管理(1)

文件化管理之目的爲使公司所有文件與資料，於內部能迅速且正確的使用及管制，確保各項文件資料之適切性與有效性，以避免不適用文件與資料被誤用。確保文件與資料之制訂、審查、核准、編號、發行、登錄、分發、修訂、廢止、保管及維護等作業之正確與適當，防止文件與資料被誤用或遺失、毀損，進行有效管理措施。

文件化管理藍圖

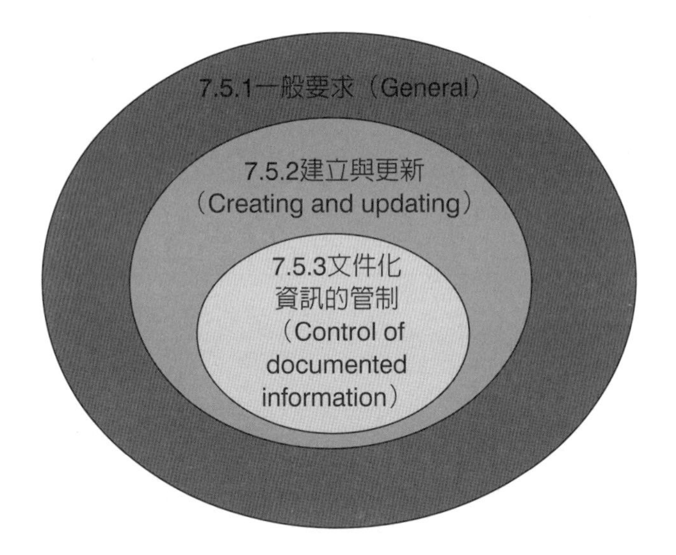

ISO 9001：2015_7.5文件化資訊（Documented information）條文要求

7.5.1 一般要求

組織的品質管理系統應有以下文件化資訊。

(a) 本標準要求之文件化資訊。

(b) 組織爲品質管理系統有效性所決定必要的文件化資訊。

備註：各組織品質管理系統文件化資訊的程度，可因下列因素而不同。

(a) 組織規模，及其活動、過程、產品及服務的型態。

(b) 過程及過程間交互作用之複雜性。

(c) 人員的適任性。

7.5.2 建立與更新

組織在建立及更新文件化資訊時，應確保下列之適當事項。

(a) 識別及敘述（例：標題、日期、作者或索引編號）。

(b) 格式（例：語言、軟體版本、圖示）及媒體（例：紙本、電子資料）。

(c) 適合性與充分性之審查及核准。

文件制修訂與報廢流程範例

標準文件之制修廢流程	權責單位	相關文件化資訊
標準品質文件 訂定／修訂／廢止	各部門單位承辦人員提出	文件標準格式頁／ 文件訂修廢履歷表
會簽／審核（No pass → 標準品質文件訂定／修訂／廢止；pass → 登錄系統處理）	各部門單位／ 單位權責主管	文件訂修廢會簽單／ 標準文件草案／ 文件封面／
登錄系統處理（發行 → 新版分發、舊版回收；廢止 → 紀錄／保存）	文管中心	文件訂修廢履歷表／ 標準文件資料／ 標準文件清單／ 標準文件電子檔
新版分發、舊版 回收	文管中心	管制文件分發／ 回收／紀錄表
實施運作	各部門單位	管制文件
重新審查（修正 → 會簽／審核；維持 → 紀錄／保存）	文管中心／ 業務承辦人員	標準文件／內部稽核 查檢表／
紀錄／保存	文管中心	管制文件／ 文件訂修廢履歷表

Unit 2-6 文件化管理(2)

有關外部文件管制，凡與產品品質相關之法規資料如國家標準規範等，均由企業內文管中心管制並登錄於「文件管理彙總表」，且隨時主動向有關單位查詢最新版公告資料。如有外部單位需要有關文件時，文管中心應於「文件資料分發回收簽領記錄表」登錄，並於發出文件上加蓋「僅供參考」，以確實做好相關管制，以免誤用。

文件化管理其目的、範圍與內容，列舉參考：

一、目的：爲實踐公司品質政策與目標，而制訂品質手冊、程序書、標準書、品質記錄等文件資料，以發行文件管理之一致性、可溯性，並防止舊版文件被誤用與不當使用。

二、範圍：有關內外部之品質管理系統文件，其編號、制訂、審核、發行、修改、作廢等作業均屬之。

三、內容：

3.1 品質管理系統文件包括：

3.1.1 制訂品質政策及品質目標。

3.1.2 品質手冊、程序書、標準書、品質記錄等文件資料。

3.1.3 ISO國際標準所要求之所有文件、記錄。

3.1.4 爲確保流程能有效運作之有關文件。

3.2 文件之架構與內容，係考量下列因素：

3.2.1 公司之規模與作業型態。

3.2.2 產品流程之複雜程度、相互關係。

3.2.3 過程管理程度與人員之能力。

3.2.4 客戶要求。

7.5.3 文件化資訊的管制（Control of documented information）條文要求

7.5.3.1
品質管理系統與本標準所要求的文件化資訊應予以管制，以確保下列事項。
(a) 在所需地點及需要時機，文件化資訊已備妥且適用。
(b) 充分地予以保護（例：防止洩露其保密性、不當使用，或喪失其完整性）。
7.5.3.2
對文件化資訊之管制，適用時，應處理下列作業。
(a) 分發、取得、取回及使用。
(b) 儲存及保管，包含維持其可讀性。
(c) 變更之管制（例：版本管制）。
(d) 保存及放置。
已被組織決定爲品質管理系統規劃與營運所必須的外來原始文件化資訊，應予以適當地鑑別及管制。
保存作爲符合性證據的文件化資訊，應予以保護防止被更改。

標準文件之分類管制

文件名稱	說　明
原版文件	審核通過後，存檔備查使用
管制文件	文件發行後，據以遵循實施
參考文件	供參考使用，未具任何效力
作廢文件	不符合需求，已改版或作廢

備註1（管制單位）：標準文件不得自行列印、複印、塗改。
備註2（管制章範例）：管制文件章、參考文件章、作廢文件章，應包含單位名稱及日期。

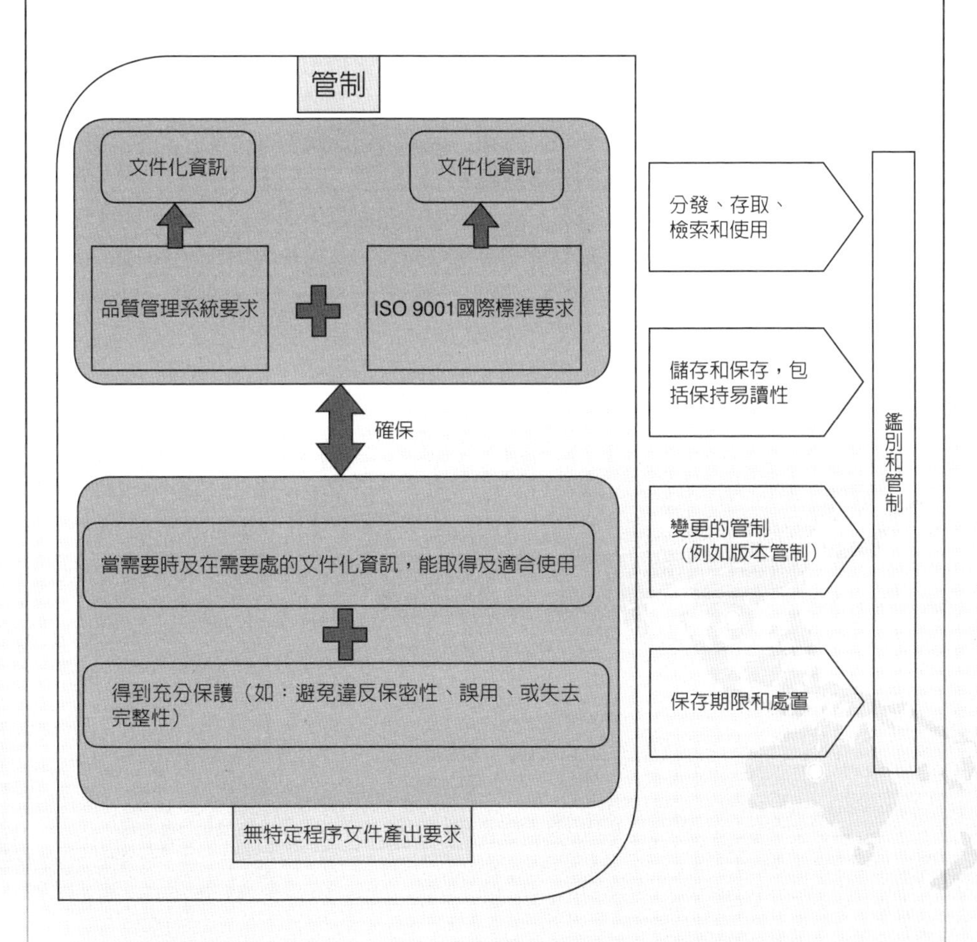

Unit 2-7 知識管理

知識經濟的時代，企業所要面對的是一個更複雜、快速的環境。近年來全球許多企業紛紛投入知識管理的熱潮中，可見得企業欲透過知識管理創造價值的期待及渴望。多數企業對知識管理的認知仍停留在文件管理及系統建置階段，且不知從何處強化或改善，無法眞正落實及發揮知識管理的精神及效益。因此，經濟部工業局主導規劃「知識管理評量機制」，希望透過技術服務業及標竿企業多年來推動知識管理的實務經驗，根據企業知識管理發展過程而設計一套評量機制，可作爲企業自我檢視推動現況，並據以調整導入策略及實施做法。

從工業時代到資訊時代，再到知識經濟時代，社會變得更加多元，充滿了不確定性。不過，越懂得善用知識的人，越會發現處處充滿商機。現今透過網路資訊隨時隨地唾手可得，但是哪一些才是企業眞正需要的資訊呢？又要如何去蕪存菁地創造企業知識進而爲企業帶來財富？又要如何將企業過去成功的經驗傳承下去？這些都是今日面臨全球化競爭的企業所要面對的基本課題。

根據管理大師許士軍教授的分析，台灣企業正面臨以下的困境：組織喪失創新的動力、組織與外界產生隔閡、集權管理結果喪失彈性、基層員工與管理者的無力感。基於多年的產業輔導顧問經驗，認爲企業文化的不合時宜，與這些困境互爲因果關係，更是企業的通病。如何讓企業文化從僵化到充滿彈性，從被動回應到主動因應，從問題解決模式到預防問題機制，從墨守成規到創新突破，在在都是經營者必須擁有的經營觀念。

知識分享之目的爲可配合企業中長期業務發展，激勵員工藉由知識分享管理進行軟性內部、外部溝通，透過知識文件管理、知識分享環境塑造、知識地圖、社群經營、組織學習、資料檢索、文件管理、入口網站等文化變革面、資訊技術面或流程運作面之相關專案導入與推動工作，跨專長提供問題分析、因應對策或其他策略規劃建議，內化溝通型企業文化，營造知識創造與創新思維。

知識管理IPO流程範例

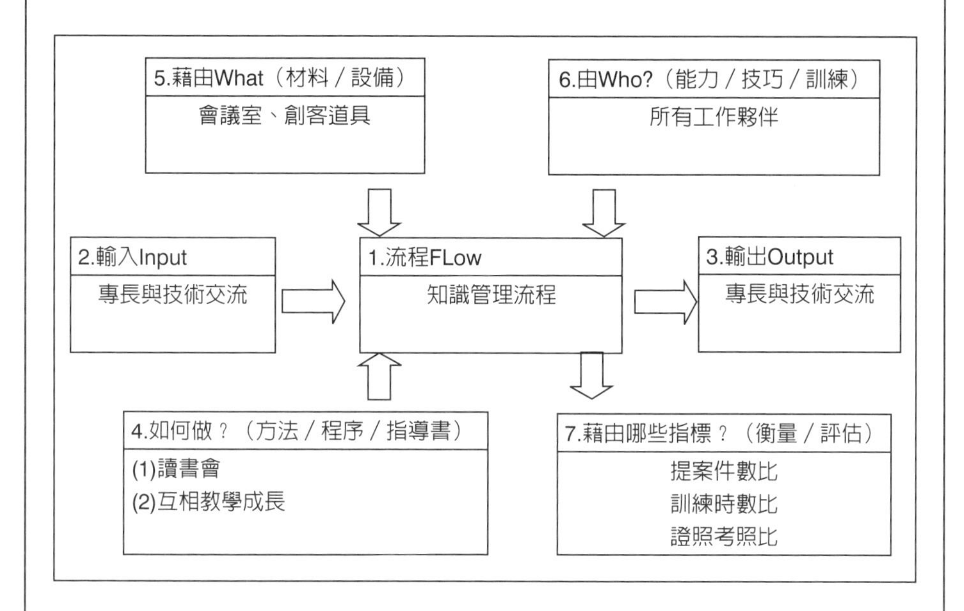

實務推動KM問題解決

項目	常見可能遭遇之問題	問題解決方式
企業文化	組織成員對KM知識管理重要性之認知度需要加強	1. 以業務單位為KM推動示範單位，成立推動委員會 2. 以Work-out方式進行策略共識
營運流程管理	業務行銷部門中關鍵作業隱性知識較無法具體表達	1. 建立作業標準書與文件管理分類 2. 挑選部門種子技術教師 3. 推動培養部門師徒導師制
資訊科技硬體方面	電腦設備不足，員工多人共用一部電腦與未能有效進行資訊分享	1. 依Web-ISO平台分享知識，內部提供共用資料使用教學課程 2. Web-ISO平台統一編碼管理與識別
人員素質	業務員工資訊能力強，業務行銷流程未能聚焦產品行銷定位，將產業趨勢資訊轉換成知識書面文件是有困難的	1. 進行業務作業KM分類與盤點 2. 具體規劃產業分析報告KM資料庫 3. 具體規劃產品行銷市場定位圖

Unit 2-8 風險管理

風險是不確定性對預期結果的影響，並以風險爲基礎的思維理念，始終隱含在ISO 9001：2015的國際標準，使基於風險的思路更加清晰，並運用它建立與實施，維持和持續要求完善的品質管理系統。

企業可以選擇發展更廣泛基於風險的方法要求本國際標準，以ISO 31000提供了正式的風險管理指引，可以適當運用在組織環境。

在可接受的風險水準下，積極從事各項業務，設施風險評估提升產品之質量與人員職業安全衛生。加強風險控管之廣度與深度，力行制度化、電腦化及紀律化。組織部門應就各業務所涉及系統及事件風險、市場風險、信用風險、流動性風險、法令風險、作業風險和制度風險做系統性有效控管，總經理室應就營運活動持續監控及即時回應，年度稽核作業應進行確實查核，以利風險即時回應與適時進行危機處置，制定程序文件。

1. 風險（Risk）：潛在影響組織營運目標之事件，及其發生之可能性與嚴重性。
2. 風險管理（Risk management）：爲有效管理可能發生事件並降低其不利影響，所執行之步驟與過程。
3. 風險分析（Risk analysis）：系統性運用有效資訊，以判斷特定事件發生之可能性及其影響之嚴重程度。

風險管理之目的爲，在可接受的風險水準下，積極從事各項業務、設施之風險評估，提升產品之質量與人員安全。加強風險控管之廣度與深度，力行制度化、電腦化及紀律化。企業應就各產品與服務業務所涉及系統及事件風險、市場風險、信用風險、流動性風險、法令風險、作業風險和制度風險作系統性有效控管，企業應就營運活動持續監控及即時回應，年度稽核作業應進行確實查核，以利風險即時回應與適時進行危機處置，制定實施。

國際標準——風險管理參考

項次	國際規範	名稱
1	ISO 31000: 2009-Risk management-Principles and guidelines	風險管理：原則與指引
2	ISO /TR 31004: 2013 provides guidances for organizations on managing risk effectively by implementing ISO 31000: 2009.	風險管理：執行ISO 31000之指導綱要
3	ISO /IEC 31010: 2009 Risk Management-Risk assessment techniques	風險管理：風險評估技術
4	ISO 14971: 2007 Risk Management Requirements for Medical Devices	風險管理：醫療器材之產品

ISO風險評估（以金屬製品製造流程為例）

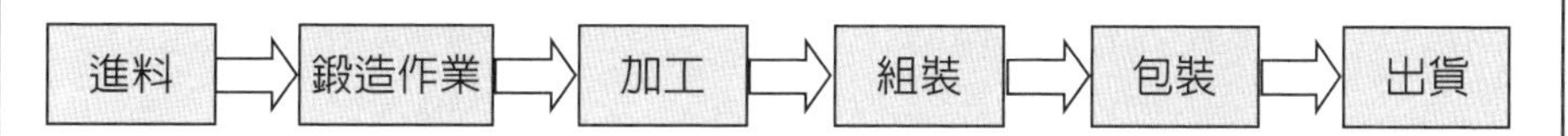

作業說明：此為一金屬零件製造工廠主要製程，包括進料、鍛造作業、加工、組裝、包裝、出貨。進料時以先以堆高機自碼頭貨車上將貨物載至倉庫，再以固定式起重機吊掛至定位；接下來以鍛造爐進行零件鍛造，進行熱處理後再以衝床、車床、研磨機及鑽孔機等加工，最後以輸送帶包裝出貨。

嚴重度等級	可能性等級			
	P4	P3	P2	P1
S4	5	4	4	3
S3	4	4	3	3
S2	4	3	3	2
S1	3	3	2	1

1.作業／流程名稱	2.危害辨識及後果（危害可能造成後果之情境描述）	3.現有防護設施	4.評估風險			5.降低風險所採取之控制措施	6.控制後預估風險		
			嚴重度	可能性	風險等級		嚴重度	可能性	風險等級
進料入庫—堆高機作業	因堆高機行駛、倒車或迴轉速度過快撞擊鄰近人員致死	(1)堆高機行駛路線規劃 (2)人員行走路線規劃 (3)堆高機設有後退警報裝置、前後照燈、方向指示器、後照鏡等並定期自動檢查	S4	P2	4	(1)規定行駛速限 (2)堆高機行駛路線避免與人員行走路線交叉重疊 (3)交叉路口設置停止線並鳴喇叭警示	S2	P1	3
進料入庫—堆高機作業	堆高機貨物堆積過高視野不良，撞擊作業員致死	(1)堆高機SOP及訓練 (2)堆高機行駛路線規劃 (3)人員行走路線規劃	S4	P3	4	(1)加強（ＯＯ作業SOP）監督檢查 (2)限制載貨高度 (3)堆高機貨叉架上標示載貨最高高度	S4	P2	4
進料入庫—堆高機作業	堆高機行駛時，視線不良而撞傷作業員	(1)通道交叉口及視線不良的地方，減速並按鳴喇叭 (2)堆高機設有後退警報裝置、前後照燈、方向指示器、後照鏡等並定期自動檢查	S3	P3	4	(1)轉彎處設置轉角鏡 (2)規定行駛限速及路線 (3)加強行駛路線照明	S3	P2	3
進料入庫—堆高機作業	堆高機停放時，未制動逸走／鑰匙未取出，無關人員啟動撞傷人員	堆高機操作SOP及訓練	S3	P3	4	(1)規劃堆高機之停放區域並設置鑰匙盒 (2)駕駛者離開位置時，應將原動機熄火、制動並拔鑰匙	S3	P2	3
進料入庫—堆高機作業	堆高機停放時，未將貨叉降至地面，人員搬運貨物遭絆倒	堆高機操作SOP及訓練	S3	P2	3	加強巡檢與訓練	S4	P1	3
進料入庫—堆高機作業	作業員站於儀錶板旁調整貨物，誤觸操作桿被夾於桅桿與頂棚間致死	堆高機操作SOP及訓練	S4	P2	4	於儀錶板與貨叉間加設橫桿或護網	S4	P1	3
進料入庫—堆高機作業	作業員未依規定站立於貨叉之高處調整貨物造成人員墜落致死	高處作業SOP及訓練	S4	P3	4	(1)加強宣導—不得使作業員搭載於堆高機之貨叉所承載貨物之托板、撬板 (2)物料區設置移動式工作平台並配戴安全帶，不得以堆高機做為升降機使用	S4	P1	3
進料入庫—堆高機作業	路面傾斜／堆高機過載導致堆高機翻覆，作業員被壓致死	堆高機操作SOP及訓練	S4	P3	4	(1)加強駕駛訓練 (2)堆高機之操作，不得超過該機械所能承受之最大荷重 (3)規定行駛速限	S4	P4	4

個案討論

分組研究個案，試說明符合七大原則中的哪幾項。

章節作業

七大品質管理原則與ISO 9001標準條文關係，請列出說明。

個案學習：防蝕系統設計製造安裝

七大原則	個案學習	條文
顧客導向	客製提供陰極防腐蝕產品服務	
領導	合理價格、高品質與快速服務	
員工參與	上下目標一致、團隊合作	
流程導向	TQM、Lean production	
改進	提供安全穩定快樂職場環境	
以證據為依據之決策	精確、持續改進、及時	
關係管理	曾被評為最佳供應商	

列舉標竿學習個案——優於競爭對手五大領域

顧客服務	
客戶關係	
績效卓越	
工作環境	
成長機會高	

第 3 章

ISO 14001：2015 概述

章節體系架構

Unit 3-1 簡介

TAF國際認證論壇公報中，對已獲得ISO 14001認證之驗證的預期結果，從利害關係者之角度，強調「在界定之驗證範圍內，其已獲得驗證之環境管理系統的組織，能夠管理其與環境之間的互動，並能展現以下之承諾：①預防汙染。②符合適用之法律與其他要求。③持續改進其環境管理系統，以達成其整體環境績效之改善。」

實務推動輔導包括涉及到環境管理體系、環境審核、生命週期評估等國際環境領域內的諸多焦點問題。組織經營同步考慮到對環境保護議題、預防汙染和社會經濟學持續成長需要的同時，如何因應有效經營管理公司業務、產品和服務中所應面對的環境考量面及衝擊，並提出中長期因應措施。

國際標準不隱含以下要求：

1. 不同的品質管理系統在架構上的均一性。
2. 文件化必須與國際標準章節架構具有一致性。
3. 在組織內使用國際標準的特定用語。

國際標準所規定的品質管理系統要求事項，和產品與服務要求事項有互補作業。其使用過程導向，其中包括「計畫（P）、執行（D）、檢核（C）、行動（A）」循環及基於風險之思維。過程導向讓組織有能力規劃其過程及過程之交互作用。

SIPOC 系統思維（中英文對照）

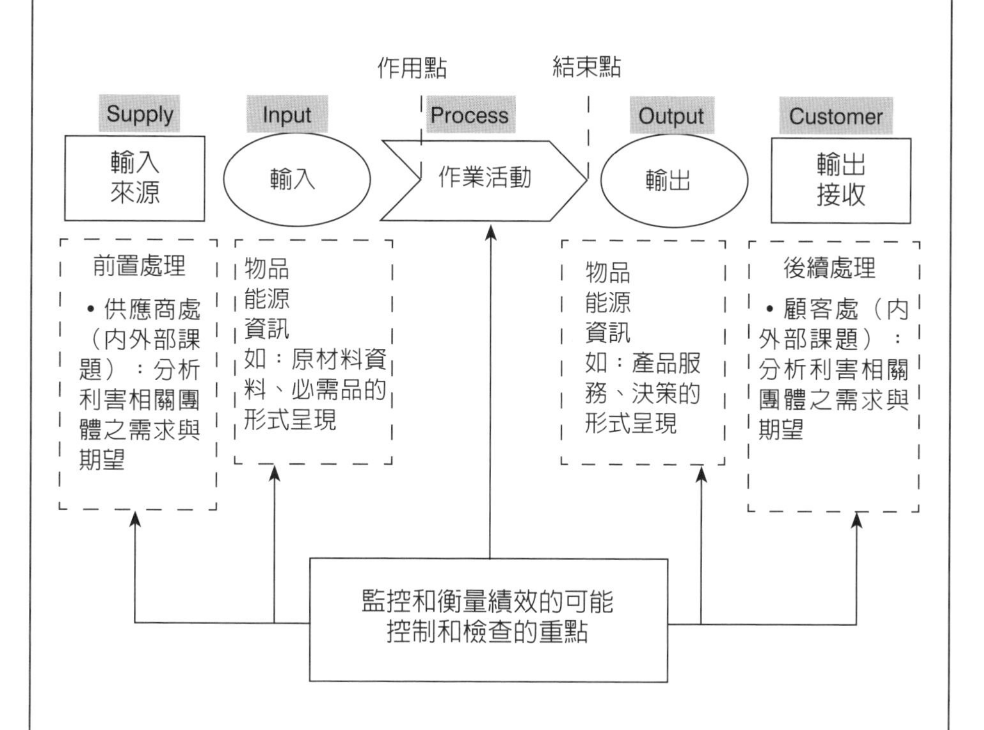

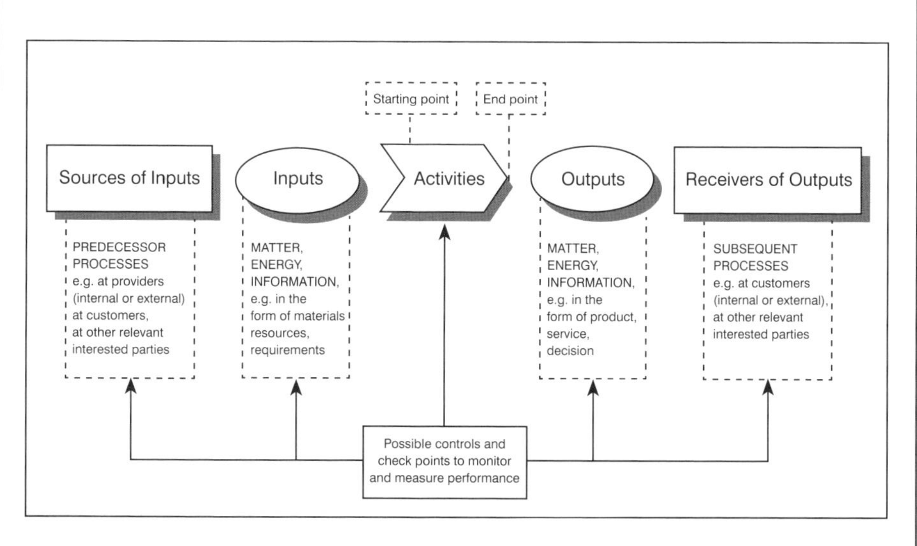

資料參考：https://www.iso.org/standard/

Unit 3-2 PDCA循環

「計畫（P）、執行（D）、檢核（C）、行動（A）」循環，可一體應用於所有過程及品質管理系統。

PDCA循環，簡易說明如下。

Plan（計畫）：依據顧客要求事項及組織政策，鑑別並處理風險及機會，確立環境管理系統目標及其過程，以及爲輸出結果所需要的資源。

Do（執行）：將計畫逐步實施。

Check（檢核）：針對政策、目標、要求事項及所規劃的活動，監督及量測過程、產品與服務，並報告結果。

Action（行動）：必要時採取矯正措施改進績效。

連貫的和可預測的結果得以實現更有效活動時，被理解和運用一個連貫的系統相互連結的管理過程。標準鼓勵採用過程方法進行發展，實施和改進環境管理系統的有效性，通過滿足顧客要求，增強顧客滿意。國際標準中條文4.4，包括認爲必須採用過程方法的具體要求。過程方法的應用過程及其相互作用系統的定義和管理，以達到符合質量方針與組織的策略方向的預期（PDCA）的方法，進行全面的集中「基於風險的思維」，旨在防止不良後果來實踐的流程和系統作爲一個整體的管理。

管理系統圖解方式說明將條文第4章至第10章納入PDCA循環架構內。

圖解ISO 14001：2015環境管理系統圖（中英文對照）

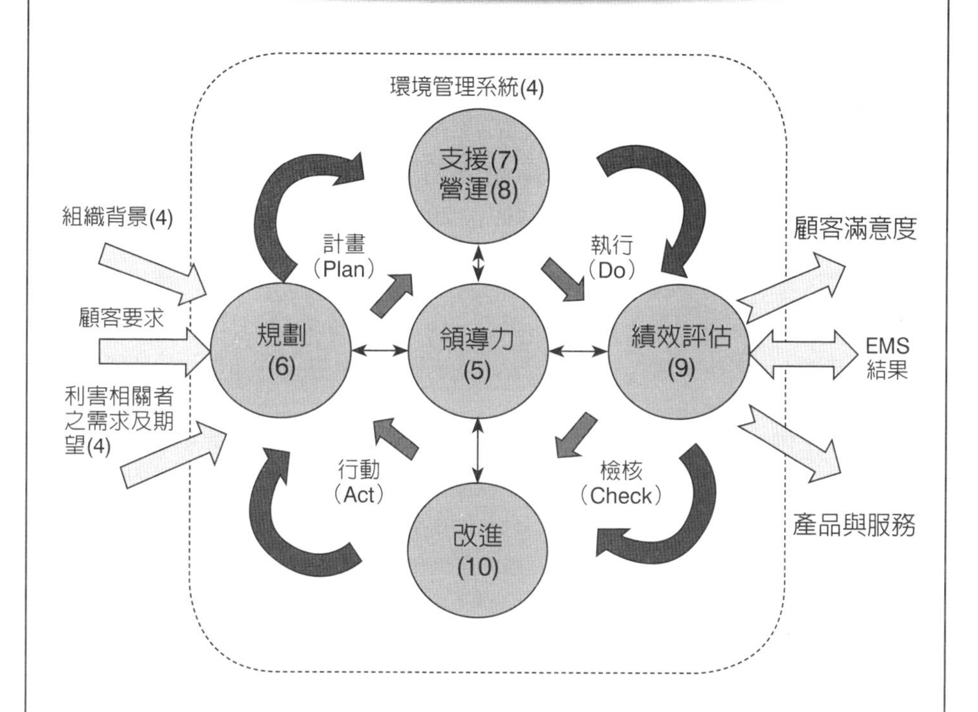

ISO 14001：2015國際標準環境管理系統圖（標準參考例）

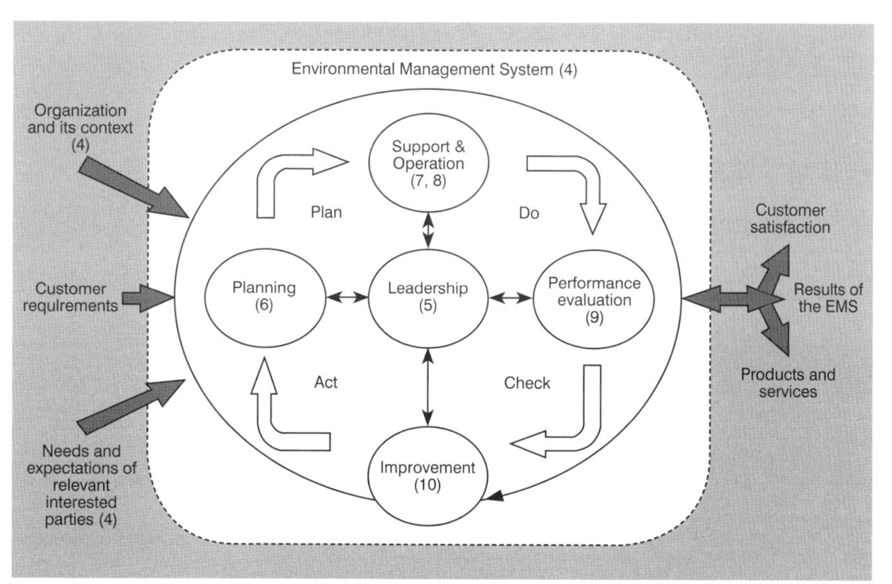

國際標準參考：https://www.iso.org/standard/

Unit 3-3 考量風險思維

基於風險之思維是達成有效ISO 14001環境管理系統與ISO 9001品質管理系統所不可或缺的。它的概念隱含於前一ISO 9001：2008版本中，例如，執行預防措施以消除潛在不符合事項、分析已發生的任何不符合事項，並採取適合於防止不符合後果的措施以預防再發生。

爲符合國際標準要求事項，組織有需要規劃並實施處理風險及機會之措施，同時處理風險及機會兩者，可建立增進環境管理系統有效性的基礎、達成改進結果及預防負面效應，如環境衝擊與環境汙染。

有利於達成預期結果的情況，可能帶來機會，例如，吸引增加客源、開發新產品與服務、減少廢棄物或改進整體生產力。處理機會之措施也可將相關風險納入考量。風險是不確定性的效應，且任何不確定性可能有其正面或負面效應，風險的正向偏離可能形成機會，但並非所有風險的正向效應都能形成機會。

風險機會系統性評估方法，可採評估專案報告提交管理審查會議討論與產業環境風險機會之因應，如PEST分析是利用環境掃描分析總體環境中的政治（Political）、經濟（Economic）、社會（Social）與科技（Technological）等四種因素的一種分析模型。市場研究時，外部分析的一部分，給予公司一個針對總體環境中不同因素的概述。運用此策略工具也能有效的了解市場的成長或衰退、企業所處的情況、潛力與營運方向。

常見五力分析是定義出一個市場吸引力高低程度。客觀評估來自買方的議價能力、來自供應商的議價能力、來自潛在進入者的威脅和來自替代品的威脅，共同組合而創造出影響公司的競爭力。

風險基準，常用評估風險等級表

嚴重度等級	可能性等級			
	P4	P3	P2	P1
S4	5	4	4	3
S3	4	4	3	3
S2	4	3	3	2
S1	3	3	2	1

基於風險之思維

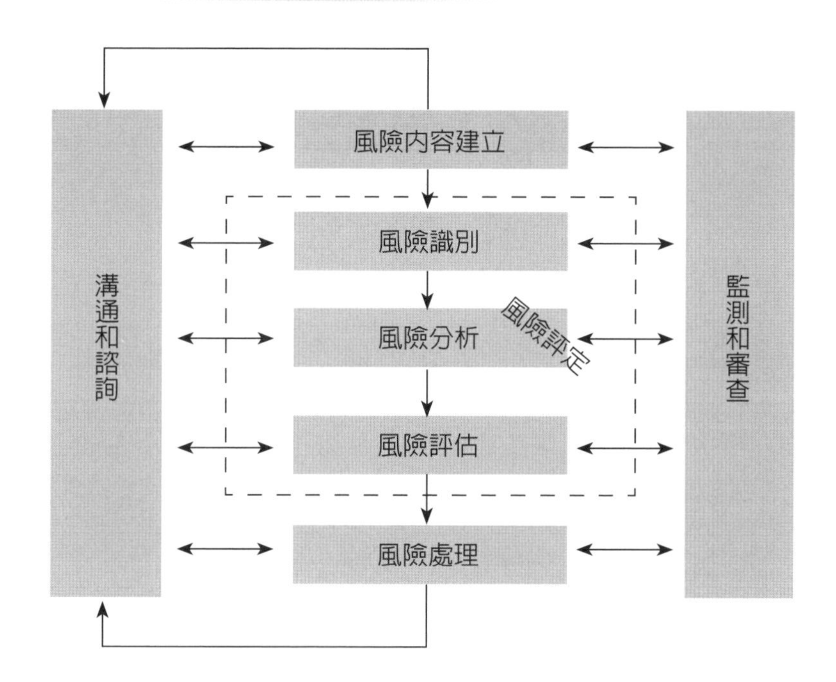

ISO風險評估（以塑橡膠製品製造流程為例）

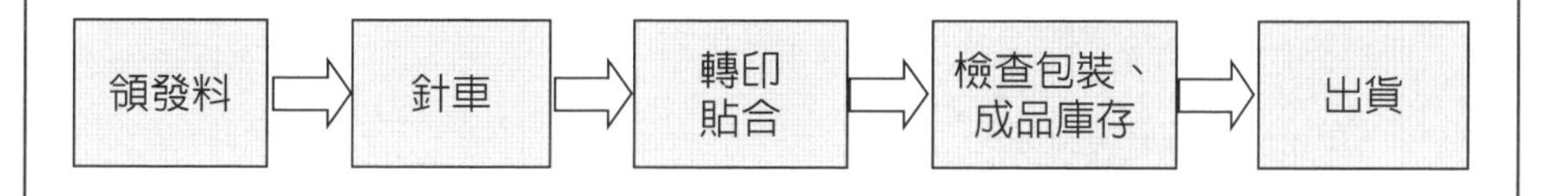

風險評估表

1.作業／流程名稱	2.危害辨識及後果（危害可能造成後果之情境描述）	3.現有防護設施	4.評估風險			5.降低風險所採取之控制措施	6.控制後預估風險		
			嚴重度	可能性	風險等級		嚴重度	可能性	風險等級
領發料作業	倉庫人員操作推高搬運車至物料架時，因操作不當作業方式錯誤，導致原物料倒下壓傷人員	安全鞋、物料防滑、定期目視檢查	S1	P2	2				
	進貨棧板上原物料，保鮮膜包覆未完整，導致物料從貨架掉落	保鮮膜包覆	S1	P1	1				
	厚重物料從料架台搬運至備料區時，不慎造成掉落，砸傷人員	無	S1	P1	1				
針車作業	於針車作業時，操作人員留長髮，造成被針車捲入	無	S3	P1	3	規定不散髮上線	S2	P1	2
	針車機作業中遇斷針情事，易造成人員受傷	部分有檔針裝置	S1	P1	2	斷針記錄	S1	P1	1
轉印貼合作業	轉印機因排氣不良，造成抽風機不順暢	多層隔絕	S1	P1	1				
	人員操作轉印機，不慎碰觸到，造成燙傷	高溫區域警示	S2	P1	2				
	轉印作業時，因人員未依規定，配戴手套作業，作業時手部被燙傷	緊急停止裝置	S2	P2	3				
	轉印過程屬高溫作業，人員長時間於附近作業，恐有產生熱危害之虞	提供冷飲、排風機	S1	P2	2				
檢查包裝、入庫	包裝作業時，未配戴手套作業，作業時手部被割傷或泡殼機燙傷（約80度）	無	S2	P2	3	依規定戴手套	S2	P1	2
	使用堆高機載運成品時，未確實進行綑綁，造成成品掉落砸傷附近作業人員		S1	P2	2				
	使用堆高機載運成品時，載運高度過高，阻擋行進視線，造成撞傷人員		S2	P2	3				
出貨	人員於裝貨（貨櫃）時，堆高機卸貨時因附近無淨空，成品掉落砸傷人員		S2	P2	3				
	作業人員於裝貨（貨櫃）時，使用堆高機作為至貨櫃之機具，因人員重心不穩造成墜落危害		S4	P2	4	(1)嚴禁人員使用堆高機進行升降工具 (2)教育訓練與加強宣導	S2	P2	3

Unit 3-4 與其他管理系統標準之關係

ISO 14001：2015規定了組織可以用來提高其環境績效的環境管理體系的要求。ISO 14001：2015旨在供尋求以系統方式管理其環境責任的組織使用，以促進可持續發展的環境支柱。

ISO 14001：2015幫助組織實現其環境管理系統的預期結果，爲環境、組織本身和利害關係人提供價值。根據組織的環境政策，環境管理系統的預期結果包括：提高環境績效；履行合規義務；實現環境目標。

ISO 14001：2015適用於任何組織，無論其規模、類型和性質如何，適用於組織從生命週期角度確定其可以控制或影響的活動、產品和服務的環境方面。ISO 14001：2015沒有規定具體的環境績效標準。

ISO 14001強調系統導向環境管理（systematic approach to environmental management）係指將相互關連的過程作爲系統加以鑑別、了解及管理，有助於組織達成環境目標的有效性與效率。

適合性（suitability）環境管理系統如何適合組織的運作、文化和營運系統。充裕性（adequacy）環境管理系統是否符合本國際標準的要求，並進行適當的實施。有效性（effectiveness）環境管理系統是否達到所預期的結果。

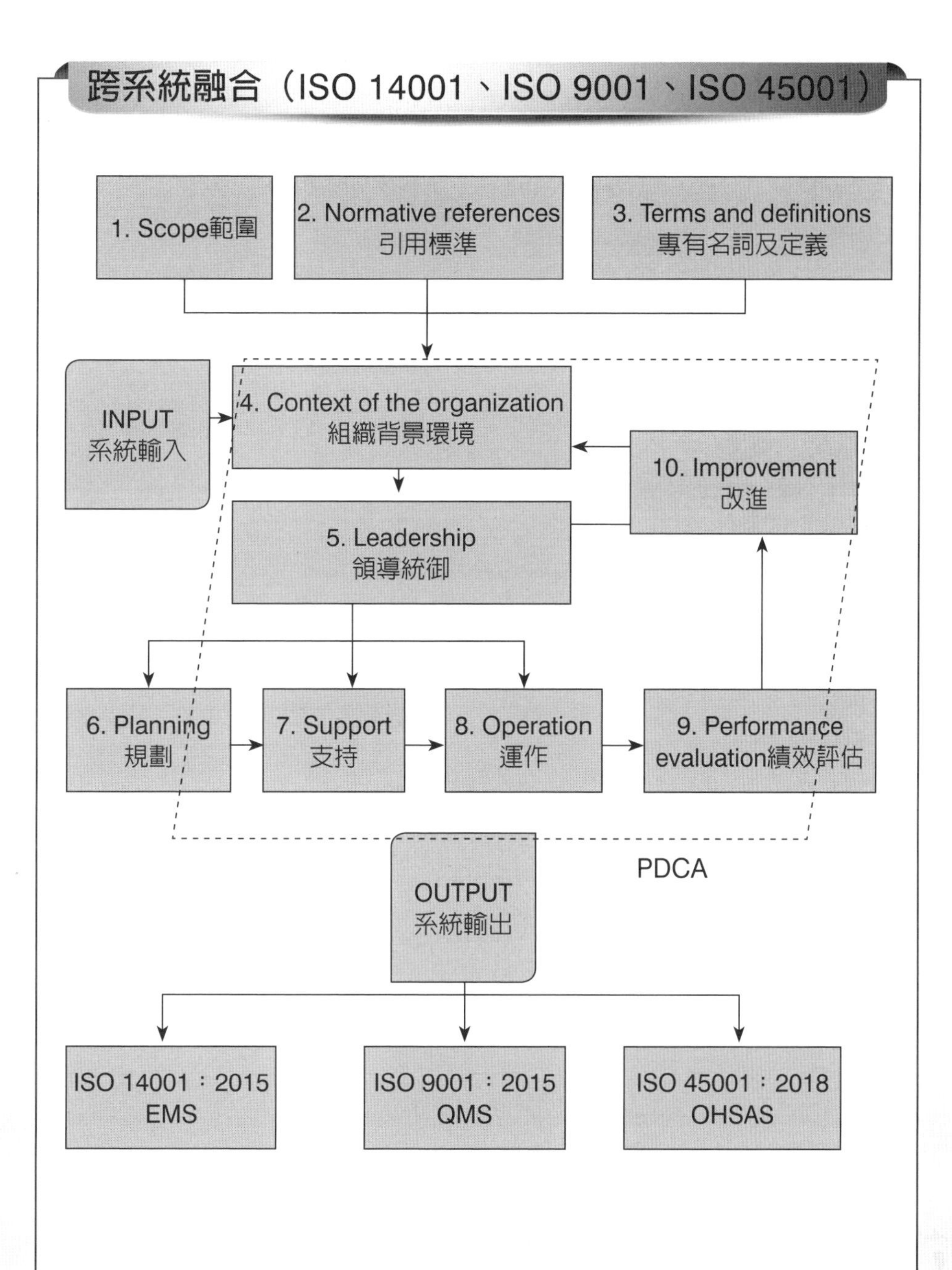
跨系統融合（ISO 14001、ISO 9001、ISO 45001）
1. Scope範圍
2. Normative references
引用標準
3. Terms and definitions
專有名詞及定義
INPUT
系統輸入
4. Context of the organization
組織背景環境
10. Improvement
改進
5. Leadership
領導統御
6. Planning
規劃
7. Support
支持
8. Operation
運作
9. Performance
evaluation績效評估
PDCA
OUTPUT
系統輸出
ISO 14001：2015
EMS
ISO 9001：2015
QMS
ISO 45001：2018
OHSAS

個案討論

分組研究個案，從環境手冊文件中，說明環境管理系統圖的優點特色。

章節作業

分組實作展開一SIPOC系統流程。

第 4 章

組織背景

章節體系架構

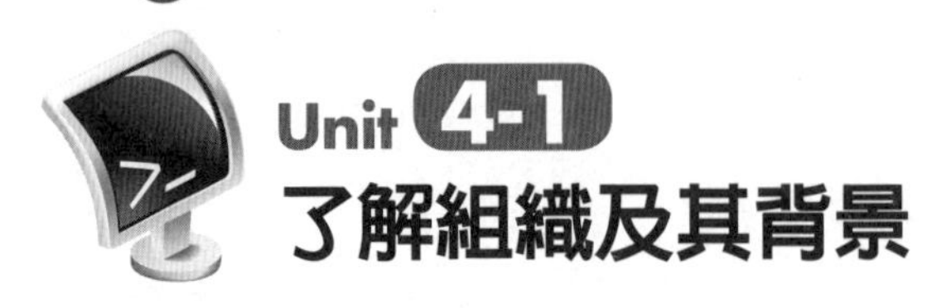

Unit 4-1 了解組織及其背景

產業內外部環境機會之因應，可善用四大工具：

1. PEST分析

是利用環境掃描分析總體環境中的政治（Political）、經濟（Economic）、社會（Social）與科技（Technological）等四種因素的一種模型。市場研究時，外部分析的一部份，給予公司一個針對總體環境中不同因素的概述。運用此策略工具也能有效的了解市場的成長或衰退、企業所處的情況、潛力與營運方向。

2. 五力分析

是定義出一個市場吸引力高低程度。客觀評估來自買方的議價能力、來自供應商的議價能力、來自潛在進入者的威脅和來自替代品的威脅，共同組合而創造出影響公司的競爭力。

3. SWOT強弱危機分析

是一種企業競爭態勢分析方法，是市場行銷的基礎分析方法，通過評價企業的優勢（Strengths）、劣勢（Weaknesses）、競爭市場上的機會（Opportunities）和威脅（Threats），用以在制定企業的發展戰略前，對企業進行深入全面的分析以及競爭優勢的定位。

4. SWOT策略分析

是從SWOT強弱危機分析表中，矩陣相對應關係，由團隊發想提出S & O策略、W & O策略、S & T策略及W & T策略等四大策略，分別說明：

(1) S & O策略：是依內部優勢條件去爭取外部機會。
(2) W & O策略：是利用外部機會來持續改善內部劣勢。
(3) S & T策略：是利用內部優勢條件去避免或降低外部環境威脅。
(4) W & T策略：是直接解決內部劣勢及避免或降低外部環境威脅之策略。

5. 風險管理（Risk Management）

風險管理是一個管理過程，包括對風險的定義、鑑別評估和發展因應風險的策略。目的是將可避免的風險、成本及損失極小化。風險管理精進，經鑑別排定優先次序，依序優先處理引發最大損失及發生機率最高的事件，其次再處理風險相對較低的事件。

ISO 14001：2015　4.1 Context of the organization條文要求
4.1 了解組織及其背景 組織應決定有哪些內、外部因素會與組織營運目的及策略方向有所關聯，或是會影響環境管理系統實現預期結果的能力。那些內外部因素應包含或被組織或足以影響組織的環境條件。

SWOT分析工具

SWOT 矩陣	優勢STRENGTHS （內部分析internal）	弱勢WEAKNESS （內部分析internal）
	• 操作人員非常技術熟練。 • 大部分銷售都是重複訂單 • 強大／穩定的採購流程。 • …	• 現有產品／服務的交貨週期很長 • 新產品的開發週期很長
機會OPPORTUNITIES （外部分析external） • 新的地域開放 • 市場尋求技術幫助 • 可能的獨家供應 • 使用認可公司的趨勢 • 客戶希望更快交貨	S-O策略（進攻） 利用今日的機會	W-O策略（進攻） 克服弱點以追求機會
威脅THREATS （外部分析 external） • 顧客將我們視為陳舊 • 競爭對手積極定價 • 不是新地區的玩家 • 客戶需要最新的技術 • 供應商提高成本	S-T策略（防禦） 增強和加強競爭優勢	W-T策略（防禦） 制定防禦計畫，防止弱點變得更容易受到外部威脅

五力分析工具

• 經濟規模大小
• 專利保護優勢
• 產品與服務差異化
• 品牌度
• 轉換成本
• 資金需求
• 獨特配銷通路
• 政府法規與政策

潛在進入者
（新進入者的威脅）

威脅

• 由少數供應者主宰市場狀況
• 對購買者而言，無適當替代品
• 對供應商而言，購買者並非重要客戶
• 供應商的產品對購買者的成敗具關鍵地位
• 供應商的產品對購買者而言，轉換成本極高
• 供應商容易向前整合

供應商
（供應商的議價能力）

議價力

同業競爭壓力
（現有廠商的競爭程度）

買方
（購買者的議價能力）

議價力

• 購買者群體集中，採購量很大
• 所採購的是標準化產品
• 轉換成本極少
• 購買者容易向後整合
• 購買者的資訊充足

威脅

• 替代品有較低的相對價格
• 替代品有較強的功能
• 購買者面臨低轉換成本

替代品
（替代品或服務的威脅）

Unit 4-2 了解利害關係者之需求與期望

利害關係者（interested party）鑑別可依據AA1000 stakeholder engagement standards之六大原則，包含責任、影響力、親近度 依賴性、代表性、政策及策略意圖，由社會企業責任CSR委員會評估小組成員及相關代表，依據上述原則確認爲股東及投資者、政府機關、客戶、供應商、員工及社區。

個案研究列舉標竿企業上銀科技在照顧員工與投資者的最大獲利之時，也追求公司永續發展。爲確保企業永續發展之規劃與決策，須與公司所有利害關係人建立透明及有效的多元溝通管道及回應機制，將利害相關人所關注之重大性議題引進企業永續發展策略中，做爲擬定公司社會責任實行政策與相關規劃的參考指標。

個案研究列舉標竿企業日月光半導體利害關係者，其官網揭露與利害關係人的溝通是企業持續改善與長遠發展的關鍵。透過各種溝通機制，我們將利害關係人的回覆和建議納入全球策略與營運規劃中。利害關係人議合的主要目的是尋求各類利益相關群體的反饋，並將建議轉化爲實際回應行動。

將利害關係人界定爲影響日月光投控或受日月光投控影響的團體或組織。我們透過AA1000利害關係人議合標準（Stakeholder Engagement Standard, SES）的五大原則（依賴性、責任、影響、多元觀點、張力），鑑別出七大類主要的利害關係人。根據其影響的方式（直接或間接），可區分爲兩大群組一直接利害關係人包括股東、員工、客戶及供應商／承攬商；間接利害關係人包括社區（含NGOs、媒體）、政府、產業公會／協會。

日月光以利害關係人的本質、關心的議題以及議合的目的爲考量，選擇不同的方式進行利害關係人議合，並每年定期將與各利害關係人溝通情形報告至董事會。

ISO 14001：2015 4.2條文要求
4.2 了解利害關係者之需求與期望 組織應決定下列事項 1. 與環境管理系統有直接相關的利害關係者。 2. 這些利害關係者的相關需求與期望（即要求）。 3. 這些需求與期望中有哪些需轉化爲履約義務。

利害關係者溝通措施（以精誠資訊2020年永續報告書為例）

對象	關注議題	溝通管道
媒體／社會大眾	媒體是向利害關係人溝通的重要管道；持續向社會大眾傳遞公司品牌形象，有助於推廣至更多的利害關係人	經濟績效、反貪腐 ■不定期：新聞稿、議題專訪、記者會
政府	遵循各營運據點之地方政府法規，創造地方就業機會及稅收來源	環保法令遵循、社會經濟法規遵循 ■不定期：公文、會議、電話、電子郵件、公開資訊、座談會、研討會
供應商	與供應商建立長期的夥伴關係，共同為客戶創造更大效益	供應商社會衝擊評估 ■不定期：會議及電子郵件、供應商會議
原廠	與原廠緊密合作擴展業務市場，提供多元化的產品服務，提供給客戶完整的解決方案	經濟績效、反貪腐、資料／客戶隱私、資料安全 ■不定期：會議及電子郵件、原廠會議
股東／投資人	股東的支持是精誠穩健成長的力量，為股東創造最大利益為公司營運宗旨，透明揭露營運及財務資訊	經濟績效、反貪腐 ■每年：股東會、年報 ■每季：董事會、功能性委員會、法人說明會、財務報告書 ■每月：公布營運績效、公開資訊觀測站 ■不定期：重大訊息公告、海內外投資法人面對面及電話溝通會議
客戶	精誠客戶涵蓋各產業，以客戶需求為核心，聚焦提升客戶優質體驗，共同創造客戶的第二條成長曲線。	資料／客戶隱私、資料安全 ■不定期：專人拜訪、電話聯繫、專屬信箱
員工	員工是公司最重要的夥伴，人才與創新是企業建構核心競爭力最重要的關鍵，也是邁向永續經營最重要的基礎。	勞雇關係、不歧視、訓練與教育、員工多樣性與平等機會、職業健康與安全 ■每季：勞資會議 ■每月：法令遵循宣導、業務大會 ■不定期：內部公告、議題會議、溝通信箱、訓練課程

資料來源：精誠資訊官網公開文件

Unit 4-3 決定環境管理系統之範圍

ISO 14001環境管理系統範圍，依公司場址所有產品與服務過程管理，輸入與輸出作業皆適用之。包括一階委外加工供應商、客供品管理、廢水廢氣廢棄物過程管理等。

有關適用性，ISO 14001標準並無排除事項，但組織可依其規模大小或複雜性、其所採行的管理模式、其活動的範圍，及其所面對的風險與機會之性質，審查ISO 14001標準要求事項之適用性。

ISO 14001：2015 4.3條文要求
4.3 決定環境管理系統之範圍 組織應決定環境管理系統的界線及適用性，以確立其範疇。 決定此範疇時，組織應考量下列事項： 1. 條文4.1提及之外部及內部議題。 2. 條文4.2提及之履約義務。 3. 組織單位、功能及實際邊界。 4. 組織的活動、產品與服務。 5. 組織行使管控權與影響的職權及能力。 一旦定義範圍，所有此範圍內的組織活動、產品和服務都應包含在環境管理系統內。 適用範圍應以文件化資訊的方式維持，且可讓利害關係者取得。

小博士解說

ISO 14001國際標準條文是每家公司制定環境手冊之依循，一般通則採四階層程序文件。組織內部經跨功能部門，所制訂環境手冊屬二階程序文件所遵循之上位手冊，依此類推。

以下列舉ISO 14001國際標準應用於食品業之環境品質手冊。1.1目的：本手冊之制訂遵照ISO 14001：2015與ISO 9001：2015之精神架構為主，制定環境品質手冊的目的，係本公司充分體認優良食品製造環境管理及服務品質為企業永續經營的基礎，並以建立全面環境品質保證體系為首要策略，因此訂定本手冊為公司實施全面環境品質管理之指導綱要，手冊內容述明環境品質政策、環境品質目標、業務與生產計畫，及達成全面環境品質保證系統正常運作所須之相關權責與各項作業程序。環境品質手冊之落實執行，及日後更新修訂，是本公司邁向全面環境品質保證之最佳證明，環境品質手冊為：1.1.1.各部門不同功能環境品質活動、各項作業程序及管理辦法與操作說明書之最高指導綱要。1.1.2.各部門團隊合作實踐環境品質目標的依據。1.1.3.提供客戶對本公司持續提升環境品質的承諾與保證。因此，環境品質保證制度之建立，確保公司之產品製造環境管理及服務品質能滿足客戶之需求。除本手冊外，另訂有詳細之功能別作業程序及管理辦法與操作說明書等文件做為各部門業務執行之依據。1.2適用範圍：本環境品質手冊適用於本公司之「ISO 14001：2015環境管理系統與ISO 9001：2015品質管理系統國際條文之要求事項」。

ISO 14001：2015環境管理系統，國際標準條文可參考附錄3-1。
ISO 9001：2015與ISO 22000：2018條文對照表，考參考Unit 1-13。

圖解EMS系統範圍

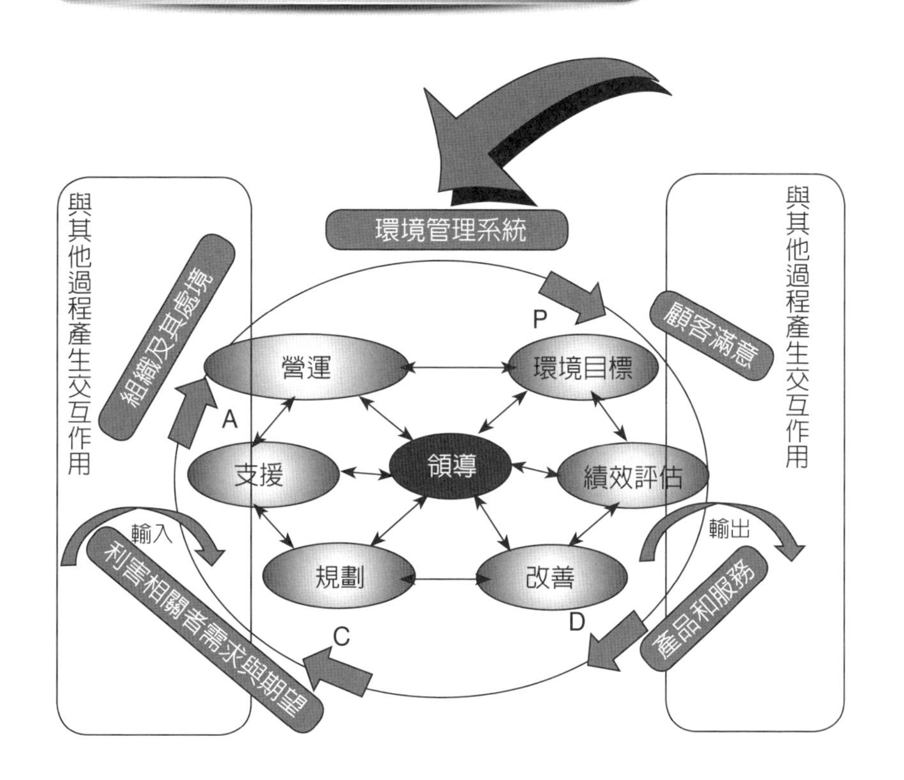

稽核系統範圍

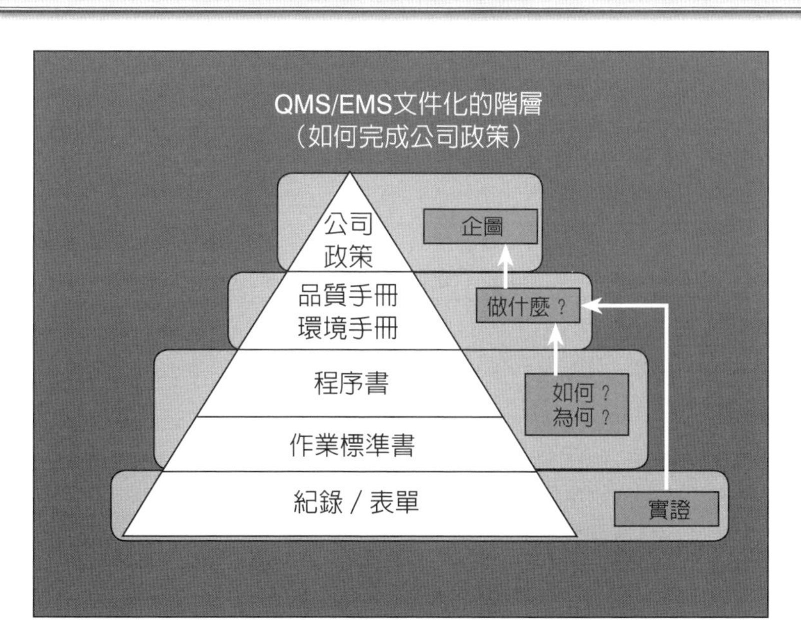

Unit 4-4 環境管理系統及其過程

企業組織流程觀點目標，以協同合作的決策來充分滿足顧客需求，整個組織的決策都應盡全力運用有限資源來創造顧客價值。

SIPOC流程模型是美國品管大師戴明博士提出管理系統模型，用於流程管理和流程改進的技術，是最被使用的管理工具。其內涵爲：Supplier（供應商）、Input（輸入）、Process（流程）、Output（輸出）、Customer（客戶）。

流程思考所需的改變，主要在於人與人的工作關係以及跨功能的工作方式。它將影響企業的各個層面，從績效評估、工作設計、到管理職責以及組織結構。管理者的領導力必須包含流程思考，供應鏈管理等，才能創造更有競爭力的企業經營模式；流程思考，以跨部門協調來使決策符合企業品質政策，組織內外每個流程都包含資訊流、物流、金流以及增加附加價值的所有活動過程。

任何規模的組織，決定相互關係團隊中，任何一個角色的失敗都會使顧客不想購買產品，每個決策所產生的跨部門關聯性必須明確地被考量，環境管理系統思考讓管理者在理解環境管理權衡之後，能做出更好、更具競爭力的環境政策。

個案研究列舉三商美邦重視ISO系統及其過程，長久以來一直關注氣候變遷議題，希望留給下一代美好的地球環境，爲了減少在服務過程中可能對環境產生的衝擊影響，特別導入國際ISO 14001環境管理系統並在2016年12月29日通過BSI英國標準協會驗證，透過系統化的流程管理來檢視生產週期，提升能源使用效率，希望可以將服務建立在健康的環境上。取得ISO 14001驗證，代表三商美邦對氣候環境的重視，未來也將持續推動「節能減碳」，落實在公司各項活動中，實踐企業永續經營的理想，也給環境多一點保障。

ISO 14001：2015 4.4條文要求
4.4 環境管理系統及其過程 爲達成預期的結果，包含提升其環境績效，組織須依據本國際標準的要求建立、實施、維持和持續改善環境管理系統，包括所需過程及其互動。當組織建立和維護環境管理系統時，應考量由條文4.1及4.2獲得的知識。

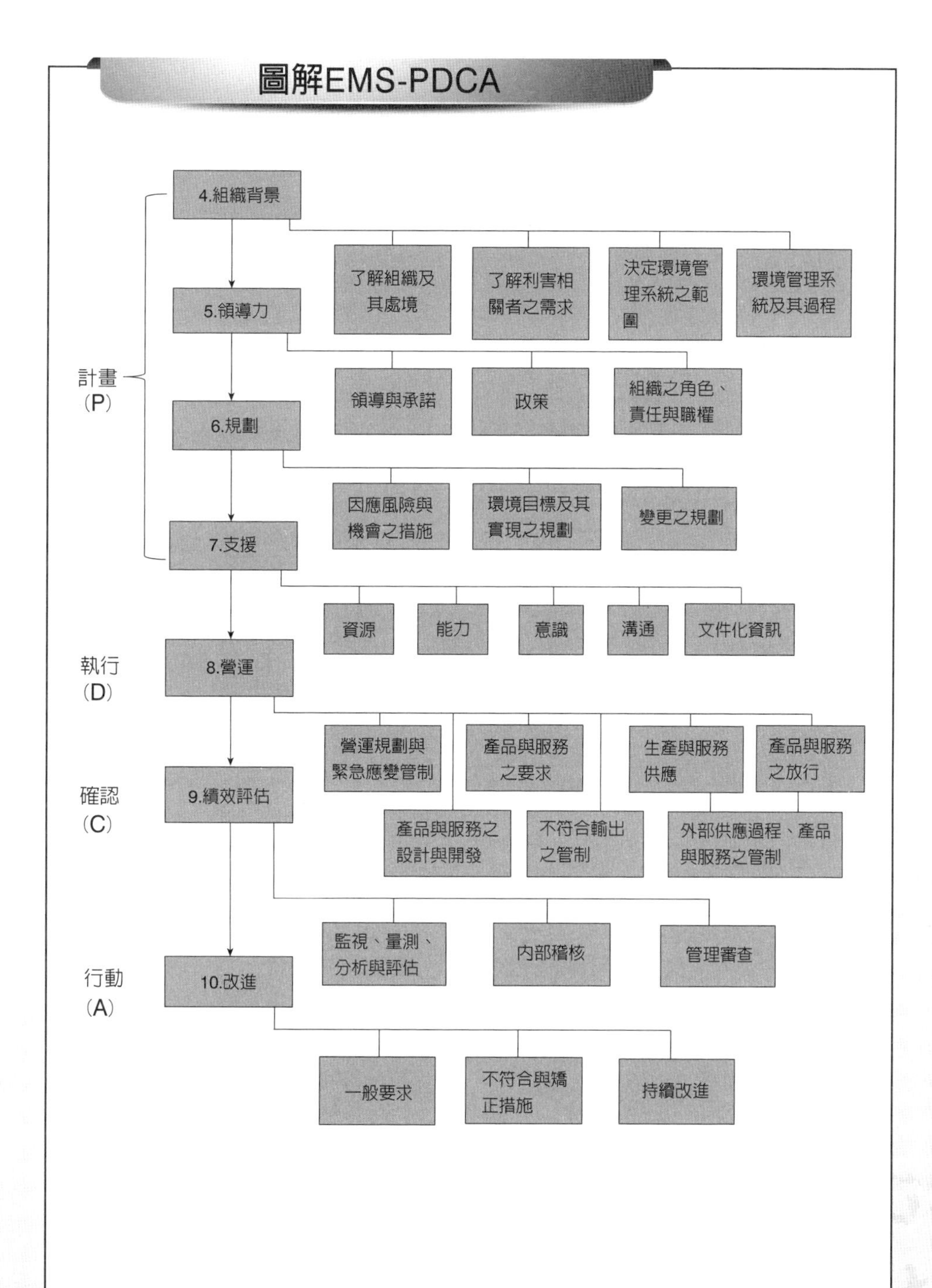
圖解EMS-PDCA
計畫
(P)
執行
(D)
確認
(C)
行動
(A)
4.組織背景
了解組織及其處境
了解利害相關者之需求
決定環境管理系統之範圍
環境管理系統及其過程
5.領導力
領導與承諾
政策
組織之角色、責任與職權
6.規劃
因應風險與機會之措施
環境目標及其實現之規劃
變更之規劃
7.支援
資源
能力
意識
溝通
文件化資訊
8.營運
營運規劃與緊急應變管制
產品與服務之要求
生產與服務供應
產品與服務之放行
產品與服務之設計與開發
不符合輸出之管制
外部供應過程、產品與服務之管制
9.績效評估
監視、量測、分析與評估
內部稽核
管理審查
10.改進
一般要求
不符合與矯正措施
持續改進

補充個案研究

TSMC台積電利害關係人

利害關係者	溝通管道	關注議題	民國101年相關活動與重點
員工	公司性公告／錄影談話 人力資源服務代表 各組織定期／不定期溝通會 多元的員工意見管道，如各廠馬上辦系統／HR員工意見箱／各廠健康中心／健康中心網站	公司治理 符合法令規範 勞資關係 薪資福利 職業安全與健康	成功創造身心障礙者多元工作機會。截至民國101年底，台積公司身心障礙者之進用人數達319人，較民國100年度增加74% 提供多項女性關懷專案，建立無後顧之憂的工作環境。民國101年，針對懷孕同仁推出的女性關懷六部曲，整合現有內部資源，舉辦如成長團體、一日健康餐及新手媽媽購物平台等活動，發送新手爸媽福利包，並加強對主管的宣導及提醒，進一步提升公司軟硬體設施，塑造更舒適的工作環境
客戶	年度客戶滿意度調查 客戶每季業務檢討會議 客戶稽核	綠色產品 無衝突礦源調查 機密資訊保護	完成年度客戶滿意評估與調查 完成年度衝突礦源調查，共有15家相關供應商宣告無使用來自衝突地區礦源
供應商	供應商每季業務檢討會議 供應商問卷調查 供應商現場稽核 年度供應鏈管理論壇	供應鏈管理 環保、安全與衛生管理 符合法令規範	民國101年舉辦台積電供應鏈永續發展暨風險管理論壇，首次特別邀請廢棄物清理與再利用廠商共襄盛舉，顯示台積公司同樣關心廢棄物管理相關廠商之永續發展 完成56家主要供應商問卷調查或現場稽核，結果均符合台積公司供應商永續性要求
股東／投資人	每年舉行股東大會 每季舉行法人說明會 參加海內外投資機構研討會及面對面溝通會議 透過電話及電子郵件回答投資人及分析師的提問，並定期收集意見回饋 每年發行公司年報、美國證期局20-F、企業社會責任報告、不定期於公開觀測站發布重大訊息或於公司網站公布公司各項新聞	半導體業之展望 公司在產業中的競爭優勢 未來成長潛力 獲利能力的持續提升 股利政策	自民國101年七月起將每季法人說明會與電話會議合併舉行，達成訊息一致性與及時性效益 強調台積公司28奈米製程快速量產所帶來的成長動力及競爭優勢 強調台積公司在行動運算的風潮中的發展利基及成長潛力 說明因應未來成長動能的資金需求及股利政策

利害關係者	溝通管道	關注議題	民國101年相關活動與重點
政府	公文 法規說明會或公聽會 透過園區同業公會、台灣半導體協會、世界半導體協會、全國工業總會與主管機關溝通	溫室氣體減量 水資源管理 綠色產品 節水節電	與經濟部水利署合辦「水資源論壇」，共有約300位來自政府機關、學術界與產業界的主管、專家學者與業務執行人員參加 繼民國100年的熱烈迴響，與台大公衛學院合作再次舉辦「第二屆勞工健康論壇」，廣邀產官學界代表與相關科系學生共300多位來賓參與
社區／非政府／非營利組織	基金會科普教育專案 基金會美育推廣專案 基金會提供藝文贊助及台積心築藝術季舉辦 志工活動 公司網站／email 參加政府機關舉辦之座談	科技人才培育 人文美育增添 國內及社區藝文發展 志工服務 全球氣候變遷	9場次志工招募訓練 1日假日志工活動
外部評比機構	問卷調查 公司網站／email 獎項競賽	全球氣候變遷 水資源管理 生態保育	連續第十二年獲選為「道瓊永續指數」的成分股，並且繼民國99年之後，再次獲選為該指數全球半導體廠商中的永續經營領導者
媒體	記者會 採訪 新聞稿	景氣變化與公司營運狀況 擴廠及投資計畫 人才招募	與天下遠見出版公司合作，將台積公司多年的綠建築經驗集結出版二本專書：《台積電的綠色力量—21個關鍵行動打造永續競爭力》及《台積電的綠色行動高效能綠廠房的實務應用》與外界分享

資料來源：TSMC官網公開文件

個案學習標竿

TSMC台積電公司

員工	不定期內部網站、電子郵件、海報 不定期人力資源服務代表 一季一次各組織溝通會 不定期員工意見反映管道 不定期員工申訴直通車（Ombudsman） 不定期審計委員會Whistleblower 舉報系統
股東／投資人	一年一次股東大會 一季一次法人說明會 依需求安排民國105年度與318家投資機構進行超過234場次 不定期排電子郵件 不定期財務報告 一季一次公司年報、企業社會責任報告書、向美國證管會申報之20-F 一年一次公司年報、企業社會責任報告書、向美國證管會申報之20-F 不定期公開資訊觀測站重大訊息、台積公司官網各項新聞
客戶	一年一次客戶滿意度調查 一季一次客戶業務檢討會議 不定期客戶稽核 不定期電子郵件
供應商	一季一次業務檢討會議 一年一次問卷調查 107場現場稽核 一年一次供應鏈管理論壇 8場從業道德規範宣導
政府	不定期公文往來 不定期說明會、公聽會或研討會 不定期主管機關稽核 不定期透過園區同業公會、台灣半導體協會、世界半導體協會、全國工業總會與主管機關溝通
社會	不定期社區大型藝術活動 一週至少一次志工服務 不定期CSR Mailbox 每天「台積愛行動」臉書官方粉絲頁
媒體	32篇新聞稿 2則聲明稿 9場記者會 1場媒體導覽 14次採訪

資料來源：TSMC官網公開文件

UMC聯華電子利害關係人

利害關係者	溝通管道	關注議題	
客戶	線上服務平台MyUMC 定期溝通討論會議 問卷回覆 現場稽核討論 VOC客戶線上即時申訴系統 客戶滿意度監控	客戶服務 創新管理 顧客隱私 永續發展策略 倫理與誠信	安全產品共同準則 客戶持續服務 風險管理
員工	CEO與同仁座談、秘書座談、福委會大會、廠處溝通會、勞資會議、溝通專區員工專屬資訊網站、BBS留言板、性騷擾投訴、舞弊或違反從業道德檢舉信箱、意見反應平台、保密申訴制度、幫幫我專線 聯電人網站、聯電CSR電子報、福利措施相關之員工滿意度調查、服務滿意度調查、HR滿意度調查、員工認同度調查	薪酬與福利 永續發展策略 經濟績效 員工溝通 人權	持續執行產業薪資調查 福利資訊平台 員工健康及工作生活平衡 強化經營策略與方針溝通 尊重國際勞工與人權規範標準
投資者	每年股東大會 每季法人說明會 財務年報 每季國內外營運說明會 海內外投資機構研討會	勞資關係 永續發展策略 經濟績效 公司治理 倫理與誠信	公司治理評鑑作業 股東說明會 建置財務暨營運報告
供應商	檢討報告或會議 環安衛及企業社會責任相關管理說明 問卷調查與稽核訪查 與供應商進行環安衛及企業社會責任相關合作計畫	顧客隱私 永續發展策略 客戶服務 法規遵循 倫理與誠信	供應商BCM管理 永續發展研討與說明
政府機關	參與園區、科管局之機能組織運作 主管機關主辦的法規公聽會、研商座談會	法規遵循 職業健康與安全 環境管理 能源使用 化學品使用	溫室氣體減量及管理 專區工安專家平台 能源減量計畫
社區／非營利組織	專責負責單位與社區居民溝通 定期參與里民大會 年節拜訪里鄰長與社區居民 邀請社區居民參加公司家庭日活動 參與社團活動或座談會 參與外部協會運作	法規遵循 環境管理 人權 當地社區 職業健康與安全	家庭日活動 志工文化 節能安全志工示範團隊
媒體	記者會 發布新聞稿 公司網頁	廢污水排放 水資源使用 經濟績效 永續發展策略 能源使用	發布營運與永續管理項關新聞稿 GREEN 2020綠色環保目標

資料來源：UMC官網公開文件

HIWIN上銀科技利害關係人

	關注議題	溝通平台與方式	對應措施
員工	經濟績效 間接經濟衝擊 產品法規遵循	勞工代表參加會議 網站專區 申訴信箱 企業社會責任報告書	健全及優渥的薪資福利 多元化的員工溝通管道 關照員工身心靈健康的各種機制 定期月會宣達公司經營情況與目標
股東	經濟績效 行銷溝通 環境法規遵循 產品法規遵循	年度股東會 參與公共政策等相關會議 公文往來 法人說明會 網站 媒體新聞	至少每季召開一次董監事會，以審查企業經營績效和討論重要策略議題 藉由董事會高層討論各項可能之重大風險擬定營運計畫，透過內部流程嚴密管控，持續改善 公司相關之重要決議及時公布於台灣證券交易所之公開資訊觀測站 隱私及營業秘密內部管制
客戶	產品及服務標示 行銷溝通 顧客隱私 產品法規遵循	年度客戶滿意度調查 網頁更新／3D網站建置 客戶關係管理軟體 產品推展	透過客戶調查與經常性的拜訪、交流、提供優質的售前與售後服務 藉由網頁的更新，連結子公司網站以及3D網站建置，讓客戶快速了解產品、服務訊息 透過軟體管理維護客戶拜訪資料及售後服務資訊；展覽以及官網商機留言所得到的潛在商機訊息也可藉由軟體進行列管與追蹤 參加展覽推廣新產品 安排子公司／經銷商教育訓練 新產品於總部大廳展示，客戶來訪時可以介紹推廣
供應商	環境法規遵循 產品及服務標示 行銷溝通 顧客隱私	供應商調查／評鑑 供應商業務檢討會議 採購安全衛生管理 百大供應商抽核	供應商風險評估 採購安全衛生規範
承攬商	環境法規遵循 產品及服務標示 行銷溝通 顧客隱私	定期舉辦承攬商協議組織會議 訂定承攬商安全衛生環保協議組織管理辦法 實地稽核	定期辦理年度協議會議 承攬商年度評比 辦理內部員工監工訓練
政府機關	間接經濟衝擊 環境法規遵循 產品責任法規遵循	政策推動與投入 參與相關研討會活動 推動環安衛系統驗證 企業社會責任報告書	與政府機關共同攜手合作 申請、投入政府機關 遵守政府環安衛法令規章 加強污染預防工作

資料來源：HIWIN官網公開文件

	關注議題	溝通平台與方式	對應措施
當地社區	經濟績效 間接經濟衝擊 環境法規遵循	企業網站／email 財務年報、不定期發布營運新聞 上銀科技基金會舉辦志工活動 企業社會責任報告書	公司網站定期或不定期公告訊息 志工團 建置國小圖書館 企業社會責任報告書發行
公協會	間接經濟衝擊 顧客的健康與安全 行銷溝通	主管機關舉辦各類座談會、研討會 參與相關活動 企業社會責任報告書 公司網站／email	遵守政府法令規章 定期與不定期參與座談及研討會 企業社會責任報告書發行 公司網站定期或不定期公告訊息
學界	經濟績效 間接經濟衝擊 環境法規遵循	公司網站／email 財務年報、不定期發布營運新聞 上銀科技基金會舉辦志工活動 企業社會責任報告書 安排參訪活動	每年定期舉辦上銀機械碩士、博士論文獎 智慧機械手實作競賽 HIWIN論壇 參訪活動安排及邀請企業社會責任報告書發行
媒體	經濟績效 顧客的健康與安全 產品責任法規遵循	即時透過新聞稿回應 企業網站 上銀科技基金會舉社會參與活動 企業社會責任報告書 記者會	公司網站不定期更新 財務年報公布公司經營訊息 企業社會責任報告書發行

MORE車王電子利害關係人

利害相關者主要議題	對象	負責單位	溝通管道	主要議題
員工	正職員工 約聘雇員工 外籍員工 工讀生	人資	每季一次勞資會議 不定期個案訪談 每年健康檢查 不定期提案改善	
供應商	供應商、承攬商、外包商等合作夥伴	採購 總務 生產	電話／傳真 電子郵件 函文 教育訓練課程 相關作業表單 申訴電子信箱：ann@more.com.tw 供應商調查 不定期訪談	供應商的企業社會責任 認知供應商評比 符合法令規範 公司願景與永續發展策略 採購環保與安全管理 供應商管理
政府	目的事業主管機關（例：縣市政府、消防警察勞安環安所屬機關金管會等）	總務 財務	電話／傳真 電子郵件 函文 所屬該機關之網站申報系統 抽查、訪視 專屬對應窗口	法令遵循 環境保護 勞工權益 公司治理
社區	加工出口區管理中心、廠房鄰近社區等	人資 企劃 財務 總務	企業網站 加工出口區管理處網站 專屬對應窗口 不定期電話／傳真	社會關懷與公益活動 環境保護 勞工權益 公司治理
非政府組織	公協會 環保團體 公益團體媒體	企劃室 發言人	企業網站 函文 電子郵件 電話／傳真 公協會會務參與 不定期記者會 不定期媒體專訪 不定期新聞發布 專屬對應窗口	社會關懷與公益活動 異業交流 公司治理

資料來源：MORE官網公開文件

範例：環境考量面管制程序書（含環境考量評估表）

工業股份有限公司

文件類別	程序書
文件名稱	環境考量面管制程序
文件編號	QP-
文件頁數	3 頁
文件版次	A版
發行日期	2024年01月　日

環境考量面管制程序

核准	審查	制訂

工業股份有限公司

文件修訂記錄表

文件名稱：環境考量面管制程序　　文件編號：EP-

修訂日期	版本	原始內容	修訂後內容	提案者	制訂者
2024.01.01	A		制訂		

A版　　QP-07-02

工業股份有限公司

文件類別	程序書		頁次	1/2
文件名稱	環境考量面管制程序	文件編號	QP-	

一、目的：

為建立系統化評估方法，藉以重點式評估環境考量面上有重大環境衝擊的活動、產品及服務，對於內外部因素、利害關係人需求與期望、重大環境衝擊之考量與鑑定，作為規劃本公司環境之政策目標，並據此進行改善及達到持續改善終極目標之參考依據，作為持續本公司的環境管理系統制度，運作的基礎規範，制訂本作業程序。

二、範圍：

本公司規劃環境管理系統所涵蓋之各項與環境及供應商相關的作業均適用之。

2.1 以對環境可能造成直接或間接衝擊考量所從事之所有研究、製程活動及服務。

2.2 承包商及訪客進入本公司之作業、活動等所有相關預期有影響之環境考量面。

2.3 客戶及周圍社區之關心議題。

三、參考文件：

（一）環境品質手冊

（二）ISO 14001 6.1.2（2015年版）

（三）ISO 9001 6.1（2015年版）

四、權責：

由研發人員、採購人員與品管人員日常執行了解有關環境考量與利害關係人環境因應措施。環境考量面界定階段需考慮與本公司作業產品或服務相關連之水汙染、廢棄物、能源耗用、間接影響等因素及其他預期能有影響之活動、產品或服務之環境考量面。

4.1 文管中心:環境保護顯著考量面之鑑別與審查

4.2 各相關單位：執行

4.3 總經理：考量面及政策目標之核准

五、定義：

5.1 環境考量面：各項活動中產品或服務，會產生與環境互動作業要項，應考慮現在、過去與未來的衝擊。

5.2 環境衝擊：任何可完全或部份歸因於本公司的活動，對環境造成有利或不利之改變及對作業場所造成不可接受之風險。

5.3 利害相關者：對環境績效關切或受其影響的個人或團體，包括社區民衆、客戶、供應商、保險公司、驗證單位及法令法規主管機關等。

5.4 綠色產品：係指符合產品使用完畢後能回收或再生利用，減少對環境的衝擊與污染。

5.5 虛驚事件（Near-misses）：未造成疾病、受傷、損害或是其他形式的事件。

六、作業流程：略

七、作業內容：

7.1 公司各部門評估時機有以下情況發生時應進行環境考量面鑑別：

7.1.1. 首次評估現有作業活動、產品或服務時。

7.1.2. 新作業活動、產品或服務建立時。

7.1.3. 年度環境目標與標的重新修訂時，需提出年度評估資料。

7.1.4. 重大環境衝擊發生時。

7.1.5. 環保法規有變動時。

7.1.6. 處理虛驚事件認為有必要再評估時，針對需再評估項目提出要求。

工業股份有限公司

文件類別	程 序 書		頁次	2/2
文件名稱	環境考量面管制程序	文件編號	QP-	

7.2. 環境考量面實地鑑別評估：

7.2.1. 由各部門依其負責之區域，針對先期資料、使用原物料、供應商、相關利害團體、環境工程承包商、研究、服務、活動、廢棄物處理能力、能源／資源應用等適用項目以及未來發展、擴廠影響等直接與間接的環境考量面作系統性鑑別評估，並將鑑別評估結果填寫於「環境考量面評估表」,參照QW填寫說明。

7.3. 重大環境考量面鑑別：

7.3.1. 針對所鑑別出之環境考量面結果，將衝擊高（R值＞60）之項目由環安組提出，經管理代表同意後，凡屬重大環境考量面，彙整填入「環境考量面評估表」中，並於重大環境考量面欄位中打勾，並對應改善方案或作業管制程序之可行性。

7.3.2. 重大環境考量面之改善優先順序由管理代表核定；若該年度無經費進行改善方案時，應做為次年度設定環境目標、標的之優先項目，並依『管理審查程序』規定執行。

7.3.3. 於法規查核的過程中，如發覺不符合法規，一律列為重大環境考量面，依『合規法令要求管制程序』規定執行。

7.3.4. 「環境考量面評估表」應由文管中心保管，保管規定依『文件管制程序』規定執行。

八、相關程序作業文件

管理審查程序書

合規法令要求管制程序

文件管制程序

九、附件表單

環境考量面評估表

環境考量面評估表（參考例）

評估區域：■廠內　□廠外周邊　□供應商　　　　製表人員：

站別	活動、產品或服務說明	環境考量面說明	環境衝擊	時間（CPF）	狀況（NAE）	發生頻率（F）	可偵測性（D）	濃度效應（C）	嚴重性（S）	綜合風險 R=F*D*C*S	是否為重大環境考量面	是否列入目標、標的及管理方案	現行管制措施
裁切	裁切機	產生廢料	噪音	C	N	5	2	1	2	20	否	否	防護措施
印刷	數位轉印	耗用墨水	空氣	C	N	4	2	3	2	48	否	是	1.排氣 2.年度健康檢查
針車	針車機	耗用線紗	噪音	C	N	5	2	1	2	20	否	否	防護措施
轉印貼合	熱昇華轉印機	耗用能源	空氣	C	N	4	2	3	4	96	是	是	1.排氣 2.年度健康檢查
包裝	包裝自動設備	耗用能源	噪音	C	N	4	2	1	2	16	是	否	防護措施

個案討論

全聯福利中心2021年10月宣布併購大潤發，2022年7月15日發出聲明宣布，經台灣公平交易委員會核准後，自法國歐尙集團、潤泰集團取得95.97%大潤發流通事業股份有限公司股權，收購範圍包含大潤發自有土地及建物、門市經營權及大潤發自有品牌。此併購案完成後，台灣零售業版圖將再次洗牌。（來源：https://www.managertoday.com.tw/articles/view/64844?©經理人）

請分析零售業（超商、超市、量販店）市場成長內外部環境因應。

章節作業

健身房爆倒閉潮「超發會員」難求償

受疫情影響，台北市健身房這2年接連倒閉13家，衍生許多消費爭議，有業者因信託履保不實，導致數千會員成爲沒在信託名單的「超發會員」，還有因「遺失健身契約會員」，恐成消保孤兒求償無門。（來源：https://udn.com/news/story/7323/6502107）

請以利害關係者角度（您是股東），提出檢討報告與因應措施。

第5章 領導力

章節體系架構

Unit 5-1 領導與承諾

台積電公司成立至今超過30年，不論是在營收、營業獲利以及在世界上的重要性等層面上，都創造了「奇蹟性的成長」。印證了領導與承諾的實踐，

台積電董事長張忠謀表示，他對台積電的未來並不擔心，因為他相信新選出的董事會、領導階層，將會是很能幹、有能力的團隊，而且能堅持台積電的4大傳統價值，也就是「誠信正直」、「承諾」、「創新」、「要贏得客戶的信任」，可以順利接班，所以台積電的奇蹟絕對還沒有停止。

觀察台積電公司上下一心，領導階層與承諾的實踐力，從組織內外環境中之核心作業活動與附屬作業活動的競爭實力。張忠謀常舉台積電運動會上常常喊的口號「我愛台積，再創奇蹟」，並說台積電的奇蹟，將會一次又一次的持續創造與實踐。

個案研究日月光為全球半導體封裝測試服務領導者及主要的系統與核心技術整合者，在社會轉型至綠色及低碳經濟的過程中，扮演重要的角色。公司高階管理階層視永續發展與企業公民為公司成長的機會，承諾提供具生態效益及負責任的服務給客戶，俾以在環境、社會及公司治理三方面有優異的績效表現。曾公開宣示每一個進展都是日月光投控推動企業永續的改變，透過「集團永續發展委員會（CSC）」的機制，由集團企業永續處及五大永續發展任務小組提出年度績效與成果，向CSC成員進行報告，檢視各項短中長期的永續目標的達成情形。於2019年，在CSC運作下經高階管理階層支持，制定2025年長期目標，同時也邀請專業顧問與委員會成員分享企業邁向永續轉型和資安治理的因應對策。

ISO 14001：2015 5.1條文要求
5. 領導力（Leader ship） 5.1 領導與承諾 高階管理者須以下列的方式展現其對環境管理系統的領導與承諾： 1. 為環境管理系統的有效性負起責任。 2. 確保環境政策與目標的建立，且與組織的策略方向一致。 3. 確保環境管理系統的要求整合到組織營運過程中。 4. 確保環境管理系統所需資源的可獲性。 5. 傳達有效的環境管理及符合環境管理系統要求的重要性。 6. 確保環境管理系統達到其預期成果。 7. 指導及支援人員以促成環境管理系統的有效性。 8. 增進持續改善。 9. 支持其他相關管理職位在個別負責的領域展現其領導能力。 備註：在本國際標準中提到的「營運」可以廣泛的解釋為，組織存在的核心活動。

顧客導向流程識別（以電動輔具為例）

顧客導向過程（COP）	過程輸入	職責部門	所需資源和資訊	完成方法／活動	測量／監控指標	輸出結果
市場分析／顧客需求	顧客需求 競爭對手資訊 產品資訊	業務部	客戶退貨 網路 媒體 展區展覽	參考《合約審查管理程序》年度執行，制定業務計劃	顧客滿意度 營業銷售額 新產品件數	滿意度統計 銷售計劃表 新產品提案單
產品／製程設計與開發	客戶特殊需求安規／法規／市場訊息／客製產品／業務提案／經營計劃	研發	AOTOCAD／核可建模供應商	合約審查管理作業程序、設計開發管制程序	生產成本／利潤／疲勞檢測（樣品）／材質證明（樣品）	原型樣品／材料清單（BOM）／設計圖／文件／符合設計目標／可量產組裝流程SOP／流程卡
訂單／顧客要求	客戶需求（詢價、訂單）、存貨、產能／客戶資料及前次訂單狀況／新產品提案	業務部	ERP系統、電話聯繫、email、內部訂單管理作業程序	合約審查管制程序 製程管制程序 倉儲管制程序	交期達成率 營業額達成率 設計變更次數	價格確認／報價單確認／合約簽訂單確認／變更訂單／出貨與銷售紀錄
生產排程	業務訂單／產能狀況／產品規格	製造部	ERP存貨狀況／生產設備	製程管制程序	交期達成率	生產製令 週看板管理
產品生產製造	原物料 生產設備 生產製令	製造部	生產設備 廠房、設施 人員 材料	製程管制程序 不合格品管制程序 進料檢驗管制程序 製程檢驗管制程序 倉儲管制程序 品質一致性管制程序	CYCLE TIME 不良COST 不良YIELD AB物料管得	出貨通知單、出貨單、入庫單、退料單、產品、生產流程卡及報表
產品／製程變更	顧客工程更改通知 客訴 持續改善 （製程Cost）	研發部 製造部	業務洽談	採購管制程序／風險管理管制程序	工程變更時效性（依客戶專案性要求）	設計變更通知單
產品交貨	入庫單 包裝單（出貨通知） 放行單	倉庫	運輸公司 倉庫人員	出庫、搬運 選擇合格運輸商 產品交付運輸簽收 顧客簽收	包裝錯誤率 交貨準確率	產品安全準時送達顧客
客戶付款	T/T、L/C、O/A、D/A、合約	業務部 財務部	ERP	應收帳款作業	退票率	應收帳款報表
顧客訊息回饋	客戶資料、調查表、客戶報怨	業務部 品保部 製造部	email 問卷調查 電話 送樣或失效之樣品	矯正再發管制程序 文件管制程序 客戶滿意度管制程序 顧客抱怨管制程序 提案改善管制程序	顧客滿意度評比／每月客戶抱怨件數／顧客退貨金額	客戶滿意度調查表／客戶滿意度分析表／提案改善措施

以顧客抱怨處理作業流程SIPOC為例

流程：接受與處理顧客負面抱怨事件報告
起始作業點：業務人員接到顧客抱怨單或退貨作業
終止作業點：將負面事件報告整理後，第一時間email通知其他門市人員、管理人員了解，即時充分內部外部溝通

供應者 Supply	投入 Input	過程 Process	產出 Output	顧客 Customer
抱怨單提出方式 1. 書面 2. email 3. 傳真 4. 家族留言版 5. 電話 6. 退貨	負面資料文件（顧客抱怨單或退貨單）	1. 接到並分級負面報告 2. 將A級報告轉換成電子檔 3. 初步判斷負面事件的影響評估表與建議對策 4. 執行產品檢視再確認 5. 內部會議讓工作夥伴了解，以建立管理報告，並呈報管理者處置	1. 處理過程的流程資料 2. 管理表格	抱怨回覆方式 1. 電話回覆 2. 親自拜訪 3. 提供優惠價或折讓

Unit 5-2 環境政策

政策（Policy）指政府、機構組織、企業公司或個人爲實現目標而訂立的計劃。企業推行政策的過程包括：了解及制定各種可行方案，訂立日程或優先順序，然後考慮它們的影響來選擇要採取的適切行動。政策可以運用在政治、管理、財經及行政架構上發揮作用以達到各種目標。

政策就是個人，團體，國家政府在具體情境下的行動指南或準則。廣義的政策包括政策、立法與服務方案。

奇美實業（CHIMEI）之環境政策為例

承諾以具體的管理解決方案加強整體環保績效及提升環境品質，同時減少危害。前述承諾涵蓋公司產品、活動及服務流程、有毒化學物質處理，以及消耗能源資源時，所產生固體廢棄物、廢氣及廢水的可能環境影響。環境保護行動，包括：①綠色生產：2021年之前減少排放36%的溫室氣體；②綠色能源：生產時使用80%的再生水、80%的能源自給率，以及98%的廠內汙泥廢棄物減量；③綠色倡議：將持續大量參與循環經濟，以及開發各種永續材料。

奇美實業國際化經營理念，除通過ISO 9001、ISO 14001以外，也陸續通過ISO國際驗證，如OHSAS 18001、ISO 50001、TOSHMS、ISO 14064等國際級驗證。

ISO 14001：2015 5.2條文要求

5.2 環境政策

高階管理者應在定義的環境管理系統範圍內建立、實施及維持環境政策，並且可：

1. 適合組織的目的及背景，包括性質、規模及其活動、產品和服務對環境的影響。
2. 提供設立環境目標的架構。
3. 包括對環境保護的承諾，包含汙染防治及對組織背景的細部說明。
   備註：具體保護環境的承諾包括資源永續性的使用、氣候變化的減緩與適應及生物多樣性與生態系統保護。
4. 包括達成履約義務的承諾。
5. 包括持續改善環境管理系統以提升環境績效的承諾。

環境政策應：

- 以文件化資訊維護。
- 在組織內溝通傳達。
- 可供利害關係者使用。

CHIMEI奇美實業政策達成

奇美實業（CHIMEI）政策達成

利害關係者	溝通管道	關注議題
股東與投資人	1. 每年召開一次股東常會 2. 每年依規定定期發行財務週期報告與年報 3. 官方投資人專線與信箱，專人專責回覆 4. 公司官方網站定期更新財務營運報表與最新訊息	經營績效 營運風險管理 公司治理 公司形象
客戶	1. 專職業務與客服單位即時回應客戶需求 2. 建立客戶抱怨回饋系統，即時查看事件處理進度 3. 客戶實地稽核與問卷回覆 4. 客戶滿意度調查	產品品質 服務品質 禁用／限用物質管理 碳揭露與管理 水揭露與管理 供應鏈管理 環保安全衛生管理
員工	1. 員工溝通專線 2. 動員會議及總經理信箱 3. 廠區內互動式會議（勞資會、員工福利委員會、主管有約、工安幹事…） 4. 員工問卷調查（公司膳食、活動舉辦、教育訓練…等） 5. 廠區員工意見蒐集信箱	薪資獎酬 福利制度 僱用關係
供應商	1. 供應商與採購／物控的互動平台 2. 專職採購與供應商管理單位 3. 一般單位與供應商的機動性會議	供應商管理 供應鏈SER管理
社區	1. 專職單位與人員負責社區居民之溝通 2. 不定期拜訪附近里鄰長與居民，關懷社區居民並敦親睦鄰	污染排放情形 社區關懷與回饋 環境保護
政府機關	1. 積極參與主管機關舉辦之法規公聽會與研商座談會，與主管機關維持良好互動 2. 配合主管機關辦理環境相關的保護行動	法規符合度 溫室氣體管理
NGO政府機關	1. 參加NGO舉辦之專業研討會，聽取外界聲音，掌握產業脈動，作為CSR政策規劃參考 2. 與NGO合作辦理扶持弱勢、提倡環境意識等多項專案	社會關懷與回饋 環境保護

資料來源：CHIMEI官網公開文件

Unit 5-3 組織的角色、責任及職權

各盡其職，分工落實執行，多能工學習適才適所。物料盡其用、貨物半成品暢其流、人員盡其才能、廠房儲區盡其運用。

中小企業當總經理明確制訂環境品質政策與環境品質目標時，必須宣達內部員工實施執行，與外部供應商與客戶充分溝通環境品質管理系統要求，展現其組織領導與承諾有效性。並充分授權、分工、激勵與實踐。

個案研究日月光設立「集團永續發展委員會（CSC）」做爲集團永續發展管理的最高層級組織，由董事及高階管理階層組成，並由日月光投控營運長擔任主席，爲推動企業永續發展核心單位，督導集團整體永續事務推動，做出決策並直接向董事會報告。CSC下設五個永續發展團隊，由相關單位高階主管擔任團隊總幹事，定期召開討論會議。同時，爲能使集團企業永續推動產生綜效，設置「集團企業永續處」專職單位，擔任CSC祕書處，扮演整合與協調集團全球資源的角色，協助集團推動與落實永續治理制度。

一般中小企業之產品（服務）過程中，會常因管理不當，產生顧客抱怨或產品不良而需要進行重工作業，其重工過程中所預期產出之管理指標，掌握人員、設備、材料、方法，是管理者內部控制必要的工具。列舉IPO重工管理作業進行說明。

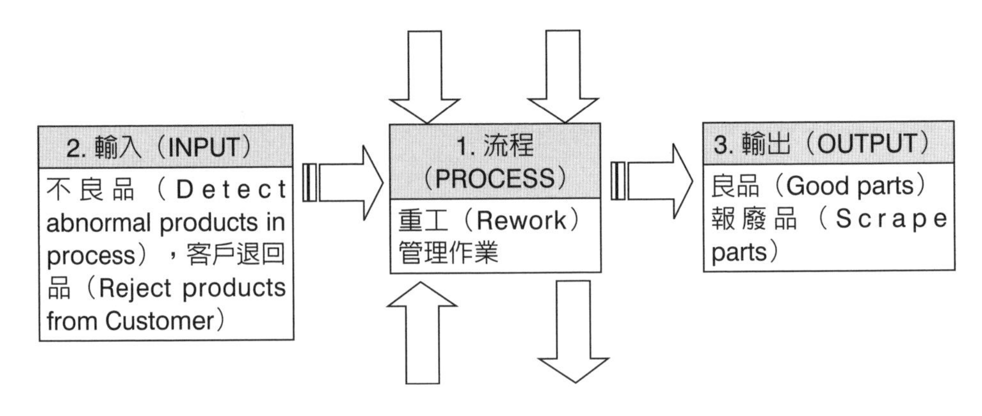

ISO 14001：2015 5.3條文要求
5.3 組織的角色、責任及職權 高階管理者應確保相關職位的責任和權限已在組織內分派及傳達，以促進有效的環境管理。 高階管理者應針對下述賦予責任與權限： 1. 確保環境管理系統符合國際標準要求。 2. 向高階管理者回報環境管理系統的績效，包括環境績效。

永續管理組織圖（以日月光為例）

董事會

- 提出企業永續發展使命或願景
- 制定政策、制度或相關管理方針

集團企業永續處

- 統整集團永續發展行動計畫與推動
- 評估集團永續發展執行績效
- 集團永續發展績效資訊的揭露

集團永續發展委員會

- 研擬及制定永續發展之願景、政策及目標
- 辨識集團永續發展相關議題的風險與機會，決定因應策略及相關投資
- 督導永續發展策略的規劃與實施
- 監督集團永續發展績效及資訊揭露

- 規劃因應之行動計畫
- 追蹤行動計畫之執行進度與績效評估
- 提供相關領域永續議題之專業諮詢及經驗分享

https://coms.aseglobal.com/content/ch/csr_organization_structure.html

組織角色分工、責任及職權

權責	職掌
總經理	1. 制定公司經營和環境品質政策及目標，決定管理方向。 2. 負責公司營運及業務和財務運轉之責。 3. 經營風險管理與負責管理階層審查之召開。 4. 文件之審核及裁決。 5. 制定公司規章及擬定管理制度。 6. 滿足客製化要求、主導新產品開發。
專案室（管理代表）	1. 公司中，短期經營目標實施政策之擬定。 2. 規劃執行總經理決議事項之追蹤與落實。 3. 專案計畫推動，文件管理、內部稽核與管理審查會議之召開。 4. 文管中心負責公司各部門ISO系統流程和執行成效之溝通。
財務部	1. 內部財務報表製作。 2. 員工薪資計算及發放作業。 3. 客戶應收帳款、廠商應付帳款追蹤管制。
管理部	1. 負責公司內部廠務經營與委外資源管理。 2. 人員配置之規劃，適才適所。 3. 綜合處理各部門管理業務、發展及執行計畫。
業務部	1. 客戶需求之界定，於產銷溝通會議中充分傳達給廠內相關單位，共同努力完成使命。 2. 促使客戶和公司內部各部門相互間訊息傳遞溝通良好，追求資訊傳達對稱與即時。 3. 訂單變更之協調、開拓新客戶及服務現有客戶。 4. 顧客滿意度之調查、負責產品報價及展示（覽）。

個案討論

日月光集團企業社會責任報告

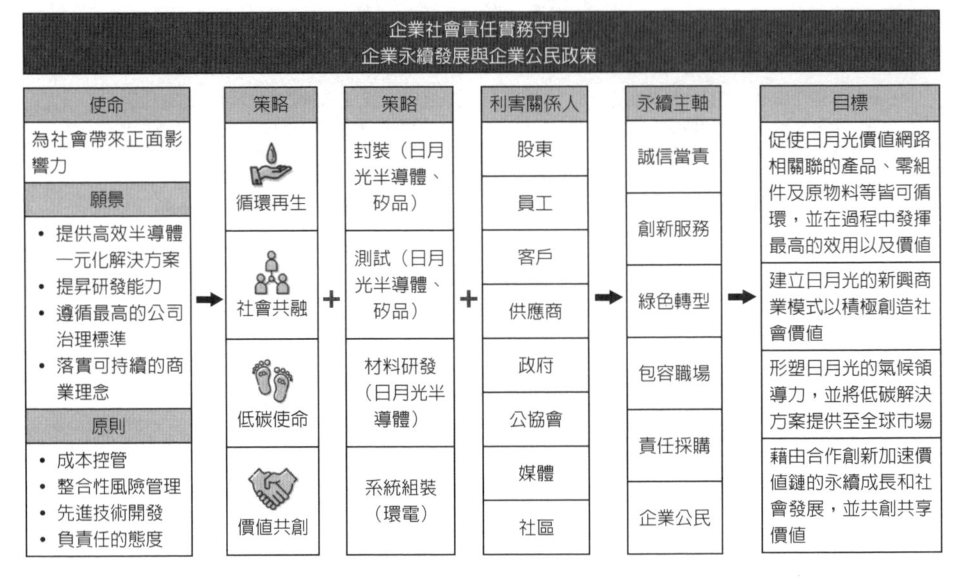

https://coms.aseglobal.com/content/ch/csr_organization_structure.html

章節作業

2013年日月光廢水汙染事件，爲一起發生於台灣高雄市的環境汙染事件。2013年12月9日，高雄市政府環境保護局對日月光半導體K7廠因廢水汙染後勁溪開罰60萬元，因事涉半導體大廠及環境保護，引起廣大討論。（資料來源：維基百科）

請擇一利害關係者，提出建議、補救措施、檢討報告或社會責任因應措施。（假如您是……）

第6章

規劃

章節體系架構▼

Unit 6-1 處理風險與機會之措施(1)

個案研究2013年日月光廢水汙染事件，2013年10月1日日月光公司委託漢華水處理工程股份有限公司派員至K7廠6樓純水組更換鹽酸儲桶管線之止漏墊片，因進行該項工程須關閉管線閥門，並將部分管線內鹽酸排出，惟此舉將使鹽酸儲桶所設置感應器誤判鹽酸量已至低位而自動進行補充程序，又漢華公司員工未及時通知K7廠人員停止上述自動補充程式設定，導致施工期間（約半小時）仍不斷自動補充鹽酸進入封閉桶內，造成約2.4噸鹽酸溢流並循管線流入K7廠廢水處理系統之酸鹼中和池，以致淨水運作反應發生異常，無法依原定程序有效處理廢水所含鎳、銅等有害人體健康重金屬，進而使放流水中鎳、銅及懸浮固體（Suspended solids）含量均逾越法定排放標準。

高雄市政府環保局人員於巡察後勁溪發現水質異常，循線前往K7廠進行稽查，即見被告劉姓工程師等人不斷在最終中和池內添加液鹼，意圖使放流池內之廢水流出而未開啟回抽馬達，立刻要求不要繼續排放，阻止廢水排入後勁溪中。

個案研究日月光處理風險與機會之措施，新設中水回收廠處理後的水爲RO水，可有效回廠再利用，RO水的乾淨程度是自來水的20倍，而中水回收廠處理後所排出的放流水，水質標準也比原先未經處理的排放水標準高出40%。從各廠區進流水經由中水處理廠處理完成，僅需8小時，即可回收再利用。比自來水乾淨20倍，基於取之於社會、用之於社會的理念，日月光十分重視企業社會責任，未來日月光將配合周邊鄰里、各級學校及民衆，設計環境保護教育戶外教學，及水資源回收再利用導覽行程，使中水回收廠除了發揮節水功能外，更賦予環境永續發展的教育意義。（資料來源：https://zh.wikipedia.org/zh-tw/）

ISO 14001：2015 6.1.1條文要求

6. 規劃（Planning）
6.1 處理風險與機會之措施
6.1.1 一般要求
組織需建立、執行與維持過程以確保符合條文6.1.1到6.1.4之要求。
當組織著手爲條環境管理系統規劃時，組織應考量：
1. 條文4.1提及之事項。
2. 條文4.2提及之要求事項。
3. 組織環境管理系統之範圍。
並且決定有關環境考量面（參照條文6.1.2）、履約義務（參照條文6.1.3）及其餘定義於條文4.1及4.2之事項與要求的風險與機會，且需能因應：
- 給予環境管理系統能夠達成組織預期結果的保證。
- 預防、或減少不良影響，包括可能影響組織之潛在外部環境因子。
- 達成持續改善。

在環境管理系統之範圍中，組織須決定潛在的緊急狀況，包括會對環境造成影響的因子。
組織應維持下列事項的文件化資訊：
- 需被解決的風險與機會。
- 滿足條文6.1.1到6.1.4所需且有信心已按計畫執行之過程。

處理風險選項

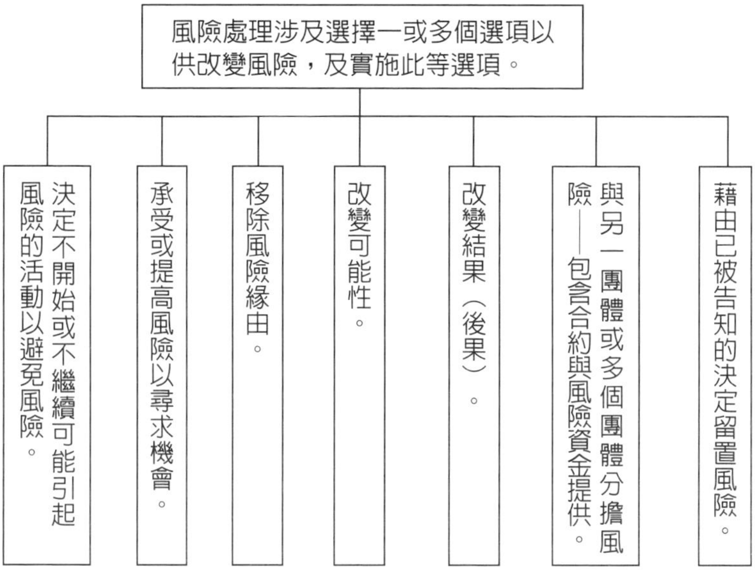

風險處理涉及選擇一或多個選項以供改變風險，及實施此等選項。

- 決定不開始或不繼續可能引起風險的活動以避免風險。
- 承受或提高風險以尋求機會。
- 移除風險緣由。
- 改變可能性。
- 改變結果（後果）。
- 與另一團體或多個團體分擔風險——包含合約與風險資金提供。
- 藉由已被告知的決定留置風險。

化危機為商機

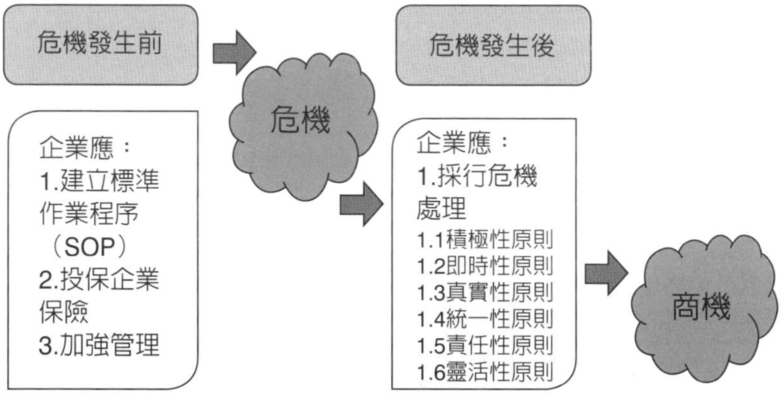

危機發生前

企業應：
1.建立標準作業程序（SOP）
2.投保企業保險
3.加強管理

→ 危機 →

危機發生後

企業應：
1.採行危機處理
1.1積極性原則
1.2即時性原則
1.3真實性原則
1.4統一性原則
1.5責任性原則
1.6靈活性原則

→ 商機

Unit 6-2 處理風險與機會之措施(2)

個案研究日月光集團，永續製造聲明，致力提供具生態效益及負責任的服務給客戶，並將永續融入於所有製造環節，包含原料使用、設計、採購、生產及產品包裝，以降低成本、提高競爭力，並減少對環境、安全和健康的影響。日月光集團承諾，遵守所有適用的法律和法規；管理用於產品製造之零件及原料的有害物質；提供輕薄短小以及具能源效率的產品解決方案；持續增加資源再利用及減少溫室氣體與廢水排放、減少廢棄物產生及減少化學品使用；減少產品包裝及產品廢棄物。日月光設有集團環保實驗室，致力於①綠色材料之評估與開發：評估無（低）毒性之產品原料、製程化學品。②發展環境檢測技術：建立監測技術、機制及標準，符合世界環保規章。③發展綠色製程：提高化學品或原料之利用率；評估廢棄物、廢水與化學品之回收、減量和再製技術。④開發環境親和性包裝：開發生質複合材料包裝。

ISO 14001：2015 6.1.2條文要求

6.1.2 環境考量面

在環境管理系統定義的範圍內，就生命週期層面考量，組織須決定其可予以掌控及影響之活動、產品與服務的環境考量面及相關的環境影響。

當組織決定環境考量面時，須顧及：

1. 變更，包括已規劃或新發展，及新的或修正後的活動、產品與服務。
2. 異常狀況及可合理預見的緊急情況。

組織應藉由已建立的標準去決定那些已經或可對環境產生顯著影響的因素，如重大環境考量面。

適當時，組織應在各個階層及部門間傳達這些重大環境考量面。

組織應維護下述事項的文件化資訊：

- 環境考量面及相關的環境影響。
- 用以決定重大環境考量面的準則。
- 重大環境考量面。

備註：重大環境因考量面導致不是與負面的環境衝擊（威脅）相關，就是與環境影響的效益（機會）相關的風險與機會。

日月光永續製造營運措施

- 低功耗
- 高階封裝密技術
- 較少的材料
- 製程簡化
- 元件循環使用設計

- 有害物質管理
- 使用來源可靠的非衝突礦產
- 選擇環境生態相容與低碳排放之物料
- 尋求低衝擊之替代材料
- 創新開發回收材料

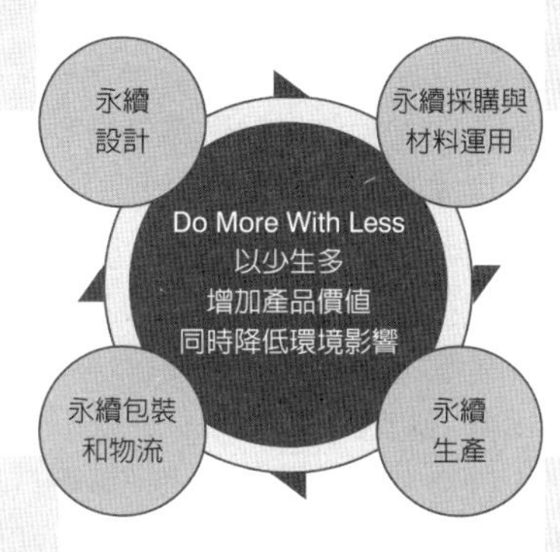

- 減少產品包裝及材料
- 循環使用與共享
- 使用低衝擊／可分解／回收之包裝材料
- 優化配送路線與提高運輸負載
- 使用綠能載具

- 提升物料與元件使用效率
- 提升製程生產效率
- 降低能資源使用及循環利用
- 使用潔淨能源
- 智慧製造與創新技術

（資料來源https://ase.aseglobal.com/ch/csr/environmental_sustainability/sustainable_manufacturing）

日月光ISO 14001環境考量面：循環經濟推動藍圖

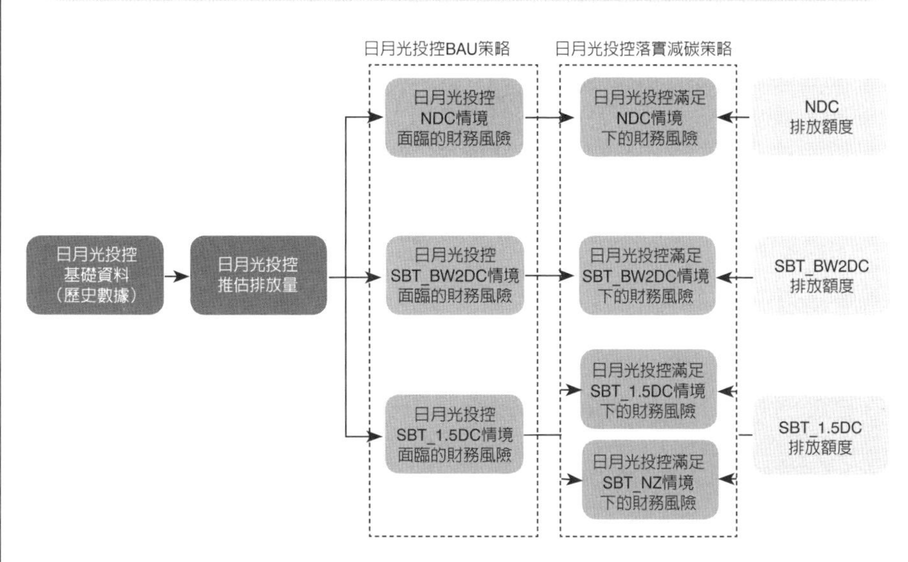

（資料來源https://www.aseglobal.com/ch/csr/green-transformation/climate-leadership/risk-opportunity/）

Unit 6-3 處理風險與機會之措施(3)

個案研究日月光投控曾公布2020企業社會責任報告書中揭露，以「低碳使命、循環再生、社會共融、價值共創」四大面向作爲企業永續發展策略，發展低碳轉型與影響力、智慧工廠與自動化、動態激勵制度及供應鏈永續管理等創新模式與制度，深耕永續價值與文化，推動正面影響力。

低碳轉型與影響力，日月光投控積極響應淨零排放與減緩氣候變遷衝擊議題，研發與實踐多元化之低碳能源、智慧電網及高效科技管理系統，2020年日月光投控全球據點已有11個廠區100%使用再生能源或憑證，占總用電量約18%。在社會責任與全球影響力的使命下，日月光投控從自身做起、並將經驗與技術延伸至產業鏈與社會，2020年攜手日月光環保永續基金會建置偏鄉學校太陽光電和儲能，導入智慧微電網與環境教育，協助學校轉型永續低碳校園。

智慧工廠與自動化，以「自動化」、「高異質性機器設備整合」與「高異質性微系統封裝整合」三大主軸推動工廠智慧化／智能化的數位轉型，實踐客戶、供應商與日月光投控製造流程的三維度的異質整合，帶動整個半導體產業鏈的升級與創新。於2020年共完成18座智慧工廠，培育超過500位自動化工程師・累計超過45件產學技研專案，加速科技產業的技術進步，使封裝測試扮演超越摩爾定律（More than Moore）的關鍵角色。

動態激勵制度，日月光投控建置以動態盈餘、由下向上的每月即時分配激勵獎金制度，打造我們獨有的賦權管理溝通文化，觸動組織體質的快速調整與回饋。這個激勵制度不僅提高員工對於公司的認同感與歸屬感，留住擁有共同願景與使命的關鍵人才，更有助於打造一個具激勵性、動態性、成長性及敏捷性的團隊，與公司同步成長，創造多贏。

ISO 14001：2015 6.1.3 條文要求
6.1.3 履約義務 組織應： 1. 決定及行使與其相關的環境考量面之履約義務的權限。 2. 決定履約義務如何應用在組織內。 3. 在建立、執行、維持與持續改善環境管理系統時，須將履約義務納入考量。組織應維持其履約義務的文件化資訊。 備考：履約義務對組織風險與機會有影響。

從公共工程個案爲例，履約管理之目的，是爲了有效的管理作業下，機關、專案管理單位、設計單位、監造單位及施工廠商均能善盡契約責任，使工程得在預定期限內，依契約規範品質，並在原預算額度內完成，以發揮其預期效益。履約管理項目包括有進度管理、品質管理、安全衛生、 界面整合、風險管理、履約爭議等重要項目。履約期間的主要對象除機關、監造單位及施工廠商等外；另依採購法第39條規定，機關辦理採購，得將其對規劃、設計、供應或履約業務之專案管理，委託廠商爲之。另因土地取得、交通維持、管線拆遷、外籍勞工、環境影響等事項，尙需與相關單位及機關協調；故履約管理涉及諸多單位的整合協調，其利害關係人，參與工程之業主、專案管理單位、規劃、設計、監造單位及施工廠商之權責應依權責分工，就各階段工作預爲規劃，以利各單位據以執行。

從供應鏈永續管理，2020年日月光投控推動全新的供應商激勵措施，鼓勵供應商提出1至3年的永續合作計畫案，由日月光環保永續基金會提供贊助經費，培植供應商永續能量，共同創造供應鏈永續價值。期盼此供應鏈合作計畫能發揮產業的正面影響力，引導更多供應商展現更爲積極的永續作爲，開拓半導體產業永續發展的未來。

日月光服務範圍

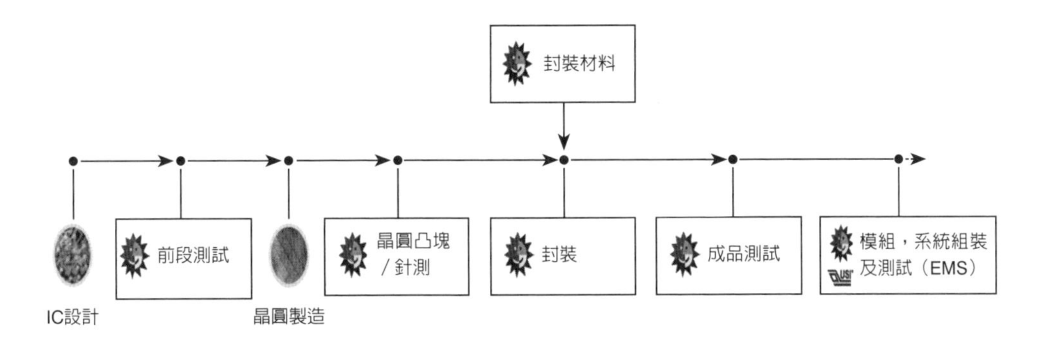

（資料來源https://ase.aseglobal.com/ch/about）

Unit 6-4
處理風險與機會之措施(4)

個案研究日月光集團未來展望，連續五年榮獲道瓊永續指數「半導體及半導體設備產業」領導者，憑藉「整合」、「擴大」與「創新」三大策略，持續洞悉國際永續趨勢與挑戰，並驅動各重要子公司及營運單位實踐ESG行動方案，積極扮演半導體封裝測試永續領導企業的角色，促進人類智能生活的福祉與便利性，打造一個全世界公民都能共同茁壯成長的美好未來。

氣候情境分析，在氣候變遷的風險威脅下，日月光投控將氣候情境區分為轉型與實體兩種。在轉型情境的分析中，以NDC、SBT Well-below 2℃（WB2DC）與SBT 1.5℃（1.5DC）三種情境進行分析；並以法規、市場與商譽，共三個風險因子做為假設條件，同時考量淨零排的可能（SBT_NZ），進行至2050年之財務衝擊估算。在實體情境部分，參考政府以RCP2.6、RCP4.5、RCP6.0及RCP8.5情境下，所公布之溫度與雨量預測，區分臺灣北、中、南三大區域與全臺灣，模擬實體氣象因子的改變，對於未來營運或財務可能產生之潛在衝擊。

ISO 14001：2015 6.1.4條文要求
6.1.4 規劃行動 組織須規劃： 1. 採取行動以因應： (1) 重大環境考量面。 (2) 履約義務。 (3) 定義在6.1.1的風險與機會。 2. 如何： (1) 整合及實施行動納入其環境管理系統過程（參照條文6.2、第7章、第8章及條文9.1），或其他營運過程。 (2) 評估這些行動的效益（參照條文9.1）。 當組織在規劃這些行動時，須考量其技術性選項、財務、作業及營運要求。

從實體風險調適能力措施以日月光半導體高雄廠區爲例，目前蓄水設施容量約4.56萬噸，每日均用水量爲1.3～1.6萬噸，在缺乏外部的水源供應下，廠區內部蓄水設施足以支撐約3日用水需求；此外，中水回收系統每日可回收產水達1.4萬噸，將中水系統視爲調適手段進行評估，搭配原有的儲水設施，在易缺水時期（1～6月）具有3～9天的調適能力，面對10年以上氣候變遷的危害衝擊下，以現在的調適能力足以因應外部衝擊。

- 一般旱期的缺水事件：能夠在三階限水（供五停二）之下維持一定的正常營運。
- 面對極端強降雨的事件：能藉著中水系統將營運的天數延長。
- 在RCP8.5的情境下：現階段的水資源承載力於2050年之前，具有完善的調適能力。

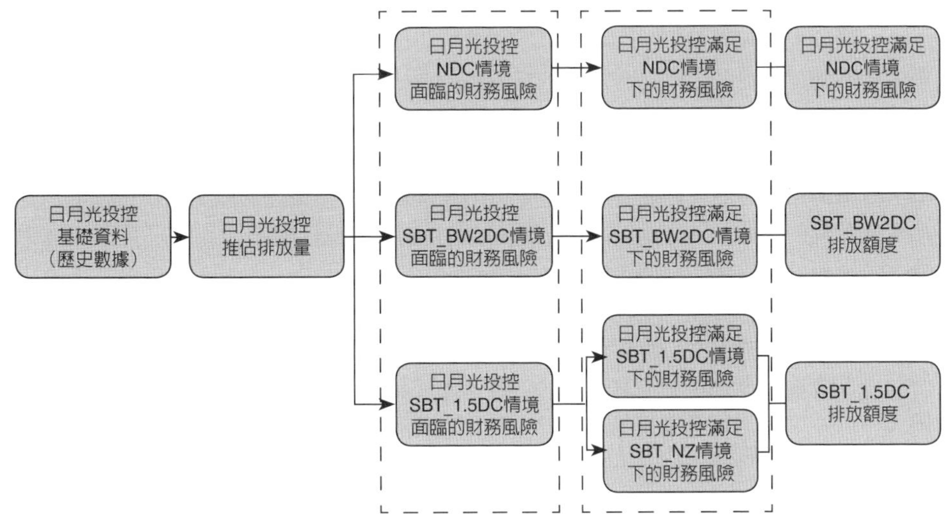

（資料來源https://www.aseglobal.com/ch/csr/green-transformation/climate-leadership/risk-opportunity/）

Unit 6-5 規劃環境目標及其達成(1)

管理大師Peter Drucker認為，有了目標才能確定每個人的工作。企業的使命和任務，必須轉化為目標。如果一個專案沒有目標，這個專案的工作必然被忽視。管理者應該制訂目標對下級進行管理。當組織最高階層管理者制訂了組織目標後，必須對其進行有效工作分解，轉換成各個部門以及個人的共同目標。管理者根據共同目標的達成情況對下屬進行考核、評價和獎懲。

個案研究日月光投控承諾從事研發、採購、生產、包裝、物流及服務的營運活動過程，納入生態效益概念，持續改善能源績效並建構低能耗、省資源、零汙染的綠色環境與價值鏈，提高生產並增加產品的價值，同時降低營運對環境及人類的衝擊，提供環境友善的綠色製造服務。政策依「永續製造原則」概述於：設計與開發、採購與供應鏈、生產與製造、運輸與物流等各層面於管理方針及環境承諾，所需要素如下：①法令遵循：遵循環境相關法規及國際準則，適切地保護自然環境，於執行營運活動及內部管理時，應致力於達成環境永續之目標。②治理組織：設立環境管理專責單位，負責擬訂、推動及維護相關環境管 理制度及具體行動方案，並舉辦對管理階層及員工之環境教育課程。③管理系統：建立環境管理系統，配合最佳控制技術及防制設備，確保日常營運活動與物質資源的處置，有效降低對環境的衝擊且持續改善，符合環境永續發展之方向。④環保文化：建立全體員工環境保護之當責文化，擴展價值鏈合作與分享， 發揮社會影響力，攜手共創美好永續環境。

ISO 14001：2015 6.2.1條文要求
6.2 規劃環境目標及其達成 6.2.1環境目標 組織應應建立環境管理系統各直接相關職能（functions）、階層（levels）及過程所需之環境目標，顧及組織的重大環境考量面及履約義務，並將風險和機會納入考量。 環境目標應有下列特性： 1. 與環境政策一致。 2. 可量測（如可行）。 3. 可以被監控的。 4. 可以被傳達的。 5. 適時予以更新。 組織應維持環境目標之文件化資訊。

日月光ASE永續策略

「永續製造原則」概述於：設計與開發、採購與供應鏈、生產與製造、運輸與物流等各層面於管理方針及環境承諾，所需要素如下：

■ 管理方針

1. 法令遵循：遵循環境相關法規及國際準則，適切地保護自然環境，於執行營運活動及內部管理時，應致力於達成環境永續之目標。
2. 治理組織：設立環境管理專責單位，負責擬訂、推動及維護相關環境管理制度及具體行動方案，並舉辦對管理階層及員工之環境教育課程。
3. 管理系統：建立環境管理系統，配合最佳控制技術及防制設備，確保日常營運活動與物質資源的處置，有效降低對環境的衝擊且持續改善，符合環境永續發展之方向。
4. 環保文化：建立全體員工環境保護之當責文化，擴展價值鏈合作與分享，發揮社會影響力，攜手共創美好永續環境。

■ 環境承諾

1. 設計與開發系統
   (1) 提升產品生態效率，導入創新研發技術與管理。
   (2) 管控及限制生產製造物料及元件之有害物質使用。
   (3) 提供輕薄短小及具能源效率的產品解決方案。
   (4) 研發循環回收之材料或延長使用壽命。
2. 採購與供應鏈系統
   (1) 依循日月光投控衝突礦產採購管理政策和綠色產品規範，全面推動綠色採購。
   (2) 兼顧客戶需求與綠色設計，與上／下游供應鏈合作開發創新的材料及設備，以提升整體供應鏈之技術與競爭力。
3. 生產與製造系統
   (1) 提升資源、能源與水的使用效率，降低溫室氣體排放。
   (2) 減少汙染物、有毒物及廢棄物之排放，並應妥善處理廢棄物及循環利用。
   (3) 廢水妥善處理、回收與監測。
   (4) 增進原物料之可回收性與再利用。
   (5) 重視並尋求環境友善材料替代有害物質，擴大內外部循環再生利用， 以達成「資源最大利用率」與「落實清潔生產」之目標。
   (6) 透過重新設計、循環加值、回收還原、共享經濟、循環農業與產業共生實際作法，推動循環經濟。
4. 運輸與物流系統
   (1) 透過溫室氣體盤查掌握上／下游輸配碳排放量，選擇低碳排放之運輸載具，持續優化運送路徑規劃和配送中心之網絡。
   (2) 優先選用可回收、低環境衝擊或可重複使用之包裝材料。

資料來源：ASE官網公開文件

Unit 6-6 規劃環境目標及其達成(2)

個案研究日月光投控環境承諾中，規劃達成環境目標的行動方式分工，有：

1. 設計與開發部門團隊
   (1) 提升產品生態效率，導入創新研發技術與管理；
   (2) 管控及限制生產製造物料及元件之有害物質使用；
   (3) 提供輕薄短小及具能源效率的產品解決方案；
   (4) 研發循環回收之材料或延長使用壽命。
2. 採購與供應鏈部門團隊
   (1) 依循日月光投控衝突礦產採購管理政策和綠色產品規範，全面推動綠色採購。
   (2) 兼顧客戶需求與綠色設計，與上／下游供應鏈合作開發創新的材料及設備，以提升整體供應鏈之技術與競爭力。
3. 生產與製造部門團隊
   (1) 提升資源、能源與水的使用效率，降低溫室氣體排放。
   (2) 減少汙染物、有毒物及廢棄物之排放，並應妥善處理廢棄物及循環利用。
   (3) 廢水妥善處理、回收與監測。
   (4) 增進原物料之可回收性與再利用。
   (5) 重視並尋求環境友善材料替代有害物質，擴大內外部循環再生利用，以達成「資源最大利用率」與「落實清潔生產」之目標。
   (6) 透過重新設計、循環加值、回收還原、共享經濟、循環農業與產業共生實際作法，推動循環經濟。
4. 運輸與物流部門團隊
   (1) 透過溫室氣體盤查掌握上／下游輸配碳排放量，選擇低碳排放之運輸載具，持續優化運送路徑規劃和配送中心之網絡。
   (2) 優先選用可回收、低環境衝擊或可重複使用之包裝材料。

ISO 14001：2015 6.2.2條文要求

6.2.2 規劃達成環境目標的行動

規劃達成環境目標的方式時，組織應決定下列事項：

1. 所須執行的工作。
2. 所需要的資源爲何。
3. 由何人負責。
4. 何時完成。
5. 如何評量結果，包括監控實現可量測環境目標進度的指標（參照條文9.1.1）。

組織應考量如何將實現環境目標的行動整合至組織的營運過程中。

・氣候變遷相關財務架構揭露（TCFD）

公司治理成立「集團永續發展委員會」爲日月光投控的最高層級組織，由身兼董事之高階管理階層組成，每季督導集團永續發展相關議題之推動與執行狀況，做出決策並直接向董事會報告。委員會下之「環境與綠色創新團隊」，專責於集團的環境相關與氣候變遷議題。

策略	風險管理	指標與目標
1. 依內部既有目標管理期程，定義短期為3年以內、中期為3～5年、長期為5年以上。短期風險主要來自於原物料成本、氣候與產品相關法規、極端天氣事件發生，中期則包括溫室氣體排放成本、低碳技術轉型、客戶偏好改變，而行業別污名化、低碳市場需求、氣候參數的增量改變，是屬於長期性的風險 2. 對營運面產生之衝擊包含產品、服務、供應鏈、客戶、研發、調適與減緩行動，策略面在於使用有限的資源與找尋永續策略夥伴來創造最大的半導體產業價值，財務面最主要的影響則有營收、支出、資本、資產與負債 3. 以轉型與實體情境進行氣候風險之模擬分析	1. 制定氣候變遷風險與機會鑑別表單與文件，每年定期進行風險評估 2. 依據鑑別與評估流程，將全球風險機會鑑別結果進行彙整，透過每年召開之「集團永續發展委員會」中呈報，由相關委員與團隊針對重大風險擬定管理作法 3. 將氣候變遷風險與各項營運風險整合於企業風險管理（ERM）系統之中，以標準化流程定期進行鑑別、評估與管理	1. 以單位營收所產生之溫室氣體排放、能資源使用、廢棄物產生，做為公司在衡量風險衝擊程度之指標，並制定內部碳定價來評估減量成本 2. 能源直接排放的風險來源，來自於法規對化石燃料的稅額或規費徵收，間接能源排放的風險來自於為增加再生電力使用比率所衍生之營運成本。其他發生於公司上下游之間接排放，風險來自於現有的影響力下，減量績效有限，造成產品的碳足跡不易降低 3. 制訂溫室氣體、能資源使用、再生能源使用、水資源與廢棄物的消減目標，針對低碳經濟研發更具高效能之產品

資料來源：ASE官網公開文件

範例：風險管理管制程序書

______工業有限公司

文 件 類 別	程序書
文 件 名 稱	風險管理管制程序
文 件 編 號	QP-XX
文 件 頁 數	頁
文 件 版 次	A版
發 行 日 期	2024年01月 日

風險管理管制程序

核 准	審 查	制 訂

工業有限公司

文件修訂記錄表

文件名稱：風險管理管制程序　　　　　　　文件編號：QP-XX

修訂日期	版本	原始內容	修訂後內容	提案者	制訂者
2024.01.01	A		制訂		

A版　　　　　　QP-07-02

工業有限公司

文件類別	程　序　書		頁　次	1 / 3
文件名稱	風險管理管制程序	文件編號	QP-XX	

一、目的：

在可接受的風險水準下，積極從事各項業務，設施風險評估提升產品之質量與人員安全。加強風險控管之廣度與深度，力行制度化、電腦化及紀律化。業務部門應就各業務所涉及系統及事件風險、市場風險、信用風險、流動性風險、法令風險、作業風險和制度風險作系統性有效控管，總經理室應就營運活動持續監控及即時回應，年度稽核作業應進行確實查核，以利風險即時回應與適時進行危機處置，制定本程序書。

二、範圍：

本公司國際標準管理系統之範圍均屬之。

三、參考文件：

1. 環境品質手冊。
2. ISO 9001：2015　條文6.1 與10.3
3. ISO 13485：2016　條文5.4.2
4. ISO 14001：2015　條文6.1 與10.3

四、權責：

1. 總經理室：凡公司策略發展、商業法律、產業新科技等面向均屬之。
2. 業務部：凡客戶關係、當地國經濟環境、交期達成等面向均屬之。
3. 管理部：凡產品品質、加工供應商關係、生產管理活動控制等面向均屬之。

五、定義：

1. 風險（Risk）：潛在影響組織營運目標之事件，及其發生之可能性與嚴重性。
2. 風險管理（Risk Management）：為有效管理可能發生事件並降低其不利影響，所執行之步驟與過程。
3. 風險分析（Risk Analysis）：系統性運用有效資訊，以判斷特定事件發生之可能性及其影響之嚴重程度。
4. 機會（Opportunity）：一個事項發生之可能後果，該事項對目標達成有正面之影響。

六、作業流程：

略

七、作業內容：

1. 從過程管理面向出發，完成製程中主要作業流程，包括委外加工流程。
廠內工作場所的性質，如固定設備或裝置、臨時性場所等；製程特性，如自動化或半自動化製程、製程變動性、需求導向作業等；作業特性，如重覆性作業、偶發性作業等。
2. 風險辨識，填具作業流程於「風險評估表」，從現場生產機具設施現地觀察與跨組團體討論法，分別依序完成各流程之危害辨識及後果、現有防護設施。
3. 風險分析，逐項進行評估風險，評定嚴重度（1～4）與可能性（1～4）。
4. 依風險基準，評估風險等級
5. 作業流程被判定風險等級3以上者，從現場生產機具設施現地觀察與跨組團體討論法，分別依序完成降低風險所採取之控制措施、控制後預估風險，與品質管理系統必要時參照「矯正再發管制程序」與實施改善措施參照「提案改善管制程序」

八、相關程序作業文件：

矯正再發管制程序
提案改善管制程序

九、附件：

風險評估表　QP-XX-01

嚴重度（Severity）：影響程度評量標準表

等級	影響程度	影響公司形象	交期服務影響	品質業務運作	財物損失	事件處理	人員傷亡	客戶抱怨／申訴	影響生產區域
S4	非常嚴重	國際新聞媒體報導負面新聞	延遲21天以上	物性材料發現有害物質	新臺幣51萬元以上	依法懲處	死亡	5次以上	擴及客戶
S3	嚴重	臺灣新聞媒體報導負面新聞	延遲14天～20天	不符規格書要求；50%以上重工	新臺幣20萬50萬元	限期改善	重傷*	3次	擴及供應商
S2	中等	區域新聞媒體報導負面新聞	延遲7天～13天	20%以上重工	未達新臺幣20萬元	書面說明或回應	輕傷*	2次	廠內
S1	輕微	廠內	延遲5天內	10%重工	未達新臺幣5萬元	口頭說明	外傷	1次	廠內

*註1：重傷參酌刑法第10條第4項規定，係指下列傷害：「一、毀敗或嚴重減損一目或二目之視能。二、毀敗或嚴重減損一耳或二耳之聽能。三、毀敗或嚴重減損語能、味能或嗅能。四、毀敗或嚴重減損一肢以上之機能。五、毀敗或嚴重減損生殖之機能。六、其他於身體或健康，有重大不治或難治之傷害。」

*註2：除註1所列重傷，其餘傷害皆為輕傷。

*註3：影響程度僅須符合其中一種分類即可，不必全部分類皆符合；若無適用之影響分類，可自行增列，須知會總經理室知悉。

可能性（Possibility）評量標準表

等級（P）	可能性分類	發生機率（%）	詳細的描述
4	高度可能	81～100%	在1年內高度發生
3	中度可能	51～80%	在1年內會發生
2	低度可能	11～50%	在1年內可能會發生
1	幾乎不可能	0～10%	在1年內幾乎不可能會發生

嚴重度等級	可能性等級			
	P4	P3	P2	P1
S4	5	4	4	3
S3	4	4	3	3
S2	4	3	3	2
S1	3	3	2	1

風險評估表

公司名稱	部門	評估日期	評估人員	審核者	部門主管	總經理室

1. 作業／流程名稱	2. 危害辨識及後果（危害可能造成後果之情境描述）	3. 現有防護設施	4. 評估風險			5. 降低風險所採取之控制措施	6. 控制後預估風險		
			嚴重度	可能性	風險等級		嚴重度	可能性	風險等級

A版

QP-XX-01

個案討論

個案研究日月光集團公開揭露環境承諾

1. 設計與開發：(1)提升產品生態效率，導入創新研發技術與管理；(2)管控及限制生產製造物料及元件之有害物質使用；(3)提供輕薄短小及具能源效率的產品解決方案；(4)研發循環回收之材料或延長使用壽命。
2. 採購與供應鏈：(1)依循日月光投控衝突礦產採購管理政策和綠色產品規範，全面推動綠色採購；(2)兼顧客戶需求與綠色設計，與上／下游供應鏈合作開發創新的材料及設備，以提升整體供應鏈之技術與競爭力。
3. 生產與製造：(1)提升資源、能源與水的使用效率，降低溫室氣體排放；(2)減少汙染物、有毒物及廢棄物之排放，並應妥善處理廢棄物及循環利用；(3)廢水妥善處理、回收與監測；(4)增進原物料之可回收性與再利用；(5)重視並尋求環境友善材料替代有害物質，擴大內外部循環再生利用，以達成「資源最大利用率」與「落實清潔生產」之目標；(6)透過重新設計、循環加值、回收還原、共享經濟、循環農業與產業共 生實際作法，推動循環經濟。
4. 運輸與物流：(1)透過溫室氣體盤查掌握上／下游輸配碳排放量，選擇低碳排放之運輸載具，持續優化運送路徑規劃和配送中心之網絡；(2)優先選用可回收、低環境衝擊或可重複使用之包裝材料。

（資料來源https://www.aseglobal.com/ch/csr/green-transformation/environmental-responsibility-policy/）

哪些項目值得反思與學習？

章節作業

稽核查檢表

年　月　日　　內部稽核查檢表

ISO 9001：2015 ISO 14001：2015 條文要求							
相關單位							
相關文件	風險管理管制程序						
項次	要求內容	查檢之 相關表單	是	否	證據 （現況符合性 與不一致性描述）	設計變更或 異動單編號	
1							
2							
3							
4							
5							
6							
7							
8							

管理代表：　　　　　　　　稽核員：

A版

第 7 章

支援

章節體系架構▼

Unit 7-1 資源

企業追求永續經營與發展，掌握關鍵的內外部資源、工作流程與工作規範將是最基礎迫切關鍵的管理重點，管理方針可從五大面向著手進行改善，列舉人員、機具設備、物料（或環保材料）、方法（如：生態化設計）與環境（如：循環經濟）。

一般建議中小企業可針對現場作業流程改善爲基石，以滿足跨部門作業流程的順暢度與工廠設施規劃，其中藉由動線規劃之專案推動計畫來提升公司的流程管理與生產線產出提升，提升公司生產管理與倉儲管理能力。一旦掌握現行影響生產線順暢、產出量、生產週期等因素，追求智慧化大數據即時性回覆／查詢機制，以利追溯問題原因，有關環境追求永續發展適時矯正預防措施與適地持續改善工作。

推動專案首要是公司管理層的全力支持與配合，掌握必要的專案資源，由部門執行幹部進行良善分工合作及現場幹部積極參與學習，如能善用工作規劃及作業流程化機制，透過環境改善行動專案過程不斷溝通、宣導、教育及檢討，積極共創建立現場管理與5S管理之共識，落實專案執行作業流程改善，必能提升整體生產效率與企業營收。

個案研究國瑞汽車2017年環境報告書中揭露，總經理李朝森宣示在「以永續經營，實現能與社會相互調和，且長期而穩定的成長」之基本理念下持續努力，透過短中長期行動計畫，提升環境績效，並結合ISO 14001/50001環境及能源管理系統，持續改善，降低對環境衝擊，打造與自然環境和諧共處的工廠與車輛。

國瑞汽車自2017年起，配合全球豐田汽車2050年環境挑戰的六大目標，成立CO_2剋星小組，以工廠CO_2零排放爲重點展開活動，透過運用無動力裝置（KARAKURI），改善及導入新技術新設備等減少能源的使用，活用再生能源等手法，希望在2025年時能達到對2015年的CO_2排放量減低63%的挑戰目標。

地球只有一個，留給後代子孫乾淨與美麗的地球，是我們這個世代責無旁貸的義務與責任。希望透過本書讓各位了解國瑞汽車在環境對應上所做的努力，並提升大家的環保意識。讓我們一同攜手，爲環境的永續做出貢獻。

ISO 14001：2015 7.1條文要求
7. 支援Support 7.1 資源 7.1.1一般要求 組織應決定與提供建立、實施、維護及持續改進環境管理系統所需資源。

流程圖示拆解展開

流程展開圖	流程更新需求（分組展開）
1. 流程（Flow） 2. 輸入（Input） 3. 輸出（Output） 4. 如何（How）做？（方法／程序／指導書） 5. 藉由（What）？（材料／設備） 6. 由（Who）？（能力／技巧／訓練） 7. 藉由哪些指標？（Result）（衡量／評估）	(1) 訂貨作業流程 (2) 銷貨作業流程 (3) 營業目標計畫流程 (4) 顧客抱怨處理流程 (5) 顧客滿意度調查流程 (6) 行銷專案計畫流程 (7) 代理產品流程 (8) 員工滿意度調查流程 (9) 員工提案流程 (10) 環境衝擊評估流程 (11) 風險評估流程

基礎設施

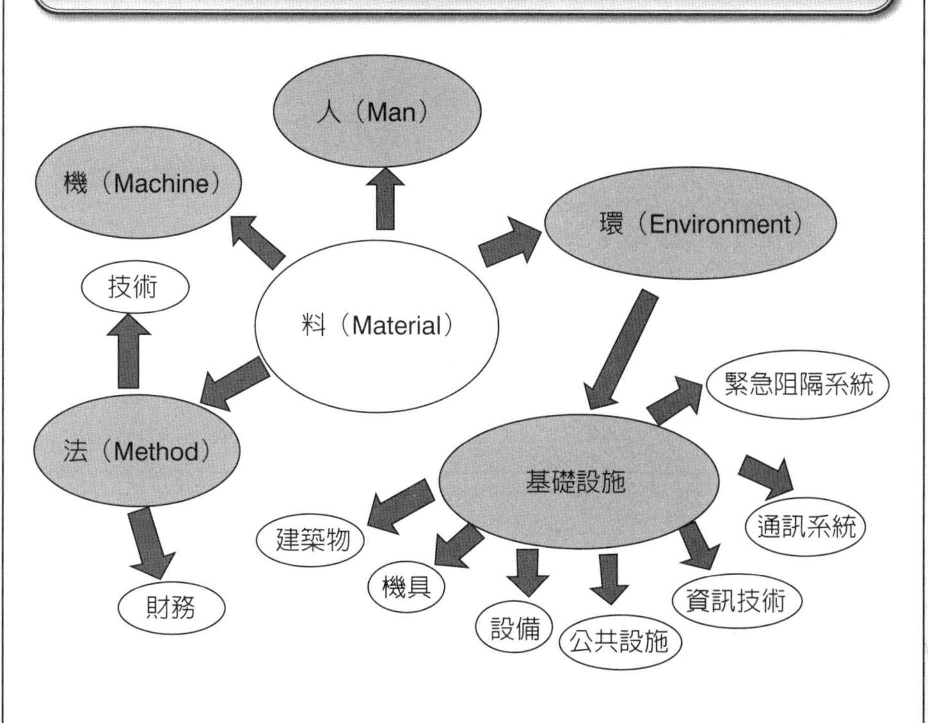

Unit 7-2 適任性

當年國父四大救國綱領，有人盡其才、物盡其用、貨暢其流與地盡其利。

從國家興亡的角度說明，人才要能充分適才適所發揮所長、軍糧物資要能適時適用不浪費、貨物資源要能及時流通支援與土地資源要能充分合宜被使用，國家自然興盛。企業追求永續經營，從徵才選才育才用才留才，五面向人才管理是必要管理措施。

國瑞汽車2017年環境報告書中揭露環境推動組織（共15部門、3處室、1中心），配合推動環境管理人才適任性培育，參考列舉。

各部主管為推行委員	環境設施部
• 執行公司環境管理系統P、D、C、A機能 • ISO系統的推行委員 • 推動環境保護及節約能源 • 環境能源資料的配合調查 • 環境、能源改善事例等執行督導者 • 管理審查會議參與決議者 • 參加環境擴大委員會，傳達與推行環境能源活動狀況 • 環境重大考量面及重大能源使用決議 • 環境能源政策研訂與決議 • 環境能源制度之推動與執行 • 政令宣導 • 環境能源業務擔當指派	• 環境能源法規對應、許可證變更／展延 • 官廳不定期監查對應 • 協力會環境/能源活動支援 • 環境能源系統運營維持管理 • 環境中長期計畫立案及推進 • 官廳定期申告：空氣汙染、廢水、廢棄物、毒化物 • 環境測定：空氣汙染、地下水、廢水、雨水、廢棄物、噪音 • 新規導入化學物質審查、新規管制毒化物把握 • 廢水處理場之設備操作管理 • 各項環境檢測對應 • 來自外部定期、不定期環境稽查對應 • 能源使用量的掌握 • 鍋爐燃燒廢氣排放管理 • 規劃、執行

ISO 14001：2015 7.2條文要求

7.2 適任性（Competence）

組織應採取以下方法以確保人員之適任性。

1. 組織應決定在其控管下工作，可能對環境管理系統績效及其履行守規性義務之能力有所影響的工作人員所必需之適任性。
2. 以適用的教育、訓練或經驗為基礎，確保其人員之適任性。
3. 決定與其環境考量面及環境管理系統互相連結的訓練需求。
4. 可行時，採取措施以取得必需的適任性，並評估所採取措施之有效性。

備考：適用的措施可包括，例：對人員提供訓練、提供輔導，或重新指派新聘人員；或聘僱或約聘具適任性的人員。

組織應保存正確的文件化資訊，以作為其適任性的證據。

適任性（Competence）

員工績效怎麼做好？ 應確保員工了解他們必須做的事情；應確保員工了解他們必須表現得如何；應確保員工了解他們的表現如何；應為員工提供所需的培訓和發展；應為員工提供表現認可	
1. 教育訓練之分類	2. 職能調查
(1) 新進人員教育訓練 (2) 專業技術教育訓練 (3) 管理人員教育訓練 (4) 經營管理人員教育訓練 (5) 綜合教導教育訓練	(1) 一般職能 (2) 核心職能 (3) 專業職能 (4) 管理職能
3. 工作規範	4. 工作說明書
(1) 教育程度 (2) 體能與技術能力 (3) 訓練與經驗 (4) 心智能力 (5) 主要職責 (6) 判斷力與決策力 (7) 其他工作條件	(1) 工作的職稱與職位 (2) 組織關係 (3) 工作摘要 (4) 職責與任務 (5) 工作關係 (6) 績效考核標準 (7) 機器設備 物料及工具 (8) 工作條件與環境 (9) 工作狀態及可能風險

個案研究和泰汽車2021年永續報告書揭露適任性訓練

板噴人員訓練	服務人員訓練
配合板噴的新教材導入計畫，將板噴教育體制書增修，期許藉由此更完善的教育體制 來精確掌握與有效提升技術人員的專業知識與技術，2021年度通過率為60%，未通過合格者，則繼續輔導弱勢項目及協助參加次年檢定考試認證，並進而提高服務廠的生產力與顧客 滿意度，共同創造經銷商與總代理持續成長的售後服務收益。	深信唯有貼心並訓練有素質的服務人員，在設備良好的服務廠工作，才能提供使 顧客滿意的高品質服務。日本TOYOTA針對服務人員開發了服務人員教育訓練計劃，以加強一線人員的專業能力和顧客關懷的技巧，2021年通過率99%，針對未通過合格者，則繼續輔導弱勢項目及協助參加次年檢定考試認證，以更貼近客戶，提供更優質的服務。

Unit 7-3 認知

從日常工作中，促進增強性說明公司永續發展願景，宣導公司環境政策與公司目標，鼓勵員工落實環境品質管理從每日做起，一步一腳印踏實穩健維持環境品質管理系統，增強員工對公司的向心力與認同感，強化所屬職責工作認知。

列舉和泰汽車2019年企業社會責任報告書中揭露，和泰汽車持續落實企業社會責任，透過企業社會責任委員會作為跨部門的溝通平臺，整合公司資源，監督及落實公司於環境（Environment）、社會（Social）、治理（Governance）等面向的作為。積極回應利害關係人所關注之重大議題、關注與聯合國永續發展目標的結合，將企業社會責任思維與經營策略結合，為所有利害關係人、環境及社會的永續發展貢獻心力、共創價值。

願景與使命與目標：

- 以沒有侷限的思維，超越眼界的創新與驚豔。
- 只有和泰能夠超越自己、超越極限。
- 不以現況為自滿，每次的挑戰就是突破。
- 並持跳脫框架的價值，就是不變的堅持。

善盡社會責任：

- 營造健康活力職場，深耕社會，善盡企業社會責任。
- 傳播愛與關懷，強化社會關懷形象。
- 持續環保行動，成為全球TOYOTA集團環保No.1。

2019年永續亮點，列舉環境層面中行動方案有：

1. 裝設太陽能案場，2019年總計產生2,413噸溫室氣體削減效益。
2. 使用環保水性漆塗料，2018年減少之有機溶劑揮發性氣體的排放量56噸。
3. 2019年經銷商全年R134a冷媒回收量達32公噸，以全球暖化潛勢（GWP）為1300計算，相當於減少41600噸CO_2排放量。
4. 再生零件-動力轉向機泵浦之使用比率為93.1%。
5. 中央給油設備，減少機油瓶廢棄量，持續推動廢棄物減量措施，平均每年減量百萬瓶的機油空瓶，累計至2019年共減量3321萬瓶，減少重量達230萬公斤。

ISO 14001：2015 7.3條文要求
7.3 認知（Awareness） 組織應確保在其控管下執行其工作的人員認知下列事項。 (a) 環境政策。 (b) 與其工作相關的重大環境考量面及有關的實質或潛在環境衝擊。 (c) 有關對環境管理系統有效性之貢獻，包括改進環境績效的益處。 (d) 不符合環境管理系統要求事項之不良影響，包括未能滿足組織的守規性義務。

・認知環境政策

更重視的不僅是傳遞政策，還要確保理解政策，影響工作的方式，如果它們偏離政策。員工應該了解它的貢獻以及如何做使業務變得更好。

日本豐田汽車之「地球環境憲章」（Toyota Earth Charter）是和泰汽車環保理念的最高依循原則，該憲章將環境保護與社會和諧，融入營運的核心，和泰汽車亦進行中、長期規劃，以逐步邁向保護地球環境的最終目標。

和泰汽車以實現「碳中和與循環型社會」爲願景，在車輛生命週期的各個階段，從開發設計、採購、生產、物流、銷售、使用、減少浪費和回收利用，積極降低產品與服務對環境的影響。同時訂有環境永續政策，包含政府政策、資源永續利用、安全的工作環境與強化環保意識等四大面向，持續邁向永續發展。

和泰汽車設有環境管理委員會以及環境設施室，透過環境保護計畫與方案的推動，實現對環保的承諾與目標。爲有效管理銷售與維修服務作業可能對環境造成的負面衝擊，和泰汽車將環管理念拓展至價值鏈的夥伴，推動經銷商體系全面實施ISO 14001國際環境管理系統，透過內部稽核與外部審查，確保環境管理業務能適切地有效運作。和泰汽車視合規爲最基本的自我要求，過去四年未發生任何環境違規事件，環保法規罰鍰金額爲0。

承諾持續支援合作夥伴的環境行動，以確保各領域皆被納入環境風險的考量，同時也全力配合日本豐田汽車對環境保護的要求，並整合集團施推動成果，向外部利害關係人揭露與溝通。

・認知環境目標

和泰汽車以環境管理手冊作爲管控經銷商汙染物排放依據，在導入各種設備削減空汙，其中烤漆停用重油及潤滑油政策，使空氣汙染物較2017年停用前分別下降33%；八大經銷商空氣汙染物排放量加總已連續三年下降，氮氧化物與硫氧化物排放總重在2018年達11333公斤，時至2020年排放下降至8922公斤。此外，八大經銷商逐年提高投資環保項目支出，包含ISO 14001認證環保設備、廢棄物處理經費持續上升，2020年共支出約6837萬元，在廢棄物清運亦委託廠商，目前100%回收HV廢電池，2020 年總共回收7324顆。

（資料來源：https://www.credit.com.tw/NewCreditOnline/Epaper/InterviewContent.aspx?sn=125&unit=535）

Unit 7-4 溝通(1)

列舉和泰汽車2021年永續報告書中揭露，為落實永續發展並與國際接軌，和泰汽車於2021年將CSR委員會更名為「永續發展委員會」，作為跨部門的溝通平臺，整合公司資源，監督及落實公司於環境（Environment）、社會（Social）、治理（Governance）等面向的作為。積極回應利害關係人所關注之重大議題、持續呼應聯合國永續發展目標，將企業永續思維與經營策略結合，為所有利害關係人、環境及社會的永續發展貢獻心力、共創價值。

為具體落實與監督和泰汽車的經濟、環境和社會之作為與績效，整合公司資源並將各項ESG議題納入日常營運中，永續發展委員會轄下設立「環境保護事務局」、「社會公益事務局」及「公司治理事務局」做為永續相關事務推動之執行單位，主要負責擬定各項ESG專案方針與執行，並於7月進行方針檢討及12月由各事務局說明執行結果及次年度執行重點計畫，最終統籌各事務局績效成果提報至永續委員會，成員包括和泰環境管理委員會、TOYOTA車輛部、Lexus車輛部、TOYOTA售後行銷部、公關法務部等單位。此外，由管理本部擔任永續發展委員會總事務局，主要負責委員會召開事宜及跨單位溝通協調，並針對每年的重大性議題進行判定及對應、蒐集各單位永續議題運作成果，編寫和泰汽車永續報告書，每年向董事會提報ESG推動事項與成果兩次。

從利害關係人鑑別與溝通面向，和泰汽車的相關部門都在積極地與主要利害關係人進行對話。他們交流和泰的理念，也有助於加深相互了解。此外，和泰汽車與外部專家保持溝通，以確保永續發展措施的方向。因此和泰報告書編撰小組透過AA 1000SES：2015（AccountAbility 1000 Stakeholder Engagement Standard：2015）標準中的量化方式，依據所提出之五大原則（依賴性、責任、影響力、多元觀點、張力）評估13個相關之利害關係人與和泰汽車營運的緊密程度。所鑑別出6個主要的利害關係人，依量化結果之重要程度排序為：經銷商、股東、員工、客戶、供應商、媒體。和泰汽車為了闡明如何回應主要利害關係人的期望與需求，建立多元的溝通機制來聆聽建議，並於此報告內容導入利害關係人議合之結果。同時透過利害關係人給予之回饋，加速公司績效的向上提升。和泰也將繼續進一步加強與利害關係人的對話，以切實滿足社會的期望，並將其運用到未來計畫中。

ISO 14001：2015 7.4.1條文要求
7.4 溝通 7.4.1 一般要求 組織應決定與環境管理系統直接相關的內部及外部溝通事項，包括下列事項。 (a) 其所溝通的事項。 (b) 溝通的時機。 (c) 溝通的對象。 (d) 溝通的方式。 (e) 負責溝通的人員。

溝通

內部溝通	外部溝通
工作人員簡報： 新政策 新的或修訂的目標 新修訂的戰略 新客戶 新的或修訂的技術 新產品 新服務 供應商問題 任何會對他們產生影響的事情	關鍵客戶經理的分配、實施審查會議等
溝通計畫	指定負責更新的人員
可包括各種媒體，包括簡報，會議，研討會，會議和通訊	部門負責人，業務負責人

・和泰汽車落實永續發展指導方針

和泰汽車積極呼應聯合國永續發展目標（SDGs），參考國際相關倡議之精神，遵循「落實推動公司治理、發展永續環境、維護社會公益、加強企業永續發展資訊揭露」等四大原則並提出指導方針，作爲日常作業中之依循。透過有效的管理及執行，必能將CSR行動與經營策略結合，且內化爲發展與營運策略之根本，偕同員工對社會永續發展創造持續貢獻。其中維護社會公益

1. 反歧視。
2. 提供員工安全與健康之工作環境。
3. 建立有效之職涯能力發展培訓計畫。
4. 與員工溝通對話。
5. 宜秉持對商品負責與行銷倫理，維護客戶權益。
6. 不得有欺騙、誤導、詐欺或任何其他破壞客戶信任、損害客戶權益之行爲。
7. 尊重並保護客戶之隱私權。
8. 評估採購行爲對供應來源社區之環境與社會之影響，並與供應商合作，共同致力提升企業永續。

資料來源：和泰汽車官網公開文件

Unit 7-5
溝通(2)

列舉和泰汽車2021年永續報告書中揭露，制訂管理方針與連結聯合國永續發展目標聯合國永續發展目標需要企業與政府一同努力才能達成。因此和泰汽車逐步透過連結GRI的資訊揭露、企業永續和SDGs的關聯性，與全球攜手共同往一致性的目標邁進。在管理重大議題與制訂目標的同時，已遵循由UNGC偕同WBCSD與GRI所建立之「永續發展目標羅盤」（SDG Compass）中的五大步驟（了解SDGs、鑑別優先次序、制訂目標、整合、揭露與溝通），來進行相關性的鑑別。目前所鑑別出可對應之相關永續目標有SDG8、12、13、16，共4個目標。在鑑別的過程中，和泰也同時發現，當SDG對營運產生的風險程度越高，也同時可以爲營運帶來更多機會點，兩者具有正相關。承諾未來將會把與和泰汽車相關之全球永續發展目標，致力降低風險並轉化爲機會，納入公司企業社會責任發展的核心策略與願景之中。

從顧客意見回饋管道面向，關心車主的心聲一直都是和泰汽車關注的重點，透過如24小時免付費電話、市話客服專線、官網（AI智能客服）、CS調查（電話訪問、紙本問卷、網路問卷等）、App等多元管道，與車主進行良好的溝通，仔細聆聽車主的寶貴意見，並將其轉化爲一系列的優質服務。

爲能保障與傾聽同仁的意見，目前設有各種溝通管道，包含勞資溝通會議、意見信箱以及和泰園地等，透過各種溝通管道及對話，同仁與公司建立「相互信賴，責任與共」的基本價值。

爲維護職場性別平權，成立了「和泰汽車性騷擾防治員工申訴中心」，由管理部經理專責處理，同仁可透過經理之分機與電子信箱提出申訴；並在內部網站建立專門網頁，並在內部網站建立專門網頁，內容涵蓋性騷擾防治措施、申訴及懲戒辦法、委員會相關資訊等，說明並推廣性別平權概念。

爲更了解同仁想法與需求，和泰汽車每兩年定期進行員工滿意度調查，調查方式爲線上問卷及紙本問卷併行，調查對象爲公司全體正職同仁，最近一次滿意度調查於2019年實施，回覆率爲75.3%，公司整體滿意度達3.88分（5分量表），整體而言分數皆較2017年低，因此將優先針對分數最低之三項（考核、升遷、訓練發展）持續追蹤。考量疫情影響，原定於2021年進行之滿意度調查延緩於2022年實施。

ISO 14001：2015 7.4.1條文要求
7.4.1 一般要求 組織在建立其溝通過程時，應執行下列事項： ・將其守規性義務納入考量。 ・確實已溝通的環境資訊與環境管理系統內產生的資訊一致且可靠。 組織應對與其環境管理系統直接相關的溝通事項予以回應。 組織應適當的保存文件化資訊，以作爲其溝通事項之證據。

和泰汽車落實永續發展指導方針

和泰汽車積極呼應聯合國永續發展目標（SDGs），參考國際相關倡議之精神，遵循「落實推動公司治理、發展永續環境、維護社會公益、加強企業永續發展資訊揭露」等四大原則並提出指導方針，作爲日常作業中之依循。透過有效的管理及執行，必能將CSR行動與經營策略結合，且內化爲發展與營運策略之根本，偕同員工對社會永續發展創造持續貢獻。其中發展永續環境：

1. 減少商品與服務之資源及能源消耗。
2. 妥善處理廢棄物。
3. 增加商品與服務之效能。
4. 使可再生資源達到最大限度之永續使用，如耗能用品的回收、再利用。
5. 妥善與永續利用水資源。
6. 逐步推動和泰集團與豐田經銷商之碳中和。

溝通成效

經銷商（DEALER）	股東（SHAREHOLDER）
1. 確保經銷商職業安全與健康 2. 完整揭露顧客管理及顧客隱私保護政策 3. 完整揭露及溝通產品及服務安全相關之議題	1. 確保經銷商職業安全與健康 2. 完整揭露及溝通產品及服務安全相關之議題
員工（STAFF）	**客戶（CLIENT）**
1. 完整揭露顧客管理及顧客隱私保護政策 2. 完整傳遞產品相關資訊並確保產品及服務品質 3. 持續與員工保持良好溝通及互動、促進勞資和諧、提升員工滿意度	1. 降低客戶不滿並提昇再購／再回廠意願 2. 降低客戶不滿並提升再購／再回廠意願 3. 完整揭露顧客管理及顧客隱私保護政策
供應商（SUPPLIER）	**媒體（REPORTER）**
1. 與供應商維繫良好關係 2. 完整揭露風險與危機管理政策 3. 與供應商維繫良好關係 4. 確保月度生產台數與市場需求／年計目標達成相符 5. 提升經銷商庫存管理能力以提供顧客最佳的零件供應服務	1. 與媒體維繫良好關係 2. 完整揭露風險與危機管理政策 3. 完整揭露永續夥伴關係內容

資料來源：和泰汽車官網公開文件

Unit 7-6 溝通(3)

列舉和泰汽車2021年永續報告書中揭露，從經銷商環保績效中，經銷商是和泰汽車最好的夥伴，和泰積極管理經銷商的環保績效，一同致力於降低營運過程中對環境造成的風險，針對每年第一季、第三季均會針對全台8家經銷商進行相關之稽核與輔導，包括編制經銷商環保評鑑指導手冊，針對評鑑目的、項目逐一列表，清楚向經銷商溝通環境永續做法及重要性；監督經銷商環境風險評鑑自我評核，透過評核方式，確保環境管理行爲融入經銷商日常業務中，並納入經銷商年度評價，約占總分4%，以及以國際標準要求經銷商以有效的環境管理系統減少廢棄物和能源使用，自2003年起即推動經銷商及關係企業通過ISO 14001驗證，是國內汽車業相關產業首家結合經銷商據點全數通過ISO 14001驗證的企業，目前全台據點（含Toyota、Lexus及HINO維修／經銷據點、鈑噴中心）皆已全數通過新版ISO 14001：2015國際環境管理系統驗證。

從能源使用面向，爲有效管理能源的耗用，自2018年起建置環境管理資訊系統，管理各項溫室氣體排放源、用水及廢棄物數據登錄等，目前經銷商系統使用率及建檔率已達100%。透過環境管理及檢視的過程，2018年起推動經銷商逐步停止烤漆爐燃燒重油與潤滑油，改用柴油及天然氣，至2019年重油及潤滑油已無使用。2021年八大經銷商所有用電與化石能源的使用量爲309,000,000百萬焦耳。

從溫室氣體減量面向，八大經銷商各項能源使用產生的溫室氣體排放量以電力爲最大宗占87%，溫室氣體排放總量較2020年減少1,329噸。經銷商溫室氣體減量方式包括停止燃燒重油及潤滑油、裝設定時自動控制裝置、汰換老舊照明、烤漆爐、空壓機及冷氣空調設備，及於烤漆爐及空壓機加裝變頻裝置等。

從空氣汙染物控制面向，和泰汽車訂有環境管理手冊作爲管控對經銷商汙染物排放之依據，各經銷商必須依手冊中之「環境作業管制程序」落實各種汙染物管理之進行，包含排放源、管控措施及檢查記錄等。目前經銷商作業活動所產生之空氣汙染物主要有氮氧化物及硫氧化物，而在減少汙染物的排放量上，經銷商也自行持續導入各種設備削減空氣汙染排放。其中烤漆停用重油及潤滑油政策，也使氮氧化物及硫氧化物較2017年停用前皆約下降33%。

從廢棄物管理面向，建置回收相關之軟硬體設備，如廢棄物回收場所、廢油槽、抽油管線、防溢設施、消防設施、環境維護、環管文件管制等。經銷商及服務廠之廢棄物，分爲可回收廢棄物、一般事業廢棄物及有害事業廢棄物，須將分類細項登錄於廢棄分類表，以供統計，經銷商亦須稽核清運商是否依法清理廢棄物，並將結果登錄於「事業廢棄物承包商稽核表」。

ISO 14001：2015 7.4.2條文要求
7.4.2 內部溝通 組織應進行下列內部溝通： (a) 在組織不同階層與部門間對內溝通與環境管理系統直接相關之資訊，包括適當的對環境管理系統之變更。 (b) 確實其溝通過程能使在組織管制下執行之工作人員，對持續改進作出貢獻。

和泰汽車CSR 企業社會責任專頁網站利害關係人溝通與鑑別

總計鑑別出 **54** 項 營運活動

共有 **31** 項 營運活動具經濟面衝擊

共有 **21** 項 營運活動具環境面衝擊

共有 **38** 項 營運活動具社會與人權面衝擊

● 組織脈絡

分組鑑別價值鏈上所有活動，確認各項活動在上下游發生的夥伴關係，探討永續性脈絡中的相關議題，鑑別主要利害關係人並調查其關注焦點。

● 鑑別衝擊

歸納價值鏈上所有活動，鑑別涉及或可能涉及的實際和潛在衝擊，這些衝擊包括正面或負面、短期或長期、蓄意或非蓄意、可逆或不可逆。

前三大正衝擊活動為
- 產品與服務品質
- 品牌管理與行銷
- 銷售策略與公平交易

前三大負衝擊活動為
- 產品與服務品質
- 顧客隱私保護
- 風險與危機管理

共決定 **10** 個 顯著正面衝擊議題

共決定 **10** 個 顯著負面衝擊議題

● 顯著程度

整合經濟、環境、社會與人權之衝擊鑑別結果，已發生之正衝擊大小依據其範圍、規模判斷之，負衝擊再考量其不可修復性；潛在之正負面衝擊則考量其發生率。

● 決定重大主題

彙整所有活動歸納成永續議題，依據正負衝擊大小與利害關係人關注程度，繪製重大性矩陣。

和泰汽車CSR企業社會責任專頁網站顧客服務

	TOYOTA	Lexus	HINO
24小時顧客服務中心服務電話	0800-221-345 (02) 5599-7299	0800-036-036	0800-522-567
官網	www.toyota.com.tw	www.lexus.com.tw	www.hino.com.tw
電話訪問	■全數撥打 ■SSI對象：交車滿7日車主 ■CSI對象：車主結帳離廠隔日起，陸續以App或簡訊發送問卷，關懷車主服務滿意度與用車狀況。若未回覆問卷，才會於第7日撥打服務追蹤關懷電話。	■全數撥打 ■SSI對象：先以簡訊關懷新車購車滿7日之車主，若車主未回覆簡訊，才撥打追蹤關懷電話。 ■CSI對象：先以簡訊關懷保養或維修結帳出廠滿3日之車主，若車主未回覆簡訊，才會撥打服務追蹤關懷電話。	■每月SSI／CSI各抽樣80件。 ■SSI：登錄領牌新車車主，於交車時掃描QR CODE／LINE連結專屬SSI問卷 ■CSI：先以LINE問卷關懷已結帳離廠車主，若車主未填寫問卷，另撥打電話追蹤關懷。 ■SSI對象：每月新車車主。 ■CSI對象：每月回廠顧客。
紙本與網路問卷	■每月隨機抽樣寄送紙本以及網路問卷調查服務滿意度 ■新車交車車主(每季抽樣 8 ,000件) ■入廠保養維修車主(每季抽樣15,000件)	■每月抽樣寄送紙本或網路問卷調查服務滿意度，並於2023年針對長期弱勢服務項目增加邏輯接題以深入探討顧客不滿意之根因。 ■SSI對象：新車交車3個月內車主（每次抽樣1,000件） ■CSI對象：結帳出廠3個月內車主（每次抽樣2,000件）	
APP	■All-in-One行車生活服務App「My Toyota」 ■https://www.toyota.com.tw/app/citydriver/	■All-in-One行車生活服務App「Lexus Plus」 ■https://www.lexus.com.tw/app/lexusplus/	■All-in-One行車生活服務App「Hi HINO」

註：SSI：Sales Satisfaction Index（新車銷售顧客滿意度指標）、CSI：Customer Service Index（汽車售後服務顧客滿意度指標）

資料來源：和泰汽車官網公開文件

Unit 7-7 溝通(4)

和泰汽車2021年永續報告書中揭露，促進永續發展並努力保持和發展良好的溝通管道。在編撰報告書前置作業的永續議題蒐集上，遵循GRI準則（GRI Standards）所建議之永續性脈絡與重大性分析原則。除參考國內外上企業社會責任的相關準則與報告書編撰規範，包括GRI（Global Reporting Initiative）、UN GC（United Nations Global Compact）、TCFD（Task Force on Climate -Related Financial Disclosures）、SASB（Sustainability Accounting Standards Board）、ILO（International Labour Organization Conventions and Recommendations）、SDGs（Sustainable Development Goals）與ISO 26000外，也突破既有規範的框架，同步考量到全球永續發展之風險/機會、利害關係人回饋、汽車產業特有趨勢與外部顧問專家建議之議題，一共歸納出五5大類、計18項與和泰汽車營運相關之永續議題。

永續報告書中揭露主動召回議題，在重視顧客安全與保障顧客權益下，所賣出的汽車與零組件皆經過不斷的測試及抽驗，而標準化的組裝過程更是通過層層檢驗。即使如此，各品牌瑕疵召回依舊難免，卻也是對汽車消費者的負責態度。向來高度重視顧客權益的和泰汽車，一旦接獲日本豐田汽車的召回訊息，即主動對被影響車主掛號寄出由總經理具名的「安全性召回改正通知」，詳細說明召回原因、瑕疵可能造成的影響、改正對策、檢修或更換所需時間以及何時開始啟動召回等，並爲召回可能導致的不便表達歉意。

2021年TOYOTA實施5項受影響台數共4,742台主動召回之改正活動。和泰汽車始終秉持誠實、負責、主動與盡快改正的積極態度，讓所有客戶都能安心享受駕馭的舒適及快意。

從產品設計與生產面向導入適切產品兼具環保及便利的油電混合車，和泰汽車向來重視顧客需求，於導入商品及相關零件前，會先藉由新車購買者研究（New Car Buyers Study，簡稱NCBS）資料庫，來了解新車購買者的趨勢、需求、行爲與背景資料，並在車輛上市前及商品上市初期，即分別與供應商溝通、以及與經銷商進行訪談，透過傾聽消費市場的發展趨勢。

和泰汽車每年公開發行永續報告書（原名爲企業社會責任報告書，因應台灣證券交易所「上市公司編製與申報企業社會責任報告書作業辦法」之修訂，更名爲永續報告書），並提供電子檔於企業社會責任網站。（資料來源：http：//pressroom.hotaimotor.com.tw/csr/article/EMIOLumvx）

ISO 14001：2015 7.4.3條文要求
7.4.3 外部溝通 組織應依其所建立的溝通過程，以及其守規性義務要求，對外溝通與環境管理系統直接相關之資訊。

顧客關係維護

為因應現今汽車產業的轉型，已由傳統製造業進化為汽車服務業，據此，與顧客建立正面與密切的關係，贏得顧客的信賴，才是汽車產業的重要根基。透過主動的用車關懷舉措、舉辦多元化的顧客關係活動等，希望從生活中貼近顧客，更透過數位媒介與顧客產生連結，與顧客產生更即時的互動模式，展現「think Amazing」的專業服務與熱忱。

主動召回

在重視顧客安全與保障顧客權益下，所賣出的汽車與零組件皆經過不斷的測試及抽驗，而標準化的組裝過程更是通過層層檢驗。即使如此，各品牌瑕疵召回依舊難免，卻也是對汽車消費者的負責態度。向來高度重視顧客權益的和泰汽車，一旦接獲日本豐田汽車的召回訊息，即主動對被影響車主掛號寄出由總經理具名的「安全性召回改正通知」，詳細說明召回原因、瑕疵可能造成的影響、改正對策、檢修或更換所需時間以及何時開始啟動召回等，並為召回可能導致的不便表達歉意。

2021年TOYOTA實施5項受影響台數共4,742台主動召回之改正活動。和泰汽車始終秉持誠實、負責、主動與盡快改正的積極態度，讓所有客戶都能安心享受駕馭的舒適及快意。

產品設計與生產

導入適切產品——兼具環保及便利的油電混合車

和泰汽車向來重視顧客需求，於導入商品及相關零件前，會先藉由新車購買者研究（New Car Buyers Study，簡稱NCBS）資料庫，來了解新車購買者的趨勢、需求、行為與背景資料，並在車輛上市前及商品上市初期，即分別與供應商溝通、以及與經銷商進行訪談，透過傾聽消費市場的發展趨勢。

Unit 7-8 文件化資訊(1)

企業組織可依其規模，視其活動、過程、產品及服務的型態，進行制訂相關文件化程序文件。一般多採用四階層文化方式進行環境品質管理系統建置，文件化資訊程度，視組織內外過程及過程間交互作用之複雜性、組織人員的適任性。

建置文件程序為使組織所有文件與資料，能迅速且正確的使用及管制，以確保各項文件與資料之適切性與有效性，以避免不適用文件與過時資料被誤用。確保文件與資料之制訂、審查、核准、編號、發行、登錄、分發、修訂、廢止、保管及維護等作業之正確與適當，防止文件與資料被誤用或遺失、毀損，進行有效管理措施。

有關組織文件，用於指導、敘述、索引各類國際標準管理系統，如環境品質業務或活動，在其過程中被執行、運作者，如環境品質手冊、程序書、標準書、表單等。

有關組織資料，凡與環境品質系統有關之公文、簽呈及承攬、合約書、會議記錄等，均為資料。外來資料如：國家主管機關法令基準、ISO國際標準規範、VSCC或檢測機關所提供之資料及供應商或客戶所提供之圖面，亦屬資料。

有關組織管制文件與資料，須隨時保持最新版之資料，具有制訂，修訂與分發之記錄，修訂後須重新分發過時與廢止之資料須由文件管制中心依規定註記或經回收並銷毀。例舉已製造醫療器材與測試之過期文件，至少在使用壽命內能被取得，自出貨日起至少保存3年。環保署要求保存至少6年溫室氣體盤查清冊與文件化程序記錄。

有關組織非管制文件與資料，凡不屬前述管制文件與資料者皆為非管制文件與資料。

維持（maintain）文件化資訊：如表單文件、書面程序書、環境品質手冊、品質計畫、環境衝擊評估計畫、風險評估計畫。

保存（retain）文件化資訊：紀錄、符合要求事項證據所需要之文件、保存的文件化資訊項目、保存期限及其用以保存之方法。

ISO 14001：2015 7.5.1條文要求
7.5.1 一般要求 組織的環境管理系統應有以下文件化資訊。 (a) 本標準要求之文件化資訊。 (b) 組織為環境管理系統有效性所決定必要的文件化資訊。 備考：各組織環境管理系統文件化資訊的程度，可因下列因素而不同。 • 組織規模，及其活動、過程、產品及服務的型態。 • 履行守規性義務 • 過程及過程間交互作用之複雜性。 • 人員的適任性。

文件化流程

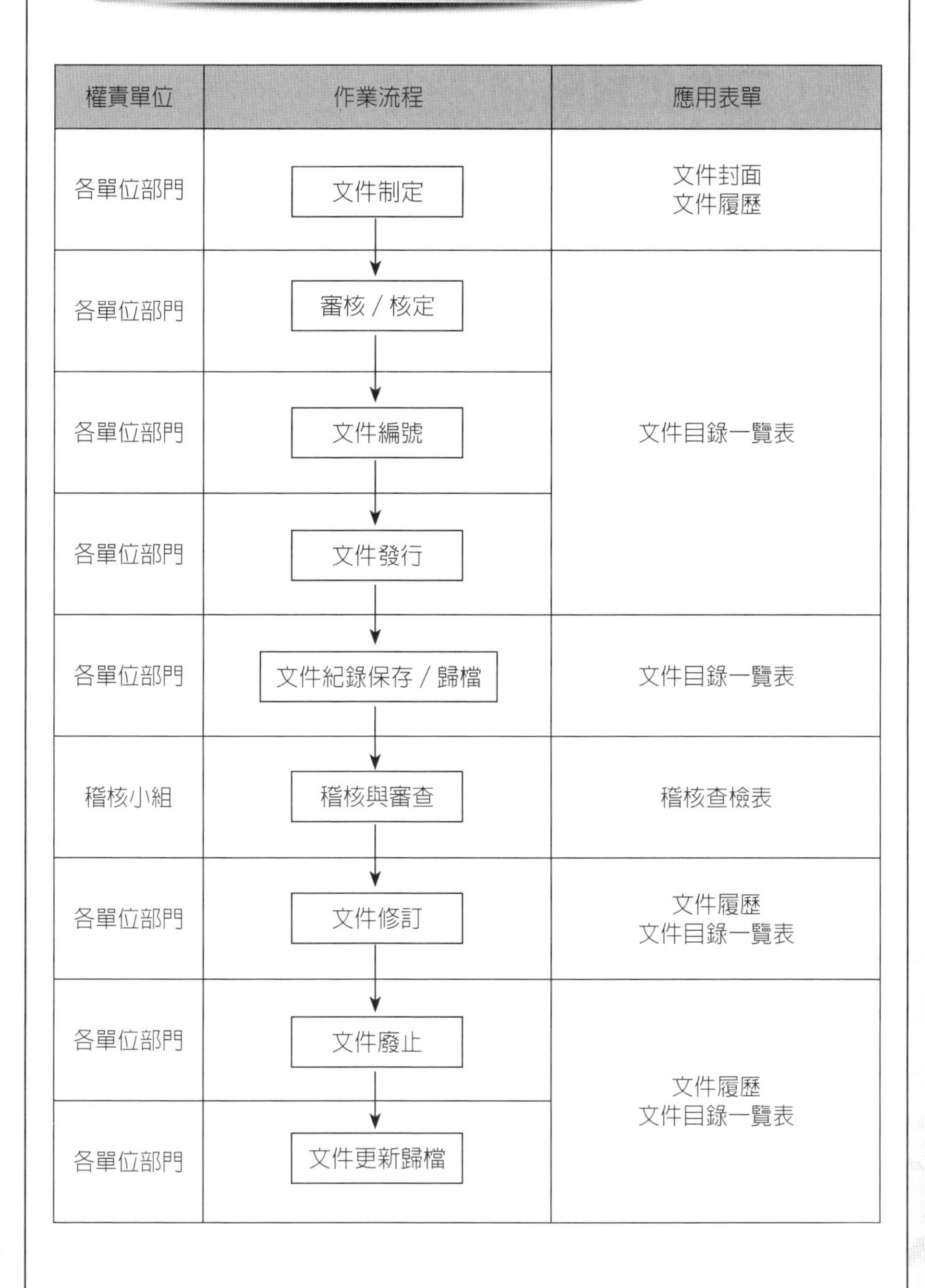

權責單位	作業流程	應用表單
各單位部門	文件制定	文件封面 文件履歷
各單位部門	審核／核定	
各單位部門	文件編號	文件目錄一覽表
各單位部門	文件發行	
各單位部門	文件紀錄保存／歸檔	文件目錄一覽表
稽核小組	稽核與審查	稽核查檢表
各單位部門	文件修訂	文件履歷 文件目錄一覽表
各單位部門	文件廢止	文件履歷 文件目錄一覽表
各單位部門	文件更新歸檔	

Unit 7-9 文件化資訊(2)

中小企業文件化資訊之建立與更新，必要建立版本編訂相關管理辦法，可經由文管中心發行之環境品質手冊、程序書、標準書及互相關連之表單，應適切顯示版次編號，原則上除表單外，版本由首頁顯示版次，配合2015版標準條文要求，環境品質手冊（通稱一階文件）、程序書（通稱二階文件）統一由A版起。

建立二階程序書架構，大致要點說明包括目的、範圍、參考文件、權責、定義、作業流程或作業內容、相關程序作業文件 、附件表單，章節建立由一、二……依序編排。建立三階作業標準書架構，大致要點說明，標準書之編寫架構由各制訂部門視實際需要自行制定，以能表現該標準書之精神爲主，並易於索引閱讀與了解。

組織負責人應指派適任之文件管制人員成立文件管理中心負責文件管制作業，以管理系統文件之制訂、核准權責與適當儲存保管。

個案研究和泰車體製造股份有限公司於2021年4月成立，由和泰汽車投資，主要生產TOYOTA、HINO商用車車體以及遊覽車、市區公車等各式車體生產打造。

透過和泰集團豐富的人才及資源投入，建立標準化生產、重視工作安全、品質至上的生產製造環境。艾法諾國際於2023年2月在和泰車體製造彰化廠舉行授證儀式，授證儀式中和泰車體製造廖部長表示：「公司所有同仁在建廠過程中按國際標準及業界高標的要求建置管理系統，順利完成驗證取得證書；後續需按標準這些落實運作，將ISO 9001風險管理、持續改善的精神，運用在實際工作中。（資料來源：https://www.bellcert.com/article.php?NO=M11204003）

和泰集團積極善盡社會公民責任，台灣Toyota Group，包括上游製造商國瑞汽車、中游總代理和泰汽車及下游八大經銷商體系，努力成爲台灣第一個建構綠色供應鏈體制的汽車集團。ISO 14001文件化回顧：

1. 國瑞汽車於1998年取得ISO 14001環境管理系統（Environment Management System，EMS）認證。
2. 楊梅物流中心亦於2003年取得ISO 14001認證及2005年ISO 9001品質管理系統的認證。
3. 2003年至2007年全國各Toyota經銷商販賣及服務據點取得ISO 14001的認證，爲台灣汽車銷售及服務業當中第一家達成者。
4. 和泰子公司長源汽車新莊營業所率先於2006年通過驗證，踏出大型車據點的第一步，亦是台灣大型車業界第一家取得ISO 14001認證者。長源汽車各大型車據點，亦將於2006至2010年，分五期完成環境管理系統建制，並取得ISO 14001認證。

ISO 14001：2015 7.5.2條文要求

7.5.2 建立與更新

組織在建立及更新文件化資訊時，應確保下列之適當事項。

(a) 識別及敘述（例：標題、日期、作者或索引編號）。

(b) 格式（例：語言、軟體版本、圖示）及媒體（例：紙本、電子資料）。

(c) 適合性與充分性之審查及核准。

專案人員績效考核表

一、基本資料

成員姓名		職別	
差勤狀況		獎懲狀況	

二、自我表現描述

自我表現描述			
項次	個人預期目標	實際成果描述	績效表現描述
專案1			
專案2			
專案3			

三、工作績效 、專案計畫執行成效

工作績效 、專案計畫執行成效（專案主管）		
1	個人專業技能	
2	日常事務	
3	規劃能力／策略技巧	
4	領導能力／指導別人	
5	激勵與獎賞他人能力	
6	團隊合作／個人特質	
7	決心與積極度	
8	反應速度與敏感度	
9	主動與創新性／外語能力	
10	合作度／溝通能力	

四、適性發展

1	□考績優越，可升調從事高職等工作
2	□適任現職，將來可望發展方向
3	□適任現職，但需要加強何種知識
4	□不適任現職，須遷調何種工作或建議如何安排
綜評	

Unit 7-10 文件化資訊之管制

組織日常文件管制，其中文件修訂作業，文件若要修訂，一般應提出「文件修訂申請表」，提案要求研擬修改，並附上原始文件，請審核人員審查、核定，送文管中心逕行作業。文管中心應將修訂內容記載於「文件修訂記錄表」。文件修訂後，其版次更新遞增。分發修訂時，須將「文件修訂記錄表」及新修訂文件加蓋管制章後，即時一併分發於原受領單位。按分發程序辦理分發，必要時，同時收回舊版文件，並於相關表單中備註說明，以示完備負責。

組織文件廢止、回收作業，文件之廢止，得由相關部門提出文件廢止申請，經研議後，呈原審核單位核定後，由文件管制中心，註記於相關表單上。因修訂、作廢而回收之文件，文管中心應予銷毀並記錄於「文件資料分發、回收簽領記錄表」之備註欄內說明。

組織外部單位需要有關程序文件時，文管中心應於「文件資料分發， 回收簽領記錄表」登錄，並於發出文件上加蓋「僅供參考」，以確實做好相關管制措施。如因屬參考性質需要留存的舊版、無效的文件（資料），應於適當位置加蓋「僅供參考」章，以免被誤用。一般蓋有「僅供參考」章或未加蓋管制文件章或未註記保存期限之文件、記錄僅能作為參考性閱讀，不得據以執行內外部品質活動。

組織有關外部文件管制作業，凡與環境品質相關之法規資料如ISO國際標準、CNS國家標準規範等，均由文管中心管制並登錄於「文件管理彙總表」，並即時主動向有關單位查詢最新版的資料，適時更新後勤支援相關作業。

ISO 14001：2015 7.5.3條文要求

7.5.3 文件化資訊之管制

環境管理系統與本標準所要求的文件化資訊應予以管制，以確保下列事項。

(a) 在所需地點及需要時機，文件化資訊已備妥且適用。

(b) 充分地予以保護（例：防止洩露其保密性、不當使用，或喪失其完整性）。

對文件化資訊之管制，適用時，應處理下列作業。

(a) 分發、取得、取回及使用。

(b) 儲存及保管，包含維持其可讀性。

(c) 變更之管制（例：版本管制）。

(d) 保存及放置。

已被組織決定為環境管理系統規劃與營運所必須的外來原始文件化資訊，應予以適當地鑑別及管制。

備考：取得管道隱含僅可觀看文件化資訊，或允許觀看並有權變更文件化資訊的決定。

文件化資訊之管制要點：
1. 在文件發行前核准其適切性。
2. 必要時，審查與更新重新核准文件。
3. 確保文件變更與最新改訂狀況已予以鑑別。
4. 確保在使用場所備妥適用文件之相關版本。
5. 確保文件易於閱讀並容易識別。
6. 確保組織爲環境品質管理系統規劃與運作所決定必需得外來原始文件予以鑑別，並對其發行予以管制。
7. 防止失效文件被誤用，且若此等文件爲任何目的而 保留時，應予以適當鑑別。

文件管制查檢要點：
1. 版次問題。
2. 程序內章節安排。
3. 善用文件編號。
4. 紀錄表單也應有文件編號。
5. 外來文件仍應管制。
6. 文件管制分類一般分爲三階或四階文件。
7. 跨部門單位之Input/Output流程。
8. 文件管制與紀錄管制。

知識補充站

個案研究

台肥月刊劉奕鐘主任稽核員，曾公開釋義：
一、「文件」的範圍
政府機關、公立機構或部會所屬財團法人，其「文件」可以包括：
1.公文類：往來公文、信件、簽陳、報告、工作底稿等。
2.制度文件：即「系統文件」，又可分為(1)手冊、(2)程序書、(3)表單及記錄、(4)原稿及憑證等四階。依部門或功能別又可以分為(1)市場行銷及服務、(2)設計開發、(3)採購及儲運、(4)製造及品質、(5)人事及行政、(6)會計財務、(7)工程及保修、(8)安衛環保等子系統之文件。
3.相關文件：指系統文件中所「引用」或「陳述」的「特定文件」。它可以是已列入系統的文件，也可以是外部的法規或技術資料，或內部編輯的文件，列管為內部系統文件者。
4.專業資料：
(1)外來之法規，如一階：法（條例、律、令、通則），二階：規（規則、細則、辦法、綱要、標準、準則），三階：要點、作業程序。
(2)「技術資料」：含3D圖、藍圖、表、說明書、規格、規範、樣本、參考資料等。
(3)內部編輯的書籍、講義、文件，其他資料或檔案。
二、文件管理的功能
文件也可依「用途」加以分類：
1.傳遞消息與情報用途：公文書類。
2.規範、指導作業用途：制度文件、法規類。
3.專業用途：法規、標準、技術文件、參考書籍、資料類。
4.記錄用途：三階文件：數據、記錄與表單。
5.佐證用途：四階文件：憑證、原稿、工作底稿類。
6.特殊用途：合約類。

個案討論
知識分享管制程序書

工業有限公司

文件修訂記錄表

文件名稱：知識分享管制程序　　文件編號：QP-xx

修訂日期	版本	原始內容	修訂後內容	提案者	制訂者
2024.01.01	A		制訂		

工業有限公司

文件類別	程　序　書		頁次	1 / 2
文件名稱	知識分享管制程序	文件編號	QP-xx	

一、目的：

配合公司中長期業務發展，激勵員工藉由知識分享管理進行軟性內部外部溝通，透過知識文件管理、知識分享環境塑造、知識地圖、社群經營、組織學習、資料檢索、文件管理、入口網站等文化變革面、資訊技術面或流程運作面之相關專案導入與推動工作，跨專長提供問題分析、因應對策或其他策略規劃建議，內化溝通型企業文化，營造知識創造與創新思維。

二、範圍：

本公司員工與外部供應商之溝通、日常管理知識、潛能激發均屬之。

三、參考文件：

（一）環境品質手冊

（二）ISO 9001 7.4（2015年版）

（三）ISO 14001 7.4（2015年版）

四、權責：

總經理室負責全公司顯性知識與隱性知識之鼓勵激發各項活動措施。

五、定義：

（一）顯性知識：內外部組織文件化程序顯而易見，流程中透過書面文字、圖表和數學公式加以表述的知識。

（二）隱性知識：指未被表述的知識，如執行某專案事務的行動中所擁有的經驗與知識。其因無法通過正規的形式（例如，學校教育、大衆媒體等形式）進行傳遞，比如可透過「師徒制學習」的方式進行。或「團隊激盪學習」方式展開，透過激發對周圍專案事件的不同感受程度，將親身體驗、高度主觀和個人的洞察力、直覺、預感及靈感均屬之，激發提案改善創意種子。

（三）知識分享：人與人之間的互動（如：討論、辯論、共同解決問題），藉由這些活動，一個單位（如：小組、部門）會受到其他單位在內隱及外顯知識的影響。

（四）知識創造與創新：持續地自我超越的流程，跨越舊思維進入新視野，獲得新的脈胳、對產品與服務的新看法以及新知識。創新「新想法、新流程、新產品或服務的產生、認同並落實」或「相關單位採納新的想法、實務手法或解決方法」

六、作業流程：略

工業有限公司

文件類別	程　序　書		頁次	2/2
文件名稱	知識分享管制程序	文件編號	QP-xx	

七、作業內容：

（一）掌握重點管理方式進行，授權與激發組織內部同仁潛能，共同達成3S，單純化（Simplification）：目標單純、階段明確、焦點集中；標準化（Standardization）：建立作業程序、導入工具標準；專門化（Specialization）：團隊人員專業分工、精實協同合作。

（二）確定知識分享主題或解決個案對策原因。

（三）準備便利貼：一便利貼只能書寫一對策或原因。

（四）Work-out 五步驟：

步驟	目標	展開	工具或方法
1	腦力激盪	逐一針對「分享」主題發散思考，將每項創新寫入便利貼	便利貼
2	分類彙整	彙集團隊成員的所有便利貼	釘書機
3	層別	分類與收斂歸納所有便利貼	魚骨圖
4	重點排序	矩陣式思考所有收斂後的便利貼	矩陣圖
5	方案形成與修正	形成對策方案或原因方案，團隊成員共識討論，依重要程度排定優先順序進行改善方案與策略修正	SWOT分析表或策略形成表

（五）精進知識分享策略形成表。

八、相關程序作業文件：

管理審查程序

提案改善管制程序

九、附件表單：

1. 魚骨圖　　QP-xx-01
2. 矩陣圖　　QP-xx-02
3. SWOT分析表　　QP-xx-03
4. 策略形成表　　QP-xx-04

工業有限公司

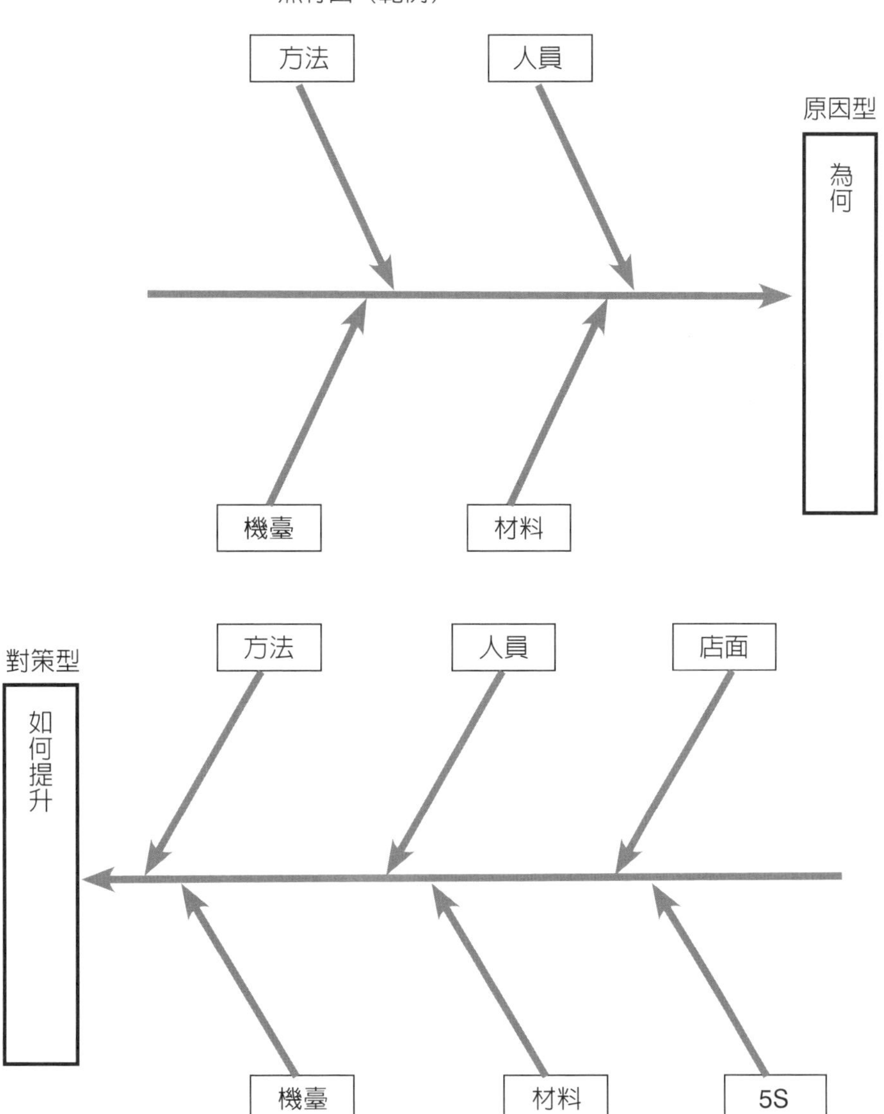

工業有限公司

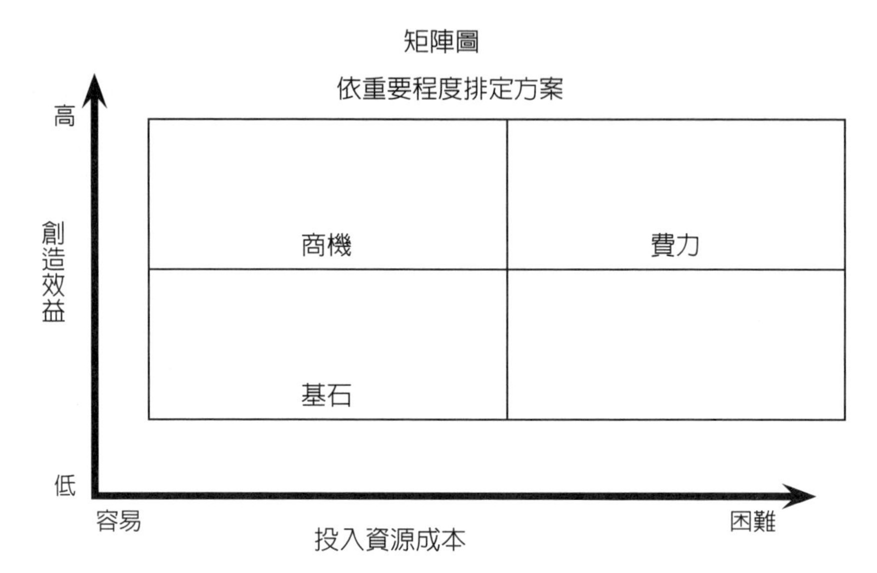

工業有限公司

SWOT分析表

優勢（S：Strength）	劣勢（W：Weakness）
列出企業內部優勢：	列出企業內部劣勢：
機會（O：Opportunity）	威脅（T：Threats）
列出企業外部機會：	列出企業外部威脅：

工業有限公司

策略形成表

◎ 強度　　　　　　○ 中度

策略形成 ＼ 內部分析 / 外部分析			內部強弱分析	
			強勢（S）	弱勢（W）
外部環境分析	機會（O）			
	威脅（T）			

文件化管制程序書

工業有限公司

文件修訂記錄表

文件名稱：文件管制程序　　文件編號：QP-xx

修訂日期	版本	原始內容	修訂後內容	提案者	制訂者
2024.01.01	A		制訂		

A版　　QP-xx-02

工業有限公司

文件類別	程　序　書		頁次	1 / 4
文件名稱	文件管制程序	文件編號	QP-xx	

一、目的：

為使公司所有文件與資料，能迅速且正確的使用及管制，以確保各項文件與資料之適切性與有效性，以避免不適用文件與過時資料被誤用。確保文件與資料之制訂、審查、核准、編號、發行、登錄、分發、修訂、廢止、保管及維護等作業之正確與適當，防止文件與資料被誤用或遺失、毀損，進行有效管理措施。

二、範圍：

凡屬本公司有關國際標準管理系統文件及程序文件與資料皆適用之。

三、參考文件：

（一）職安環境品質手冊

（二）ISO 9001：2015 7.5

（三）ISO 14001：2015 7.5

（四）ISO 45001：2018 7.5

四、權責：

（一）專案負責人應指派適任之文件管制人員成立文件管理中心負責文件管制作業，以管理系統文件之制訂、核准權責與適當儲存保管。

（二）

類　別	制　訂	審　查	核　准	發　行
職安環境品質手冊	文管	經理	總經理（管理代表）	文管中心
程序書（標準書）	各部門主辦人	部門主管	總經理	文管中心
表單	各部門主辦人	部門主管	總經理	文管中心

五、定義：

（一）文件：

用於指導、敘述、索引各類國際標準管理系統，如職安環境品質業務或活動，在其過程中被執行、運作者，如職安環境品質手冊、程序書、標準書、表單等。

（二）資料：

1.凡與職安環境品質系統有關之公文、簽呈及承攬、合約書、會議記錄等等，均為資料。

2.外來資料如：國家主管機關、ISO國際標準規範、VSCC或檢測機關所提供之資料及供應商或客戶所提供之圖面，亦屬資料。

（三）管制文件與資料：

須隨時保持最新版之資料，具有制訂，修訂與分發之記錄，修訂後須重新分發過時與廢止之資料須由文件管制中心依規定註記或經回收並銷毀。已製造醫療器材與測試之過期文件，至少在使用壽命內能被取得，自出貨日起至少保存3年。

（四）非管制文件與資料

凡不屬前述管制文件與資料者皆為非管制文件與資料。

工業有限公司

文件類別	程　序　書		頁次	2 / 4
文件名稱	文件管制程序	文件編號	QP-xx	

（五）職安環境品質手冊：
乃本公司國際標準管理系統，如職安環境品質管理系統與職安環境品質一致性之政策說明，實施職安環境品質制度與落實政策，如職安環境品質政策，最基本的指導文件。

（六）程序書：
職安環境品質手冊中，管理重點所引用之下一階文件的內容說明，為品質系統要項所含之各項程序的管理運作指導。各單位作業過程中，為確保操作品質與高效率的作業標準所依據的詳細指導文件，如作業標準書等。

（七）表單：職安環境品質系統中各項程序書、標準書所衍生之各種表單。

六、作業內容：

（一）職安環境品質系統文件編號原則：

1.職安環境品質手冊編號OHS-EM-QM-01

2.程序書編號OHS-ΔΔ或EM-ΔΔ或QP-ΔΔ

OHS：代表ISO 45001程序書代碼

EM：代表ISO 14001程序書代碼

QP：代表ISO 9001程序書代碼

ΔΔ：代表流水號

3.表單編- OHS-ΔΔ-□或EP-ΔΔ-□或QP-ΔΔ-□

OHS：代表該對應之ISO 45001程序書代碼

EM：代表該對應之ISO 14001程序書代碼

QP-ΔΔ：代表該對應之ISO 9001程序書代碼

□：代表表單流水號01～99

◇：於表單左下角位置標識版次（A版、B版……），以利識別

4.外來資料編號---**-◎◎◎

**：代表收錄年度（中華民國年曆）

◎◎◎：代表收錄流水

（二）版本編訂辦法：
經由文管中心發行之職安環境品質手冊、程序書、標準書及相衍生之表單，應適切顯示版次編號，原則上除表單外，版本由首頁顯示版次，配合2015版標準條文要求，手冊、程序書統一由A版起。

（三）內部文件系統架構說明：

1.職安環境品質手冊各章架構，依ISO 9001：2015版條款對應

2.程序書架構說明：目的、範圍、參考文件、權責、定義、作業流程或作業內容、相關程序作業文件、附件表單，由一、二……依序編排。作業標準書架構說明：標準書之編寫架構由各制訂部門視實際需要自行制定，以能表現該標準書之精神為主，並易於閱讀與了解。

（四）文件編訂：

1.依國際品質標準要求，責成有關部門制訂各種程序書、標準書。

2.製定之文件由權責人員審查、核定。

3.經核定後之文件，由總經理室文管中心編號。

工業有限公司

文件類別	程　序　書		頁次	3 / 4
文件名稱	文件管制程序	文件編號	QP-xx	

（五）文件修訂

1.文件若要修訂，應提出「文件修訂申請表」，要求研擬修改，並附上原始文件，請審核人員審查、核定，送文管中心作業。

2.文管中心應將修訂內容載於「文件修訂記錄表」。

3.文件修訂後，其版次遞增。

4.分發修訂時，須將「文件修訂記錄表」及新修訂文件加蓋管制章後，一併分發於原受領單位。

5.按分發程序辦理分發，必要時，同時收回舊版文件，並於相關表單簽註。

（六）文件之分發（指職安環境品質手冊、程序書、標準書）即發文文件，於首頁加蓋「文件管制」章，並請受領單位於文管中心之「文件資料分發，回收簽領記錄表」上簽收。發行之文件、資料需每張蓋發行章，發行章格式參考如下：紅色發行章

發　行

（七）文件廢止、回收作業：

1.文件之廢止，得由相關部門提出文件廢止申請，呈原審核單位核定後，由文件管制中心，註記於相關表單上。

2.因修訂、作廢而回收之文件，文管中心應予銷毀並記錄於「文件資料分發、回收簽領記錄表」之備註欄內。

3.若版次更新時將舊版文件或蓋作廢章識別。

作　廢

（八）如有外部單位需要有關文件時，文管中心應於「文件資料分發，回收簽領記錄表」登錄，並於發出文件上加蓋「僅供參考」，以確實做好相關管制。

1.因參考性質需要留存的舊版，無效的文件，資料，應於適當位置加蓋「僅供參考」章，以免誤用。

2.蓋有「僅供參考」章或未加蓋管制文件章或未註記保存期限之文件、記錄僅能作為參考性閱讀，不得據以執行品質活動。

（九）文件遺失、毀損處理：

1.填「文件資料申請表」，註記原因後，各部門主管核准後，向文管中心提出申請補發。

2.損毀之文件；應將剩餘頁數繳回文管中心銷毀。

3.遺失之文件尋獲時，應即繳回文管中心銷毀。

（十）外部文件管制：

凡與品質相關之法規資料如國家標準規範等，均由文管中心管制並登錄於「文件管理彙總表」，並隨時主動向有關單位查詢最新版的資料。

（十一）有關DHF（Design history file）醫療輔具器材已開發完成之設計歷史完整記錄、DMR（Device master record）醫療輔具器材主紀錄、DHR（Device history record）醫療輔具器材歷史生產紀錄，依「鑑別與追溯管制程序」記錄存查。

工業有限公司

文件類別	程　序　書		頁次	4 / 4
文件名稱	文件管制程序	文件編號	QP-xx	

七、相關程序作業文件

QP-16鑑別與追溯管制程序

八、附件表

（一）文件修訂申請表	QP-01	QP-xx-01
（二）文件修訂記錄表	QP-02	QP-xx-02
（三）文件資料分發，回收簽領記錄表	QP-03	QP-xx-03
（四）文件資料申請表	QP-04	QP-xx-04
（五）文件管理彙總表	QP-05	QP-xx-05

工業有限公司

文件修訂申請表　　　　　　　　　　日期：

提出人		提出單位			
文件名稱		文件編號			
提出修訂內容					
備註說明					
核准		審查		申請人	

A版　　　　　　　　　　　　　　　　　　　　　　　QP-xx-01

工業有限公司

文件修訂記錄表

文件名稱：　　　　　　　　　　文件編號：

修訂日期	版本	原始內容	修訂後內容	提案者	制訂者

A版　　　　　　　　　　　　　　　　　　QP-xx-02

工業有限公司

文件資料申請表

申請日期：

申請單位名稱					
申請文件名稱		文件編號		申請份數	

申請原因：

審核意見：

文件管制狀況	□管制文件	□非管制文件

核准		審核		申請人	

A版 QP-xx-04

章節作業

稽核查檢表

年　　月　　日　　　　內部稽核查檢表

ISO 9001：2015 ISO 14001：2015 ISO 45001：2018 條文要求	
相關單位	
相關文件	

項次	要求內容	查檢之相關表單	是	否	證據（現況符合性與不一致性描述）	設計變更或異動單編號
1						
2						
3						
4						
5						
6						
7						
8						
9						
10						

管理代表：　　　　　　　　　　　　　　稽核員：

第 8 章

營運

章節體系架構 ▼

Unit 8-1 營運之規劃及管制

中小型企業營運規劃及管制，一般依客戶合約與業務銷售之狀況，訂定適當之生產計畫與資源規劃，在有限資源下，能發揮充分之人力效能以達成準時交付或交貨，並增進生產效率。內外部管制爲確保製程中產品品質合乎品質需求與客戶要求，將製造流程條件、方法等，予以標準化規定，並透過製程查驗及管制，即時注意異常變化，預防問題再發生，穩定減少不良品之產生，提高精實生產效率，使產品與服務能在市場上更具競爭優勢。

舉凡內部規劃擬定生產計畫，一般由生產主管依業務部提供之訂購單與製令單，並依期約交貨日期決定生產順序後，將其登錄ERP企業資源規劃系統與生產計畫表，透過生產排程看板與走動式管理，提供管理者即時掌握廠內整體狀況，如庫存缺料、不良品停線、供料不穩定等。

生命週期評估法（簡稱LCA法）是評估一個產品、服務、過程或是活動在其整個生命週期內，所有投入及產出對環境造成影響的計算方法，是從「搖籃到墳墓」與「搖籃到大門」的計算方法。

LCA法已經納入ISO 14000環境管理體系，具體包括互相溝通、不斷重覆進行的四個步驟：目的與範圍的確定、盤查清單分析、影響評估和結果揭露與說明。LCA法是一種由上而下的方法，計算過程比較詳細和準確，適合於微觀層面碳足跡的計算。目前在碳排放評估方面的應用主要集中於產品或服務的碳足跡計算，且已有成熟的相關標準供參考，最早由英國標準協會頒布的PAS 2050指引，至最新並提升制定產品碳足跡國際標準ISO 14067：2018系統要求。

列舉橡膠輪胎產業循環經濟中，有關廢輪胎「原型利用」雖非最終處理，卻可使廢輪胎的生命週期時間延長，是現階段目前最直接且成本最低的處理方式。廢輪胎原型利用包括作爲人工漁礁、土木工程、隧道工程、碼頭工程、農藝用途、園藝用途、娛樂設施、攔砂霸工程等，都需再層別考量其使用方式是否造成環境問題而定。

ISO 14001：2015 8.1條文要求
8. 營運（Operation） 8.1 營運之規劃及管制 組織應規劃、實施及管制所需要、用以滿足所提供環境管理系統要求事項的過程（參照條文4.4），並以下列方法實施第6章所決定之措施。 • 制定各過程之運作準則。 • 依運作準則實施各過程之管制。 備考：管制可包括工程管制與程序。管制可依循層級體系（例消除、替代、管理）實施，並可個別或合併使用。

組織應管制所規劃的變更，並審查不預期的變更之後果，並依其必要採取措施以減輕任何負面效應。

組織應確保外包（outsource）的過程受到管制。應用於過程控管影響之形式與範圍，應在環境管理系統內加以界定。

與生命週期觀點一致，組織應進行下列事項：

(a) 適當的建立管制措施，以確保其環境要求事項，已在產品或服務設計與開發過程中，考慮其生命週期之每一階段予以陳訴。
(b) 適當的決定其所採購產品與服務之環境要求事項。
(c) 對外部提供者，包括合約商，溝通其直接相關的環境要求事項。
(d) 考慮提供連結其產品與服務的運輸或交貨、使用、廢棄處理及最終處置，有關潛在的重大環境衝擊資訊之需求。

組織應維持文件化資訊，必要的程度以對一項或多項過程依即有規劃執行具有信心。

設計與開發變更管制常見流程

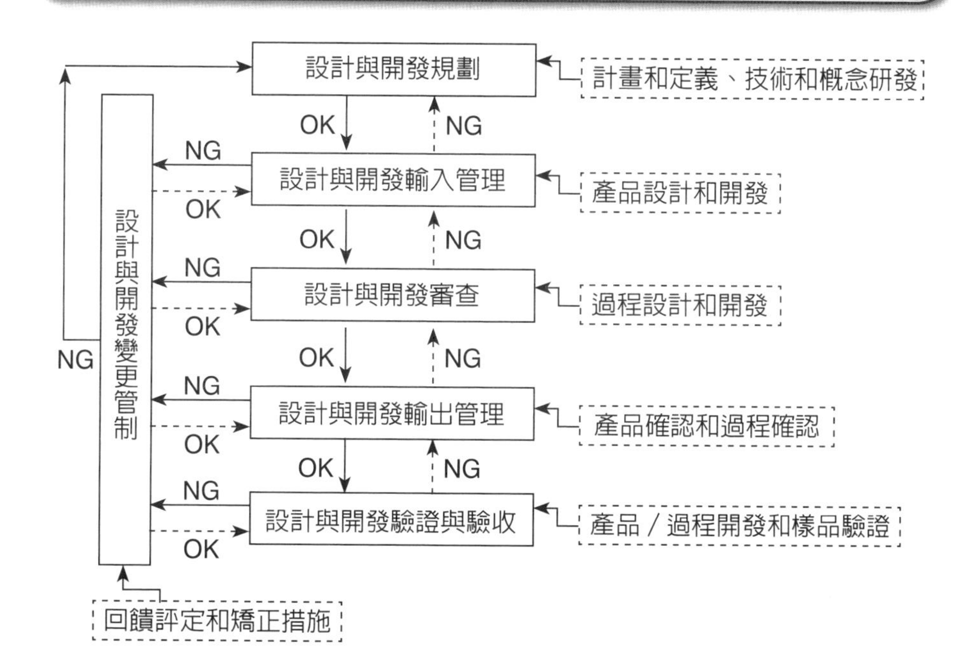

橡膠輪胎Input/Output主要製程流程圖為例

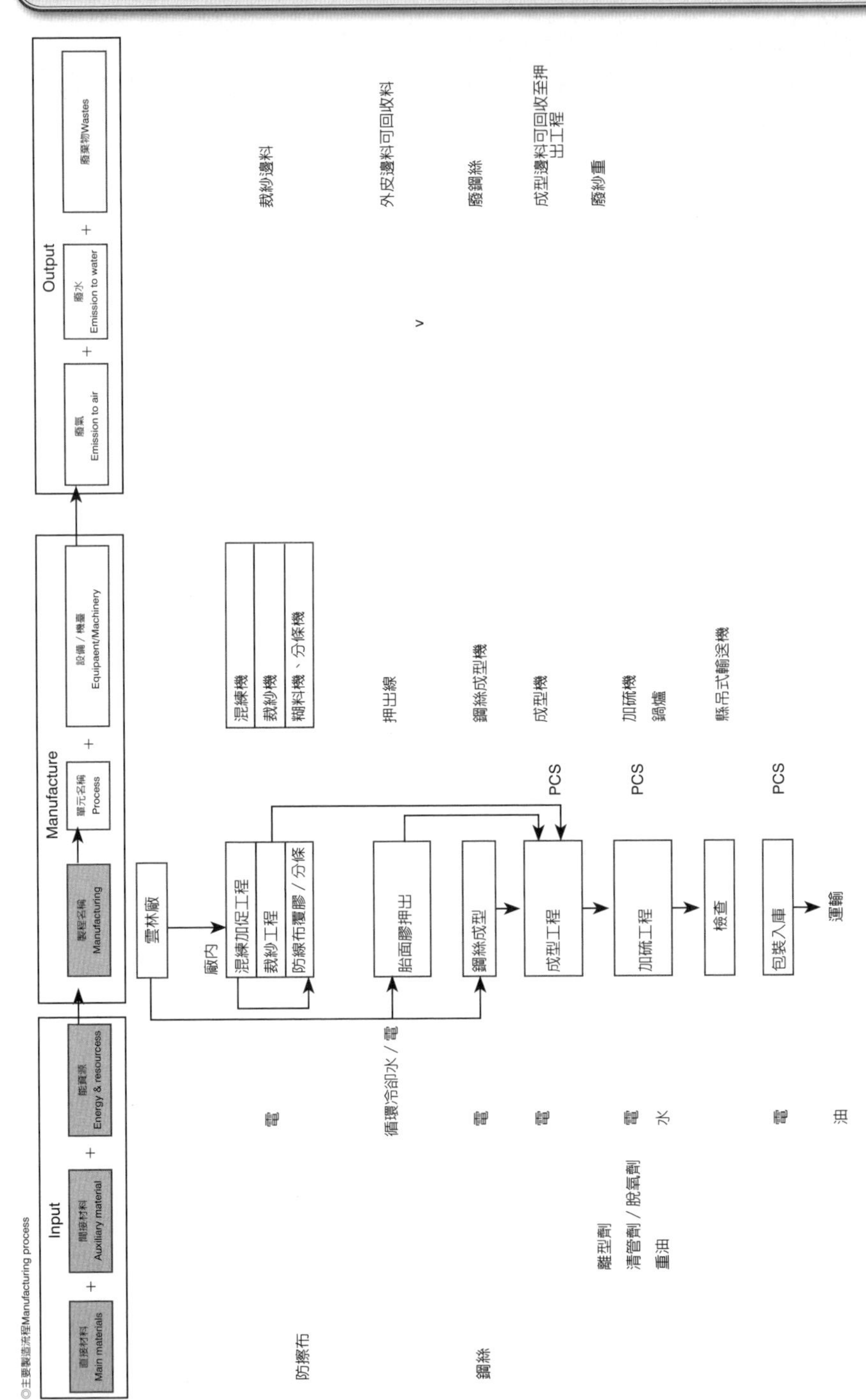

Unit 8-2 緊急準備與應變

從緊急應變與法規面，有勞工安全衛生法中第10條及第23條要求，工作場所有立即發生危險之虞時，雇主或工作場所負責人應即令停止作業，並使勞工退避至安全場所。雇主對勞工應施以從事工作及預防災變所必要之安全衛生教育與訓練。

消防法中第13條與消防法施行細則中第15條，滅火通報及避難訓練之實施，每半年至少應舉辦一次。

毒性化學物質危害預防及應變計畫作業辦法中第3與4條，災害防救訓練演練及教育宣導，包含：無預警測試每年至少二次、整體演習每年至少一次。

緊急事件發生時，大多沒有充分的時間來決定誰應負責做什麼事、如何做、何處可得到外界支援等相關事宜，若無法在短時間內採取有效的控制措施，經常會導致嚴重的後果。研訂相關緊急應變計畫，並實施必要訓練，使相關人員熟練應變應有之知識及技能，才能在緊急狀況下，有效處理災害於不同階段下之應變措施，以降低系統損失。

一般事業單位製作緊急應變計畫時，大多追求淺而易見的績效，常以舉辦演練、訓練與購置應變設備爲主，而忽略了應變計畫應依據危害辨識與風險評估之結果爲制訂改善的原則。收集分析工作場所的情境（Scenarios）與資料，可有效預防改善高風險標的，降低事故發生的可能性，且事故發生時，也可有效提升現場第一時間搶救的熟悉度與安全性。

緊急應變計畫也應包括應變指揮官及應變人員的訓練、建立共通應變語言、擬定疏散時機與應變指揮系統架構、建立跨部門應變指揮系統、強化後勤支援能量、評估應變裝備器材與擺放區域、建置應變中心與應變監控系統、確認通訊與聯防支援的有效性、演練等相關要素。

ISO 14001：2015 8.2條文要求

8.2 緊急準備與應變

組織對如何準備條文6.1.1所鑑別的潛在緊急情況，以及如何應變，應建立、實施並維持所需要的過程。

組織應進行下列事項：

(a) 經由規劃措施準備應變，以預防或減緩緊急情況所產生不利的環境衝擊。
(b) 對實際的緊急情況做出應變。
(c) 採取適宜於緊急事件大小程度及其潛在環境衝擊之措施，以預防或減輕緊急情況所產生之後果。
(d) 若可行時，定期測試所規劃的應變措施。
(e) 定期審查與修訂過程規劃之應變，特別是在緊急情況發生或測試之後。
(f) 適當地對直接相關的利害關係者，包括在組織架構下工作人員，提供有關緊急準備與應變直接相關的資訊與訓練。

組織應維持文件化資訊，必要程度，以對一項或多項過程已依即訂規劃執行具有信心。

國立清華大學承攬商緊急應變流程（參考例）

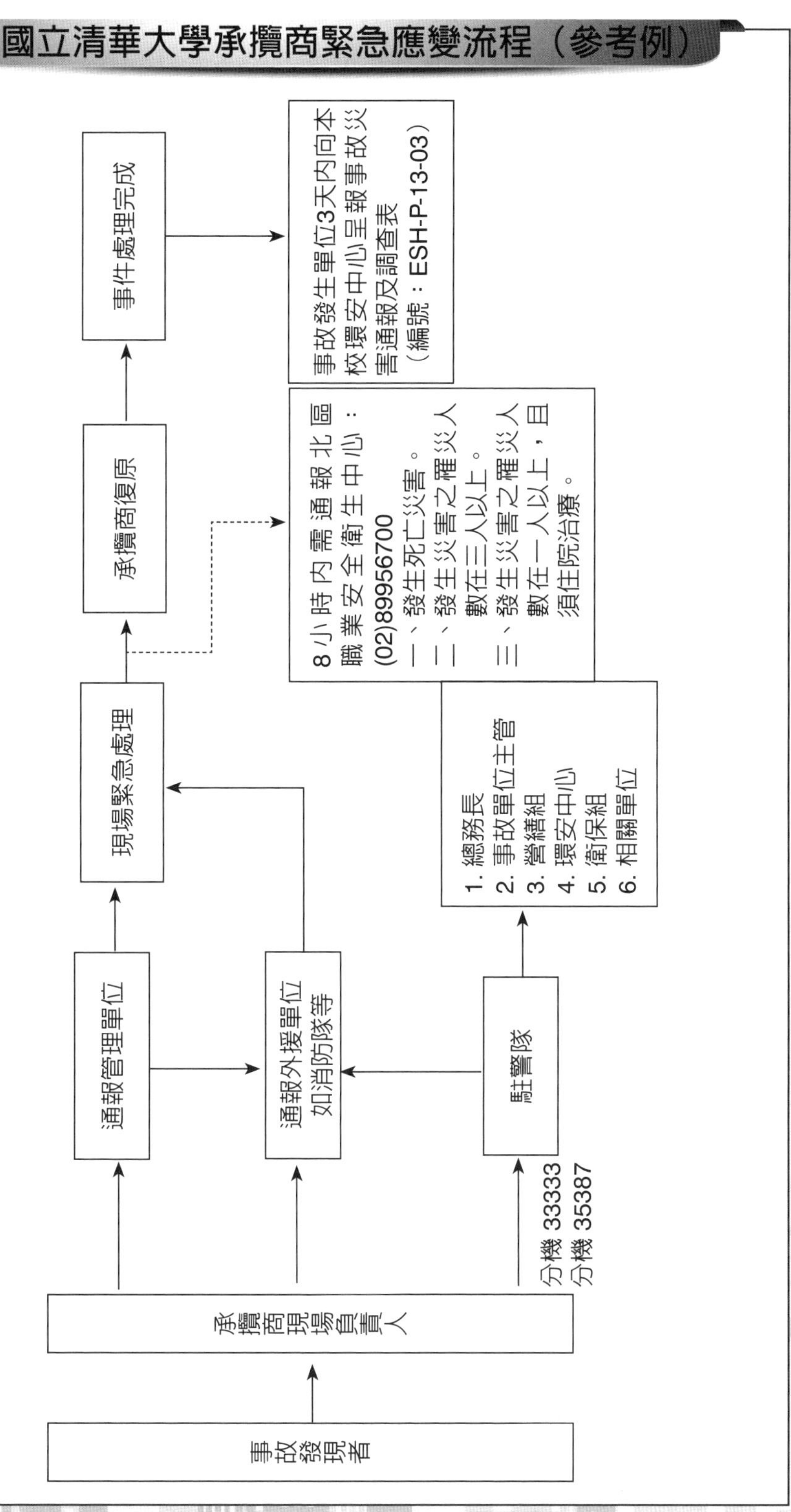

資料來源：國立清華大學官網公開文件

範例：緊急應變措施程序

工業股份有限公司

文 件 類 別	程序書
文 件 名 稱	緊急應變措施程序
文 件 編 號	QP-xx
文 件 頁 數	3頁
文 件 版 次	A版
發 行 日 期	2024年01月　日

緊急應變措施程序

核　　准	審　　查	制　　訂

工業股份有限公司

文件修訂記錄表

文件名稱：緊急應變措施程序　　　　　文件編號：QP-

修訂日期	版本	原始內容	修訂後內容	提案者	制訂者
2024.01.01	A		制訂		

A版　　　　QP-xx-02

工業股份有限公司

文件類別	程 序 書		頁次	1/3
文件名稱	緊急應變措施程序	文件編號	QP-	

一、目的：

為維持本公司的環境管理系統制度，在預防和減輕意外或緊急狀況發生時，所可能引起的環境衝擊。

二、範圍：

本公司環境管理系統所涵蓋凡對於訂定緊急狀況之準備與應變作業規範適用之。

三、參考文件：

（一）環境品質手冊

（二）ISO 14001 8.2（2015年版）

四、權責：

凡事件發生後，無法在一定期間內消除其對環境與安全的衝擊與危害，且該事件之發生乃屬無預警之突發狀況，皆稱之為緊急狀況。本公司可能面臨之緊急狀況除包含起因於本公司之製程作業疏失者外，亦包含起因於承攬商、供應商疏失但直接影響至公司人員在公司內、外之時者，在本公司緊急狀況定義為洩漏、火災、強震、強颱。

五、定義：

5.1 緊急狀況之準備與應變作業規範擬定：管理部。

5.2 緊急狀況之準備與應變作業規範核准：總經理。

六、作業流程：

略

七、作業內容：

7.1 由管理部負責擬定緊急狀況之準備與應變程序，建立緊急應變小組名冊，呈報總經理核准後施行。並於每年12月檢視其內容是否需修改 。

7.1.1 緊急狀況的考慮事項為：洩漏、火災、強震、強颱。

7.1.2 制定作業規範時可考慮下列原因可能造成的環保事件：

7.1.2.1 不正常的營運狀況。

7.1.2.2 意外或潛在的緊急狀況。

7.1.2.3 人力不可抗拒的天然災害發生。

7.2 緊急狀況之準備與應變作業規範可以包括；

7.2.1 緊急應變時的組織結構與責任分工權責人。

7.2.2 主要權責人之連絡電話。

7.2.3 集合地點。

7.2.4 臨近的消防救災單位。

7.2.5 臨近的醫療院所。

7.3 依照消防法規定期舉辦消防教育訓練或消防演練。

7.4 由各單位定期做各項消防器材之保養維護。

7.5 檢查方式：

7.5.1 各樓層逃生梯通道是否暢通。

7.5.2 滅火器是否在有效期限內。

八、相關程序作業文件

消防演練計畫書

緊急應變小組名冊

九、附件表單

消防演練記錄

個案討論

個案研究全台灣出口的高爾夫球，每2顆就有1顆由明揚製造，2022年營收近36億元創下歷史新高，高爾夫球代工龍頭明揚（8420），以小白球揚名國際，近來更認眞導入AI智慧製造，擴充產線，準備在迎接亞運、奧運帶動的運動熱潮跟著起飛，不料一場突如其來的爆炸案（2023.09.23）打亂了腳步，連同母公司明安（8938）創業36年築起的聲望和布局，也難逃波及。

從本章營運面向，探討

1. 對應條文8.1營運之規劃及管制。
2. 對應條文8.2緊急準備與應變。

分組討論

1. 如何落實內部營運控制？
2. 如何發揮外部資訊資源整合？
3. 針對消防員救災的退避權、資訊權及調查權等生命3權入法，如何落實？

章節作業

稽核查檢表

年　月　日　　內部稽核查檢表

ISO 9001：2015 ISO 14001：2015 條文要求	
相關單位	
相關文件	

項次	要求內容	查檢之相關表單	是	否	證據（現況符合性與不一致性描述）	設計變更或異動單編號
1						
2						
3						
4						
5						
6						
7						
8						
9						
10						

管理代表：　　　　　稽核員：

第 9 章

績效評估

章節體系架構 ▼

Unit 9-1 監督、量測、分析及評估(1)

企業爲檢視環境政策、目標、服務標的及可行之管理方案、法令規範及日常管理要求之執行情形，應建立與維持之監督量測分析紀錄，以做爲追蹤審查之依據及評估環境管理系統之實施成效，作爲績效評估（Performance evaluation）之依據，追求永續經營與持續改善之目標。

依其產業特性之不同，各業態可自行評估制定適用之自主管理模式及有效之監督量測分析計畫，確保製造業者在生產、製造、儲存、銷售與運輸各項環節均能善盡環境管理之責，符合顧客與相關法規之要求。

列舉國內中央法規爲例，條列相關環境保護法令規範如下參考：

1. 環境影響評估法施行細則
2. 環境用藥管理法、環境用藥專業技術人員設置管理辦法、環境用藥許可證申請核發作業準則
3. 環境檢驗測定機構管理辦法
4. 行政院環境保護署事業廢棄物再利用管理辦法
5. 經濟部事業廢棄物再利用產品環境監測管理辦法
6. 土壤及地下水污染整治場址環境影響與健康風險評估辦法
7. 環境教育法、環境教育法施行細則
8. 勞工作業場所容許暴露標準、勞工作業環境監測實施辦法、環境音量標準
9. 海域環境分類及海洋環境品質標準
10. 輻射工作場所管理與場所外環境輻射監測作業準則
11. 土壤及地下水污染整治場址環境影響與健康風險評估辦法
12. 環境基本法

上述相關法規、命令或公告事項，可查詢全國法規資料庫網站（https://law.moj.gov.tw/Index.aspx）公告。

ISO 14001：2015 9.1條文要求
9. 績效評估（Performance evaluation） 9.1 監督、量測、分析及評估 9.1.1 一般要求 組織應監督、量測、分析及評估其環境績效。 組織應決定下列事項。 (a) 有需要監督及量測的對象。 (b) 爲確保得到正確結果，所需要的監督、量測、分析及評估方法。 (c) 組織評估其環境績效及適當指標所依據之準則。 (d) 實施監督及量測的時機。 (e) 監督及量測結果所應加以分析及評估的時機。 組織應確保使用經校正或查證的監督與量測設備，並予適當的維持。 組織應評估環境管理系統的環境績效及有效性。 組織應依其溝通過程中所鑑別，及其守規性義務之要求，同時對內與對外溝通直接相關的環境績效資訊。 組織應保存適當的文件化資訊，以作爲監督、量測、分析及評估結果的證據。

監督、量測、分析及評估流程

3W/M/R/E	說明	要求
WHAT	需要監督與量測，包含風險過程與管制	文件化資訊證據
When	監督與量測應何時執行	文件化資訊證據
Who	由誰監督與量測	文件化資訊證據
Method	分析與評估的方法，以確保有效的結果	文件化資訊證據
Result	結果應何時分析與評估	文件化資訊證據
Evaluation	誰分析與評估這些結果	文件化資訊證據

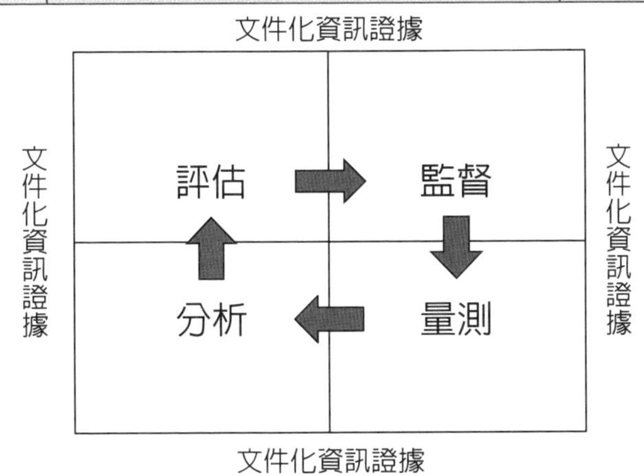

最終檢驗系統流程FINAL V/M INSPECTION Management

以成品檢驗作業流程為例，考量包含輸入、輸出、依循哪些方法程序指導輸，如何做、藉由哪些材料設備去完成、藉由哪些專業人員能力技巧去完成、衡量評估完成哪些重要指標。

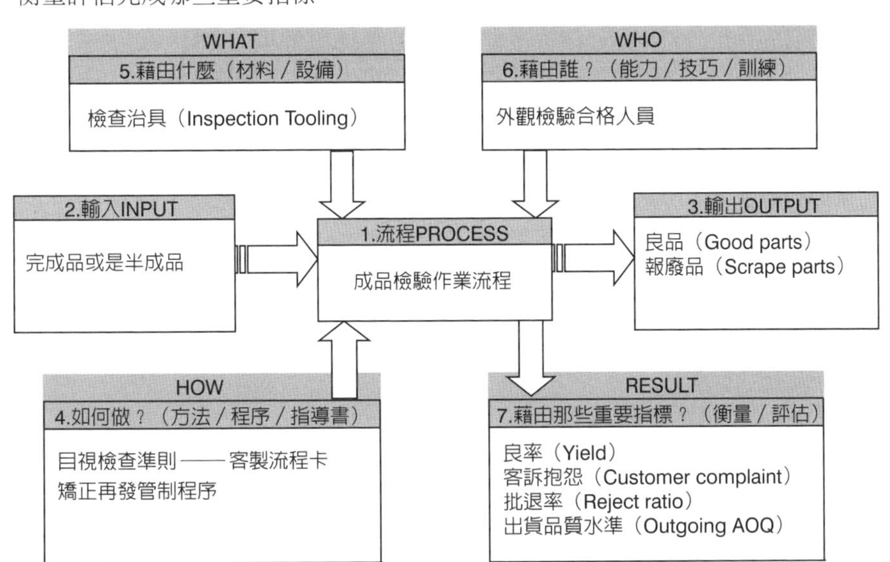

Unit 9-2 監督、量測、分析及評估(2)

．守規性評估

個案研究聖暉工程採用組織現有的部門來進行風險管理，由公司董事會擔任風險管理之最高治理單位，跨部門成立「風險管理單位」，透過守規性評估共同鑑別出可能對經營目標產生影響的各項風險，並經評估後決定適當的應變措施，以有效降低公司營運風險。

以工程科技公司爲例，胡台珍董事曾表示，聖暉致力成爲一個優質空間的塑造者，在工程服務的品質上正是最重要的關鍵環節。國際標準驗證方面，公司通過ISO 9001品質管理系統、ISO 14001環境管理系統、ISO 45001/OHSAS 18001職業安全衛生管理系統，公司團隊本於科技服務初衷，致力落實相關管理系統，追求卓越。

永續工程服務之研發創新分析評估，系統整合工程的技術與研發與一般產業研發實體產出不同，是將工法及材料設備重組後提高其運用效能，且依據業主產業特性個別需求，量身訂做，整合建築、機電、空調、消防、儀控、配管線及工程管理等各類不同領域之專業知識，建造符合客戶生產需求之作業系統與環境。聖暉不斷的創新研發新技術來追求永續發展，透過長期培育技術精湛及經驗豐富的工程團隊，滿足客戶製程的需求與降低成本，在技術研發過程中，整合供應鏈廠商積極創新技術，共同支持經濟發展和增進人類福祉。此外，聖暉與產學研究機構（台北科技大學、勤益科技大學等）投入技術之研發合作，以期更加了解工程產業專業技術。（http://www.acter.com.tw/index.php/zh-tw/environmental-protection/2018-07-09-02-53-57）

聖暉團隊對品質的堅持，以提供客戶最高品質的工程技術整合服務爲宗旨，唯有品質保證與安全百分百才能建構符合客戶需求之優質空間，協助客戶取得市場先機，強化競爭力。聖暉於國際標準驗證，2017年通過ISO 9001：2015，透過訂定明確的品質政策與目標及制定相關的作業指導文件與管理手冊，秉持作業流程標準化、制度化的精神，接受全面性的檢視與整合。藉由多年的工程專案經驗累積，持續改善品質管理作業的相關要求，使之符合最新之品質、安全衛生及環境相關法規要求。

ISO 14001：2015 9.1.2條文要求
9.1.2 守規性評估 組織應建立、實施與維持一過程，對法令要求和其他要求進行守規性評估。 組織應進行下列事項。 (a) 決定守規性評估的頻率。 (b) 進行守規性評估並依需要採取行動。 (c) 維持對法令要求與其他要求守規性狀態的知識與了解。 組織應保存文件化資訊，作爲守規性評估結果之證據。

範例：以學校環境法規鑑別程序書為例

一、目的：藉由界定、取得並了解適用於學校之環境法規及其他要求，以使符合並達到所要求的事項。爲使參與ISO環境管理系統運作中，符合環境保護適用法規要求及落實其他要求事項，特制定此程序，以鑑別及取得參與ISO 14001適用之法令規章與其他要求事項，且應保持此項資訊之更新，並將其要求傳達予教職員工生，特制定本程序書。

二、範圍：環保相關法令規章與其他要求事項之取得，鑑別及查核等均適用之。凡學校各項與環境管理有關之溝通均適用之。其中亦包括學校的學生與家長、承攬商。

三、參考文件：（一）環境手冊

（二）ISO 14001：2015條文10.1.2

四、權責：

（一）環安衛委員會：提供相關環保法令規章與其他要求事項之諮詢服務，研擬學校相關環保規則。

（二）環安衛中心：執行相關環保法令規章與其他要求事項資料之收集、鑑別、登錄，並傳達予參與推動ISO 14001管理系統環境法規符合性。

（三）參與協辦單位：執行相關環保法令規章與其他要求事項資料之收集、鑑別、登錄，教育宣導至所屬人員周知與熟練。

五、定義：

（一）環保法令規章：在此指可直接應用於學校環境考量面之環境法規。

（二）其他要求：在此指可直接應用學校環境考量面之要求，如產業實務相關規範、協議與非法規之指導綱要等。

（三）環境法規符合性：在此指凡學校校內之活動皆需符合可直接應用於學校環境考量面之環保法規及其他要求。

六、作業流程：略

七、作業內容：

（一）環境法規與其他要求之界定、取得、更新由環安衛中心與協辦單位負責。

（二）環安衛中心利用先期環境審查問卷之查檢結果，制定環保法規一覽表，針對學校之活動、產品及服務，以空氣、水、廢棄物、噪音等項目，界定適用於學校之法規。

（三）環安衛中心定期每月一次上網查閱相關環保資訊瞭解最新環境法規／其他要求之適用性與版次變更狀況。

（四）環安衛中心應定期每月一次查檢學校內各項相關活動，是否符合環境法規及其他要求之規定。

（五）環安衛中心與協辦單位應依最新之環保資訊了解、並查檢更新其中與學校各項作業相關之法規，並依該規定之要求評估符合性並於年度之管理審查會議中報告，若有不符合狀況時，應依「矯正再發管制程序書」辦理。

Unit 9-3 內部稽核

如何落實標準化，即企業文化中，全體上下員工能充分內化落實日常說寫做一致的有效性與符合性，追求全員品質管理TQM。公司內部稽核作業，大致可分爲充分性稽核與符合性稽核。

大多公司爲落實國際標準管理系統之運作，宣達各部門能確實而有效率之執行，以達成ISO管理系統之要求，並能於營運過程執行中發現環境績效衝擊與品質異常，能即時督導矯正以落實管理系統適切運作。內部稽核作業，可分三大步驟，說明如下：

- 步驟一、稽核計畫之擬定：
  1. 由管理代表每年十二月前提出「年度稽核計畫表」，每年定期舉行內部品質稽核，由總經理核定後實施。
  2. 稽核人員資格需由合格之稽核人員擔任之，以實施對全公司各部門實施環境/品質系統稽核。
  3. 不定期稽核得視需要由管理代表隨時提出，如發生環境績效衝擊或品質異常，視情節可臨時提出後實施。
- 步驟二、稽核執行：
  1. 稽核人員於稽核前依ISO 14001標準要求、環境品質手冊、程序書與作業辦法等進行要求事項稽核，並將稽核填於「稽核查檢表」中，受稽單位主管將稽核不符合原因及矯正措施填寫於「稽核缺失報告表」中。
  2. 稽核範圍不得稽核自己所承辦之相關業務，參照「受稽核單位與稽核程序書對照表」執行。
- 步驟三、稽核後之追蹤複查。

ISO 14001：2015 9.2條文要求

9.2 內部稽核（Internal audit）

9.2.1 一般要求

組織應在規劃的期間執行內部稽核，以提供環境管理系統達成下列事項之資訊。

(a) 符合下列事項。

(1) 組織對其環境管理系統的要求事項。

(2) 本標準要求事項。

(b) 環境管理系統已有效地實施及維持。

9.2.2 內部稽核方案

組織應建立、實施及維持稽核方案，其中包括頻率、方法、責任、規劃要求事項及報告，此稽核方案應將有關過程之環境重要性、對組織有影響的變更，及先前稽核之結果納入考量。

組織應進行下列事項。

(a) 界定每一稽核之稽核準則（audit criteria）及範圍。

(b) 遴選稽核員並執行稽核，以確保稽核過程之客觀性及公正性。

(c) 確保稽核結果已通報給直接相關管理階層。

組織應保存文件化資訊，作爲實施稽核方案及其稽核結果之證據。

稽核的類別

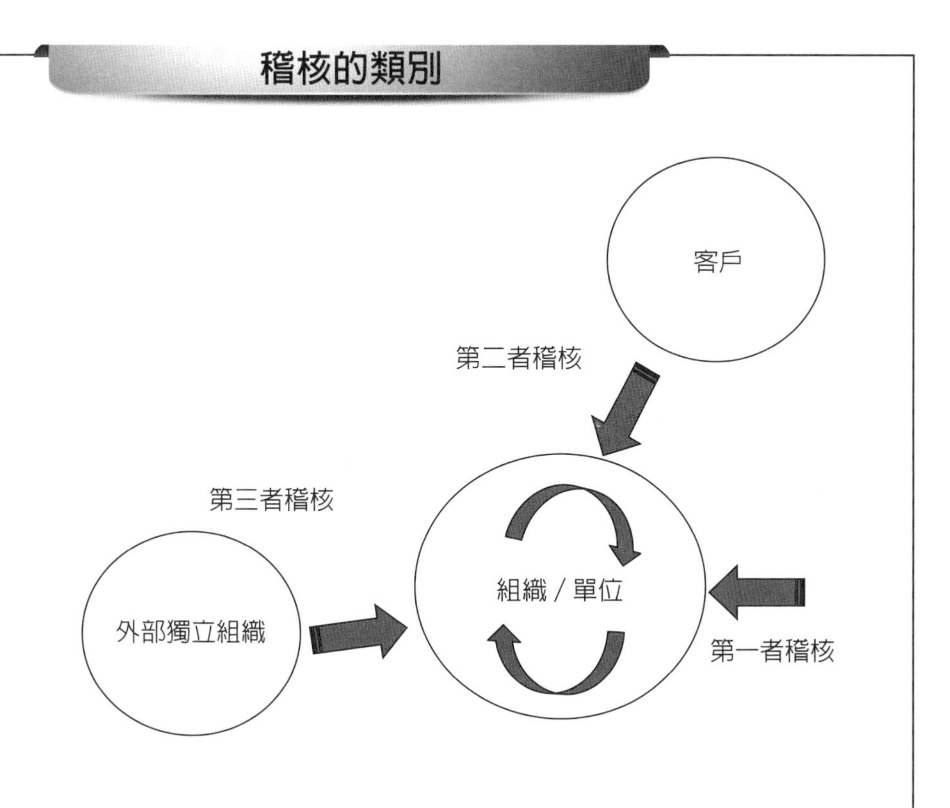

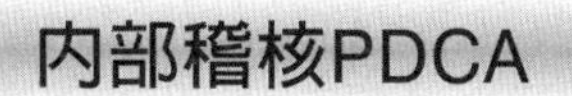

內部稽核PDCA

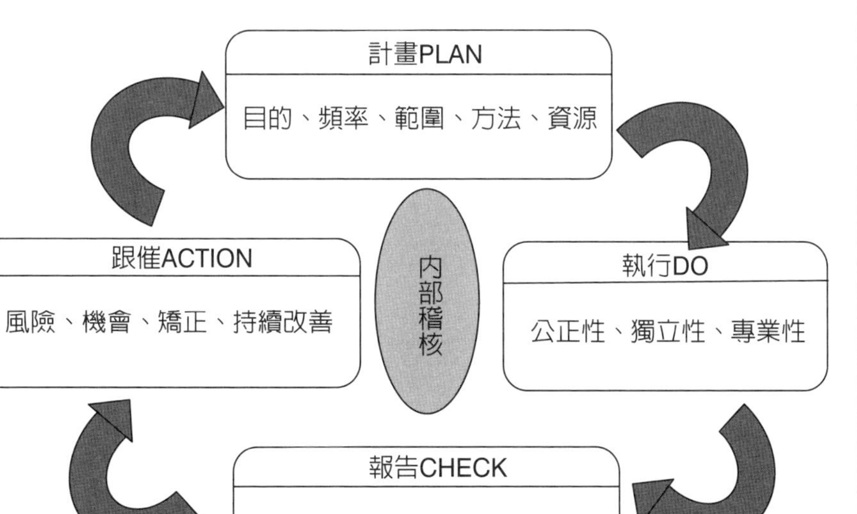

Unit 9-4 管理階層審查

管理審查（Management review）程序爲維持公司的環境品質系統制度，以審查組織內外部環境品質管理系統活動，以確保持續的適切性、充裕性與有效性，即時因應風險與掌握機會，達到環境績效與品質改善之目的並與組織策略方向一致。

管理審查程序與執行權責，一般建議由總經理室進行統籌與分工，由總經理主持管理審查會議，並擬定環境／品質目標與品質政策。由管理代表召集管理審查會議報告檢討有關的環境績效衝擊與品質活動及成效，並執行瞭解有關組織背景、規劃環境／品質目標與風險機會因應、有效系統性監督量測分析評估專案報告。

適當的管理代表由總經理室專案經理擔任，符合法規適任性要求及確保推動環境／品質管理系統，能確實依ISO 14001/ISO 9001國際標準要求建立、實施，並維持正常之運作。

ISO 14001：2015 9.3條文要求

9.3 管理階層審查（Management review）
9.3.1 一般要求
最高管理階層應在所規劃之期間審查組織的環境管理系統，以確保其持續的適合性、充裕性、有效性。
9.3.2 管理階層審查之投入
管理階層審查的規劃及執行應將下列事項納入考量。
(a) 先前管理階層審查後，所採取的各項措施之現況。
(b) 下列事項之變更。
  (1) 與環境管理系統直接相關的外部及內部議題之改變。
  (2) 利害相關者之需求與期望，包括守規性義務。
  (3) 其重大環境考量面。
  (4) 風險與機會。
(c) 環境目標符合程度。
(d) 環境管理系統績效及有效性的資訊，包括下列趨勢。
  (1) 不符合事項及矯正措施。
  (2) 監督及量測結果。
  (3) 其守規性義務之履行。
  (4) 稽核結果。
(e) 資源之充裕性。
(f) 來自於直接相關利害關係者之回饋。包括抱怨。
(g) 改進之機會。
管理階層審查之產出應包括下列。
- 環境管理系統持續適合性、充裕性及有效性之總結。
- 與持續改進機會有關之決定。

- 與任何環境管理系統變更需求有關之決定，包括資源。
- 環境目標未達成時，所需採取措施。
- 改進環境管理系統與其他營運過程整合之機會。
- 對組織策略方向之任何影響。

組織應保存文件化資訊，作爲管理階層審查結果之證據。

・管理階層審查的規劃及執行

管理審查程序中，管理代表首要任務是傾聽與溝通。有關建立良性內部溝通機制是非常重要，公司爲確保建立適當溝通過程，原則上不定期視需要召開員工會議做好溝通，員工平時如有意見則可隨時透過相關管道反映或建言，做好內部溝通，必要時可借重智能科技工具來輔助。

管理審查作業，經由管理審查會議，進行定期檢討品質系統績效的適切性與有效性。一般性管理審查會議，原則上每年定期至少召開一次，管理代表得視需要，召開臨時不定期審查會議。環境／品質會議審查內容列舉如下參考：

1. 守規性義務、顧客滿意度與直接相關利害相關者之回饋。
2. 環境／品質目標符合程度並審視上次審查會議決議案執行結果。
3. 組織過程績效（環境／品質）與產品服務的符合性。
4. 客戶抱怨、不符合事項及相關矯正再發措施。
5. 考量環境衝擊、服務過程、產品之監督及量測結果（如法規、車輛審驗）。
6. 內外部環境／品質稽核結果，影響環境／品質管理系統的變更（如環境考量面、風險與機會）。
7. 外部提供者之績效，如客供品、向監管機構的報告。
8. 處理風險及機會所採取措施之有效性。
9. 改進之機會，新法規要求。
10. 其他議題（知識分享、提案改善）。

管理審查會議，一般參加會議必要人員，總經理爲管理審查會議之當然主席。管理代表爲會議之召集人。各部門主管，幹部及指派職務代理人員爲出席會議之成員。產品與服務過程中，遇有重大環境績效／品質議題，必要時可邀請關鍵利害關係人、客戶或供應商與會研議。

管理審查

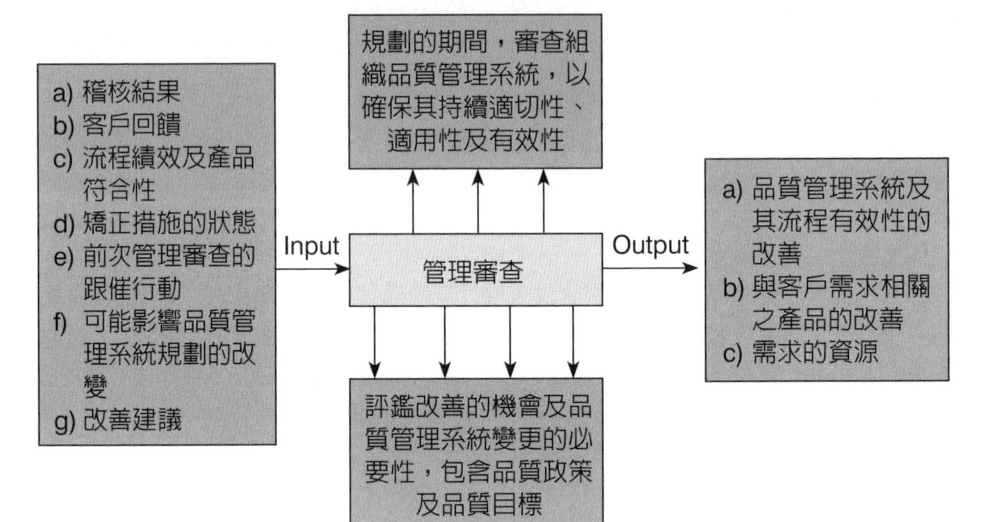

知識補充站

列舉產業鏈環境分析工具

1. PEST分析是利用環境掃描分析總體環境中的政治（Political）、經濟（Economic）、社會（Social）與科技（Technological）等四種因素的一種模型。市場研究時，外部分析的一部分，給予公司一個針對總體環境中不同因素的概述。運用此策略工具也能有效的了解市場的成長或衰退、企業所處的情況、潛力與營運方向。

2. 五力分析是定義出一個市場吸引力高低程度。客觀評估來自買方的議價能力、來自供應商的議價能力、來自潛在進入者的威脅和來自替代品的威脅，共同組合而創造出影響公司的競爭力。

3. SWOT強弱危機分析是一種企業競爭態勢分析方法，是市場行銷的基礎分析方法，通過評價企業的優勢（Strengths）、劣勢（Weaknesses）、競爭市場上的機會（Opportunities）和威脅（Threats），用以在制定企業的發展戰略前，對企業進行深入全面的分析以及競爭優勢的定位。

4. 風險管理（Risk management）是一個管理過程，包括對風險的定義、鑑別評估和發展因應風險的策略。目的是將可避免的風險、成本及損失極小化。風險管理精進，經鑑別排定優先次序，依序優先處理引發最大損失及發生機率最高的事件，其次再處理風險相對較低的事件。

個案討論

一般管理審查程序書，其目的是為維持公司的環境管理系統／品質管理系統制度，以審查組織內外部環境／品質管理系統活動，以確保持續改善活動的適切性、充裕性與有效性，即時因應風險與掌握機會，達到環境績效／品質改善之目的並與組織策略方向一致。

選定其分組個案，請檢視個案之管理審查程序或流程之優點缺點分別說明。

章節作業

稽核查檢表

年　月　日　　　內部稽核查檢表

ISO 9001：2015 ISO 14001：2015 條文要求	
相關單位	
相關文件	

項次	要求內容	查檢之相關表單	是	否	證據（現況符合性與不一致性描述）	設計變更或異動單編號
1						
2						
3						
4						
5						
6						
7						
8						

管理代表：　　　　稽核員：

A版

第10章

改進

章節體系架構▼

Unit 10-1 一般要求

選擇流程改進機會並實施必要措施，激勵內化員工對流程管理與品質提升等問題，提出自己創造性的方法去改善。經由公司提案流程及審查基準加以評定。並對被採用者予以表揚的制度。透過提案改善活動過程，尋求創造機會與積極消除危機事件發生，維持適合、充分及有效持續改進提案活動。

符合顧客要求事項並增進顧客滿意度，爲使全體員工具有品質提升與意識、問題解決意識及改善意識，以減少不良品並提高品質水準，持續改善確保產品品質，降低成本、達到客戶全面滿意與公司永續經營之目標。

將改進活動潛移默化至企業文化之基石，改善精進措施可學習豐田式生產管理，運用團隊成員本質學能於生產製造中消除浪費與有限資源最佳化的精神，發揚至內部流程管理的所有作業活動。團結圈活動，由工作性質相同或有相關連的人員，共同組成一個圈，本著自動自發的精神，運用各種改善手法，啟發個人潛能，透過團隊力量，結合群體智慧，群策群力，持續性從事各種問題的改善活動；而能使每一成員有參與感、滿足感、成就感，並體認到工作的意義與目的。

一般創新提案改善流程，提案發想階段，可自組跨部門團隊，激發創新提案構想，有利工作效能提升，可包括新產品的開發、向他部門的提案建議、有關工作場所之作業、安全、環境及品質提升、治工具專利等。提案作業階段，每季檢附創新提案表向總經理室提出申請，收件完成後安排初審作業，複審作業則視提案件數每半年審查一次。審查階段，審查分爲初審與複審方式評選。初審委員由部門主管擔任，提案評分表，複審由總經理室，依提案改善之量化效益評估可行性進行審查。初審與複審作業，至少安排提案人員口述或簡報方式依提案內容向審查委員進行提案構想說明。核定作業階段，可採發放獎金或記功獎賞方式，改善提案所需經費由公司全力支援，經提案推動提案成果視效益金額，發放獎勵金於季獎金或年終獎金進行激勵。

科學證實氣候變遷造成的影響已經相當緊急，氣候議題引發國際高度重視，各國陸續提出「2050淨零排放」的宣示與行動。爲呼應全球淨零趨勢，2021年4月22日世界地球日蔡總統宣示，2050淨零轉型是全世界的目標，也是臺灣的目標。於2022年3月正式公布「臺灣2050淨零排放路徑及策略總說明」，提供至2050年淨零之軌跡與行動路徑，以促進關鍵領域之技術、研究與創新，引導產業綠色轉型，帶動新一波經濟成長，並期盼在不同關鍵里程碑下，促進綠色融資與增加投資，確保公平與銜接過渡時期。2050淨零排放路徑將會以「能源轉型」、「產業轉型」、「生活轉型」、「社會轉型」等四大轉型，及「科技研發」、「氣候法制」兩大治理基礎，輔以「十二項關鍵戰略」，就能源、產業、生活轉型政策預期增長的重要領域制定行動計畫，落實淨零轉型目標。

ISO 14001：2015 10.1條文要求
10. 改進（Improvement） 10.1 一般要求 組織應決定與選擇改進機會（參照條文9.1、9.2及9.3），並實施必要措施，以達成其環境管理系統之預期結果。

不符合事項管制行動

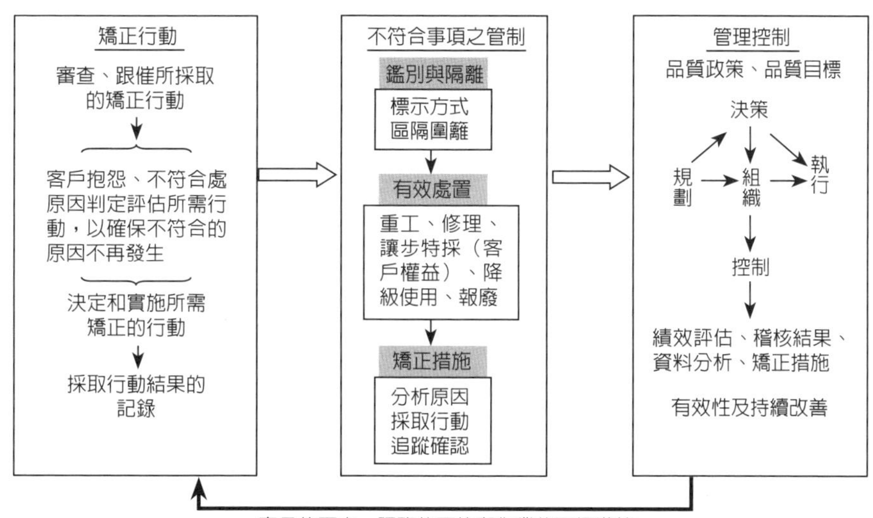

臺灣2050淨零排放路徑及策略總說明，由國家發展委員會、行政院環境保護署、經濟部、科技部、交通部、內政部、行政院農業委員會、金融監督管理委員會等跨部會2022年3月共同提出。

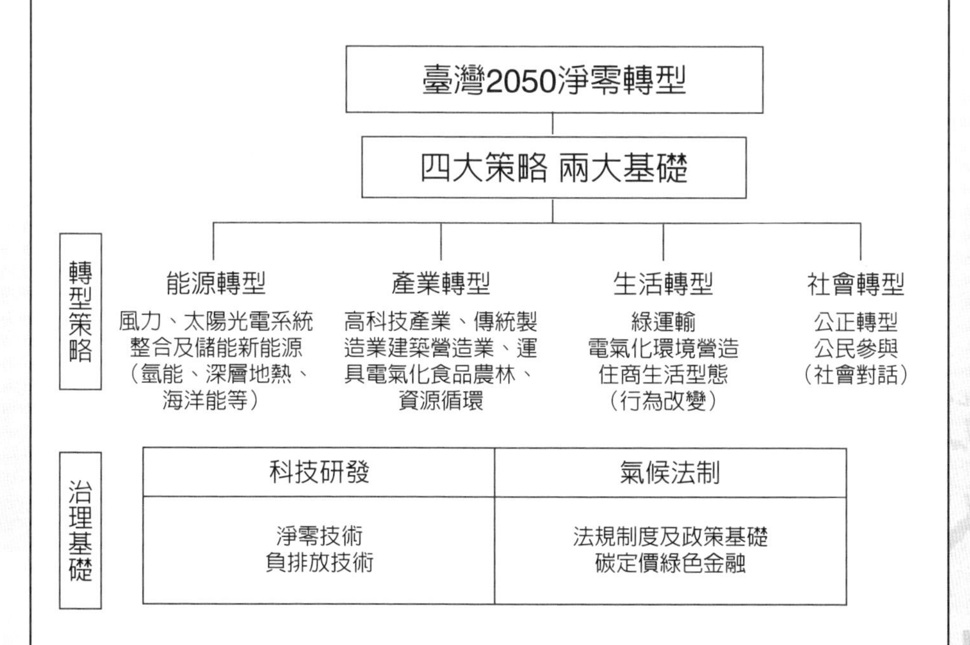

範例：提案改善管制程序（參考例）

一、目的：

激勵內化員工對流程管理與品質提升等問題，提出自己創造性的方法去改善。經由公司提案流程及審查基準加以評定。並對被採用者予以表揚的制度。

透過提案改善活動過程，尋求創造機會與積極消除危機事件發生，維持適合、充分及有效持續改進提案活動。

爲使全體員工具有品質提升與意識、問題解決意識及改善意識，以減少不良品並提高品質水準，持續改善確保產品品質，降低成本、達到客戶全面滿意與公司永續經營之目標。

二、範圍：

本公司員工與外部供應商之智動化精實生產、團結圈活動持續改善均屬之。

三、參考文件：

（一）品質環境手冊

（二）ISO 9001 10.3（2015年版）

（三）ISO 14001 10.3（2015年版）

四、權責：

總經理專案室充分規劃與溝通，負責激勵全公司持續改善各項活動措施。

五、定義：

精實生產：運用本質學能於生產製造中消除浪費與有限資源最佳化的精神，發揚至內部流程管理的所有作業活動。

團結圈活動：由工作性質相同或有相關連的人員，共同組成一個圈，本著自動自發的精神，運用各種改善手法，啟發個人潛能，透過團隊力量，結合群體智慧，群策群力，持續性從事各種問題的改善活動；而能使每一成員有參與感、滿足感、成就感，並體認到工作的意義與目的。

六、作業流程：略

七、作業內容：

（一）提案發想：自組跨部門團隊，激發創新提案構想，有利工作效能提升，可包括新產品的開發、向他部門的提案建議、有關工作場所之作業、安全、環境及品質提升、治工具專利等。自己的工作職責項目不包括在內。

（二）提案作業：每季檢附創新提案表向總經理室提出申請，收件完成後安排初審作業，複審作業則視提案件數每半年審查一次。

（三）審查作業：審查分爲初審與複審方式評選。初審委員由部門主管擔任，提案評分表，複審由總經理室，依提案改善之量化效益評估可行性進行審查。初審與複審作業，至少安排提案人員口述或簡報方式依提案內容向審查委員進行提案構想說明。

（四）核定作業：可行提案採二階段發放獎金，改善提案所需經費由公司全力支援，經初審複審之可行提案團隊優先發放獎勵金1,000元，經提案推動提案成果視效益金額，發放3～5%之獎勵金於年終進行激勵。

八、相關程序作業文件：

管理審查程序

知識分享管制程序

矯正再發管制程序

九、附件表單：

1.創新提案表　　　QP-XX-01

2.提案評分表　　　QP-XX-02

腦力激盪發想提案參考例：

一、降低成本之改善	二、作業合理之改善
1-1工作流程之簡化	2-1自動化之導入
1-2工作流程之改善與合併	2.2現有設備之改善
1-3包裝合理化	2-3作業方法之改善
1-4過剩品質之消除	2-4流程之改善或變更
1-5呆料的防止及利用	2-5治具之建議與使用
1-6材料、物料之節省	2-6管理方法之改善
三、提昇品質之改善	四、增加安全性之改善
3-1不良率之降低	4-1作業員安全性增進
3-2 防止不良再發生	4-2產品之安全性改進
3-3產品壽命之延長	4-3設備之安全性及壽命改進
3-4 有關品質向上之改善	4-4有關安全性向上之改善
五、環境之改善	六、能源效率之改善
5-1產品之生產環境品質之改善	6-1有效利用能源或節約能源
5-2增進作業員身心健康之環境改善	6-2能源之再利用
5-3作業環境空氣流通性或照明之改善	6-3 能源供應形式之改變
5-4公害之防止	6-4其他有關能源效率提高之改善
七、創新之構想	八、專利
7-1新技術開發的構想	8-1組裝治工具
7-2多元化產品的開發	8-2運搬省力裝置
7-3技術、知識、管理方法之資訊化的建議	8-3工作便利性

工業有限公司

創新提案表

<table>
<tr><td>單位</td><td></td><td>姓名</td><td></td><td>站別</td><td></td><td>設備NO.</td><td></td></tr>
<tr><td>項目</td><td colspan="7">□ 工作簡化 □ 製程改善 □ 設備改善 □ 效率提升 □ 良率提升</td></tr>
<tr><td>主題</td><td colspan="7"></td></tr>
<tr><td>期間</td><td colspan="7">年 月 日 ～ 年 月 日</td></tr>
<tr><td></td><td colspan="7"></td></tr>
<tr><td>費用</td><td colspan="2">元</td><td>效果</td><td colspan="4">金額</td></tr>
</table>

A版 QP-XX-01

工業有限公司

提案評分表　　　　　案號：

<table>
<tr><td>項目</td><td>分項</td><td>分數</td><td>初評</td><td>複評</td><td>總評</td></tr>
<tr><td rowspan="4">問題
說明
（20%）</td><td>具體完善，對實施對策作詳細分析</td><td>16～20</td><td rowspan="4"></td><td rowspan="4"></td><td rowspan="4"></td></tr>
<tr><td>清楚描述，並附佐證資料</td><td>11～15</td></tr>
<tr><td>原則性而較無內容</td><td>6～10</td></tr>
<tr><td>交代不清楚</td><td>0～5</td></tr>
<tr><td rowspan="4">改善與
創意
（30%）</td><td>團隊創新並具優異性</td><td>26～30</td><td rowspan="4"></td><td rowspan="4"></td><td rowspan="4"></td></tr>
<tr><td>創意來自腦力激盪</td><td>16～25</td></tr>
<tr><td>擴散應用他人改善</td><td>6～15</td></tr>
<tr><td>一般程度，舉手之勞可完成</td><td>0～5</td></tr>
<tr><td rowspan="4">可行性
評估
（20%）</td><td>難度雖高，極為可行，屬中長期計畫</td><td>16～20</td><td rowspan="4"></td><td rowspan="4"></td><td rowspan="4"></td></tr>
<tr><td>難度中等，可行，可即時規劃改善</td><td>11～15</td></tr>
<tr><td>可行但須經過修改</td><td>6～10</td></tr>
<tr><td>可行性低</td><td>0～5</td></tr>
<tr><td rowspan="4">預期
成本
效益
（30%）</td><td>顯著，效益改善50萬以上</td><td>26～30</td><td rowspan="4"></td><td rowspan="4"></td><td rowspan="4"></td></tr>
<tr><td>不錯，效益改善30～49.9萬</td><td>16～25</td></tr>
<tr><td>尚可，效益改善10～29.9萬</td><td>6～15</td></tr>
<tr><td>一般，效益改善10萬以下</td><td>0～5</td></tr>
<tr><td colspan="3">合計</td><td></td><td></td><td></td></tr>
<tr><td></td><td colspan="3">評語</td><td>主審</td><td>日期</td></tr>
<tr><td>初審</td><td colspan="3"></td><td></td><td></td></tr>
<tr><td>複審</td><td colspan="3"></td><td></td><td></td></tr>
<tr><td>總經理</td><td colspan="3">獎勵方式</td><td></td><td></td></tr>
<tr><td colspan="6">□推薦通過提案　　□未推薦，列入嘉獎鼓勵</td></tr>
</table>

提案成員：　　　　　　　　　　　　日期：

（提供附件文件：　　　　　　　　　　　　）

A版　　　　　　　　　　　　　　　　QP-XX-02

Unit 10-2 不符合事項及矯正措施

公司營運相關之業務、作業或活動過程中，發生異常及監督量測、作業管制、內部稽核與內部控制所發生的不符合程序及法令規定所產生的衝擊，因應適當、迅速處理對策，以防止再發生及確保ISO品質管理系統處於穩定狀態。

不符合事項，即營運過程中，任一與作業標準、實務操作、程序規定、法令規章、管理系統績效等產生的偏離事件，該偏離可能直接或間接導致產品品質不良、服務不到位、業務或財產損失、環境損壞、預期風險之虞等皆屬之。矯正措施，係針對所發現不符合事項之現象或直接原因所採取防患未然之改善措施。

執行矯正措施，可採行PDCA循環又稱「戴明循環」。Plan（計畫），確定專案方針和目標，確定活動計畫。Do（執行），落實現地去執行，實現計畫中的內容。Check（檢查），查核執行計畫的結果，了解效果爲何，及找出問題點。Action（行動），根據檢查的問題點進行改善，將成功的經驗加以水平展開適當擴散、標準化；將產生的問題點加以解決，以免重複發生，尙未解決的問題可再進行下一個 PDCA 循環，繼續進行改善。

ISO 14001：2015 10.2條文要求
10.2 不符合事項及矯正措施 當發現不符合事項時，組織應採取下列對策。 (a) 對不符合作出反應，可行時，採取下列對策。 (1) 採取措施以管制並改正之。 (2) 處理此等後果，包括減緩不利的環境衝擊。 (b) 以下列方式評估是否有採取措施以消除不符合原因之需要，以免其再發生或於他處發生。 (1) 審查並分析不符合。 (2) 查明不符合之原因。 (3) 查明有無其他類似不符合事項，或有可能發生者。 (c) 實施所需要的措施。 (d) 審查所採行矯正措施之有效性。 (e) 若必要時，對環境管理系統作出變更。 矯正措施應相稱於不符合事項之影響之重大性，包括其環境衝擊。 組織應保存文件化資訊，以作爲下列事項之證據。 (a) 不符合事項之性質及後續所採取的措施。 (b) 矯正措施之結果。

不符合事項矯正措施有效性評估

對不合格產品做出反應，並在適用的情況下採取措施控制和矯正不良後果，以應對後果

評估是否需要採取行動消除不合格的原因，以便不再發生或發生在其他地方

如有必要，更新計畫期間確定的風險和機會
必要時，對品質管理體系進行更改

實施所需的任何行動

組織確定了哪些改進機會？
組織如何制訂並實施所需的措施？
品質管制體系如何根據既定標準，顯著提高績效和有效性？

審查所採取的任何矯正措施的有效性

過程改進
產品和服務的改進
品質管制體系的改進
措施清單
設計和開發專案

矯正措施

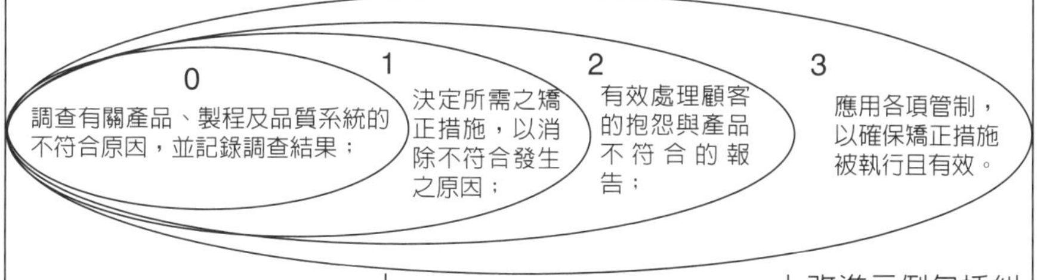

0
調查有關產品、製程及品質系統的不符合原因，並記錄調查結果；

1
決定所需之矯正措施，以消除不符合發生之原因；

2
有效處理顧客的抱怨與產品不符合的報告；

3
應用各項管制，以確保矯正措施被執行且有效。

制訂矯正措施時，組織應將品質管制體系績效的分析和評價結果、內部稽核和管理審查納入到考慮範圍當中。	應借助適用的指標證明持續改進。	改進目標是滿足顧客當前和未來要求、需求和期望。	改進示例包括糾正措施、持續改進、變更、創新和重組改善示例包括糾正措施、持續改進、變更創新和重組。

Unit 10-3 持續改進

持續改善防止再發，爲防止營運作業過程異常狀況重複發生，須做好預防，提升服務與生產優質產品，對不良品之原因提出矯正並具體有效的管制措施，以預防事件再發生，即時因應內部環境／品質目標達成的機會與可能面臨風險的降低。

矯正，對影響環境／品質管理系統之缺失所提出的改善方案。再發，避免可能發生之風險與異常狀況之事前防備。異常，重大不合格，需做矯正，或核計損失金額（如超過1萬元以上），即屬異常，日常管理由部門主管認定不符合情況需特別矯正處理時，視爲異常。

一般矯正再發程序作業，經各單位於發現異常狀況時，應塡寫「矯正再發記錄表」說明異常狀況及分析異常原因，一般不合格之處置依「不合格管制程序」辦理。問題異常原因及責任明確者，應立即提出矯正措施方案，並記錄於「矯正再發記錄表」上，並將此方案書面記錄或會議告知各相關部門更正，各部門主管應對其處理經過與成效做評估追蹤，並記錄於「矯正再發記錄表」上，如改善效果未達要求時，則應重新提出新的方案，必要時進行改善機會評估與風險管理評估，以防止異常狀況再發生。針對相關文件化資訊發現有潛在異常可能發生時，應塡寫「矯正再發記錄表」以預先做好再發措施處理。「矯正再發記錄表」應在日常管理會議中提出並討論其成效，必要時將重大議案於管理審查會議中進行討論。

從過程管理面向出發，完成製程中主要作業流程，包括委外加工流程。廠內工作場所的性質，如固定設備或裝置、臨時性場所等；製程特性，如自動化或半自動化製程、製程變動性、需求導向作業等；作業特性，如重覆性作業、偶發性作業等。

在可接受的風險水準下，積極從事各項業務，設施風險評估提升產品之質量與人員安全。加強風險控管之廣度與深度，力行制度化、電腦化及紀律化。業務部門應就各業務所涉及系統及事件風險、市場風險、信用風險、流動性風險、法令風險、作業風險和制度風險作系統性有效控管，總經理室應就營運活動持續監控及即時回應，年度稽核作業應進行確實查核，以利風險即時回應與適時進行危機處置。

ISO 14001：2015 10.3條文要求
10.3 改進 組織應持續改進其環境管理系統之適合性、充裕性及有效性，以增進環境績效。

環境管理系統持續改進

改進	提高績效的活動
目標	要實現的結果
不符合	不符合要求
矯正	消除檢測到的不合格的行動
矯正措施	消除不合格原因並防止再次發生的措施
預防措施	消除潛在不合格或其他不良情況的原因的行動
驗證	確認已滿足指定要求 確認已滿足指定預期用途或應用的要求
EMS必須不斷改進	必須確定不合格並作出反應 必須考慮矯正措施 持續改進仍然是EMS的核心重點

系統導向環境管理（Systematic Approach to Environmental Management），係指將相互關連的過程作爲系統加以鑑別、了解及管理，有助於組織達成環境目標的有效性與效率。

組織背景（Context of The Organization），係指可能對組織尋求其產品、服務、投資者、利害相關者的方式具有影響內部與外部的因素與條件之組合。

適合性（Suitability），係指環境管理系統如何適合組織的運作、文化和業務系統。充裕性（Adequacy），係指環境管理系統是否符合國際標準ISO 14001的要求，並進行適當的實施。

有效性（Effectiveness），係指環境管理系統是否達到所預期的結果。

爲了滿足現在的需求卻又不損及後代滿足其所需之能力，達成環境、社會與經濟之平衡被認爲是必要的。藉由平衡這三個永續支柱可達成永續發展目標。對永續發展、透明化與當責之社會期望，已進展爲更趨嚴格之法令，對環境之汙染、使用資源不足、不當廢棄物管理、氣候變遷、生態系統惡化及生物多樣性損耗已逐漸施予壓力。此趨勢已導致實施環境管理系統並對永續環境支柱做出貢獻目標之組織採用系統導向環境管理。

環境管理系統之目標，系統導向環境管理藉由下列事項能提供資訊給高階管理階層，以建立長期的成功，並創造對永續發展做出貢獻的取捨：1.藉由預防與減緩負面的環境衝擊保護環境。2.減輕對組織潛在的環境情況之負面效應。3.協助組織滿足守規性義務。4.增強環境績效。5.藉由使用生命週期觀點控制或影響組織的產品與服務被設計、製造、分配、消耗與處置之方式，可預防環境衝擊，免於在生命週期內無意地轉移至別處。6.由於實施增強組織市場地位之環境健全的替換方法，能達成財政與營運利益。7.對直接相關的利害相關者溝通環境資訊。

個案討論
矯正再發管制程序

一、目的：

爲防止營運作業過程異常狀況重複發生，須做好預防，提升服務與生產優質產品，對不良品之原因提出矯正並具體有效的管制措施，以預防事件再發生，即時因應內部品質目標達成的機會與可能面臨風險的降低。

二、範圍：

凡本公司各部門，爲達成部門營運目標與政策，可能遭遇到各項品質異常狀況均皆屬之。各單位所發現加工組裝製程之品質異常現象之不符合事件及品質制度之缺失。

三、參考文件：

（一）品質手冊

（二）ISO 9001 10.2（2015年版）

（三）ISO 14001 10.2（2015年版）

四、權責：

由各部門主管及品保檢驗人員判定不合格或不良情況是否執行異常矯正預防再發措施。

五、定義：

（一）矯正：對影響品質管理系統之缺失所提出的改善方案。

（二）再發：避免可能發生之風險與異常狀況之事前防備。

（三）異常：重大不合格，需做矯正，或核計損失金額超過1萬元以上，即屬異常，日常管理由部門主管認定不符合情況需特別矯正處理時，視爲異常。

六、作業流程：略

七、作業內容：

（一）各單位於發現異常狀況時，應塡寫「矯正再發記錄表」說明異常狀況及分析異常原因，一般不合格之處置依「不合格管制程序」辦理。

（二）問題異常原因及責任明確者，應立即提出矯正措施方案，並記錄於「矯正再發記錄表」上，並將此方案書面或會議告知各相關部門更正，各部門主管應對其處理經過與成效做評估追蹤，並記錄於「矯正再發記錄表」上，如改善效果未達要求時，則應重新提出新的方案，必要時進行改善機會評估與風險管理評估，以防止異常狀況再發生。

（三）針對相關文件化資訊發現有潛在異常可能發生時，應塡寫「矯正再發記錄表」以預先做好再發措施處理。

（四）「矯正再發記錄表」應在日常管理會議中提出並討論其成效，必要時將重大議案於管理審查會議中進行討論。

八、相關程序作業文件

不合格管制程序

內部稽核程序

管理審查程序

車輛審驗管制程序

環境考量面管制程續

九、附件表單：

1. 矯正再發記錄表　QP-XX-01

矯正再發記錄表

主題				日期	
不良狀況：					
單位主管			填表人		
原因分析：					
單位主管			填表人		
對策及防止再發生：					
單位主管			填表人		
對策後效果確認：					
核准		審查		主辦	

A版　　QP-XX-01

章節作業

稽核查檢表

年　　月　　日　　　　內部稽核查檢表

ISO 9001：2015 ISO 14001：2015 條文要求	
相關單位	
相關文件	

項次	要求內容	查檢之 相關表單	是	否	證據 （現況符合性 與不一致性描述）	設計變更或 異動單編號
1						
2						
3						
4						
5						
6						
7						
8						

管理代表：　　　　　　　　稽核員：

附錄 1

ISO 14001：2015 與其他國際標準

章節體系架構 

附錄 1-1 融合ISO 9001：2015條文對照表

ISO 9001：2015品質管理系統	ISO 14001：2015環境管理系統
0.簡介	0.簡介
1.適用範圍	1.適用範圍
2.引用標準	2.引用標準
3.名詞與定義	3.名詞與定義
4.組織背景	4.組織背景
4.1了解組織及其背景	4.1了解組織及其背景
4.2了解利害關係者之需求與期望	4.2了解利害相關人之需求與期望
4.3決定品質管理系統之範圍	4.3決定環境管理系統之範圍
4.4品質管理系統及其過程	4.4環境管理系統及其過程
5.領導力	5.領導力
5.1領導與承諾	5.1領導與承諾
5.1.1 一般要求	
5.1.2顧客導向	
5.2品質政策	5.2環境政策
5.2.1制訂品質政策	
5.2.2溝通品質政策	
5.3組織的角色、責任和職權	5.3組織的角色、責任和職權
6.規劃	6.規劃
6.1處理風險與機會之措施	6.1處理風險與機會之措施
	6.1.1一般要求
	6.1.2環境考量面
	6.1.3守規義務
	6.1.4規劃行動
6.2規劃品質目標及其達成	6.2環境目標與達成規劃
	6.2.1環境目標
	6.2.2規劃達成環境目標的行動
6.3變更之規劃	

7.支援	7.支援
7.1資源	7.1資源
7.1.1一般要求	
7.1.2人力	
7.1.3基礎設施	
7.1.4過程營運之環境	
7.1.5監督與量測資源	
7.1.6組織的知識	
7.2適任性	7.2適任性
7.3認知	7.3認知
7.4溝通	7.4溝通
	7.4.1 一般要求
	7.4.2 內部溝通
	7.4.3 外部溝通
7.5文件化資訊	7.5文件化資訊
7.5.1一般要求	7.5.1一般要求
7.5.2建立與更新	7.5.2建立與更新
7.5.3文件化資訊之管制	7.5.3文件化資訊之管制
8.營運	8營運
8.1營運之規劃與管制	8.1營運之規劃與管制
8.2產品與服務要求事項	
8.2.1顧客溝通	
8.2.2決定有關產品與服務之要求事項	
8.2.3審查有關產品與服務之要求事項	
8.2.4產品與服務要求事項變更	
8.3產品與服務之設計及開發	
8.3.1一般要求	
8.3.2設計及開發規劃	
8.3.3設計及開發投入	
8.3.4設計及開發管制	
8.3.5設計及開發產出	
8.3.6設計及開發變更	

8.4外部提供過程、產品與服務的管制	
8.4.1一般要求	
8.4.2管制的形式及程度	
8.4.3給予外部提供者的資訊	
8.5生產與服務供應	
8.5.1管制生產與服務供應	
8.5.2鑑別及追溯性	
8.5.3屬於顧客或外部提供者之所有物	
8.5.4保存	
8.5.5交付後活動	
8.5.6變更之管制	
8.6產品與服務之放行	
8.7不符合產出之管制	8.2緊急事件準備與應變
9.績效評估	9.績效評估
9.1監督、量測、分析及評估	9.1監視、量測、分析及評估
9.1.1一般要求	9.1.1一般要求
9.1.2顧客滿意度	
9.1.3分析及評估	9.1.2守規性評估
9.2內部稽核	9.2內部稽核
	9.2.2內部稽核計劃
9.3管理階層審查	9.3管理階層審查
9.3.1一般要求	
9.3.2管理階層審查投入	
9.3.3管理階層審查產出	
10.改進	10改進
10.1一般要求	10.1一般要求
10.2不符合事項及矯正措施	10.2不符合事項與矯正措施
10.3持續改進	10.3持續改進

附錄 1-2

融合ISO 14064-1：2018條文對照表

ISO 14001：2015環境管理系統	ISO 14064-1：2018溫室氣體組織層級量化與報告
0.簡介	0.簡介
1.適用範圍	1.適用範圍
2.引用標準	2.引用標準
3.名詞與定義	3.名詞與定義
4.組織背景	4.原則
4.1了解組織及其背景	4.1一般要求
4.2了解利害關係者之需求與期望	
4.3決定環境管理系統之範圍	
4.4環境管理系統及其過程	4.2相關性
	4.3完整性
	4.4一致性
	4.5準確性
	4.6透明性
5.領導力	5.溫室氣體盤查邊界
5.1領導與承諾	5.1組織邊界
5.2環境政策	5.2報告邊界
5.3組織的角色、責任和職權	5.2.1建立報告邊界
	5.2.2直接溫室氣體排放與移除
	5.2.3間接溫室氣體排放
	5.2.4溫室氣體盤查類別
6.規劃	6.溫室氣體排放與移除之量化
6.1處理風險與機會之措施	6.1溫室氣體源與溫室氣體匯之鑑別
6.1.1一般要求	
6.1.2環境考量面	
6.1.3履約義務	
6.1.4規劃行動	
6.2規劃環境目標及其達成	6.2量化方法之選擇

6.2.1環境目標	
6.2.2規劃達成環境目標	
6.3變更之規劃	6.3溫室氣體排放量與移除量之計算
	6.4基準年溫室氣體盤查清冊
7.支援	7.減緩活動
7.1資源	
7.1.1一般要求	
7.2適任性	
7.3認知	
7.4溝通	7.1溫室氣體排放減量與移除增量倡議
7.4.1一般要求	7.2溫室氣體排放減量或移除增量專案
7.4.2內部溝通	7.3溫室氣體排放減量或移除增量標的
7.4.3外部溝通	
7.5文件化資訊	8.溫室氣體盤查品質管理
7.5.1一般要求	
7.5.2建立與更新	8.1溫室氣體資訊管理
7.5.3文件化資訊之管制	8.2文件保留與紀錄保存
8.營運	
8.1營運之規劃與管制	8.3評估不確定性
8.2緊急事件準備與應變	
9.績效評估	
9.1監督、量測、分析及評估	9.溫室氣體報告
9.1.1一般要求	9. 一般要求
9.1.2守規性評估	9.2規劃溫室氣體報告 9.3溫室氣體報告內容
9.2內部稽核	
9.2.1一般要求	
9.2.2內部稽核計畫	
9.3管理階層審查	10.組織在查證活動中之角色
10.改進	
10.1一般要求	
10.2不符合事項及矯正措施	
10.3持續改進	

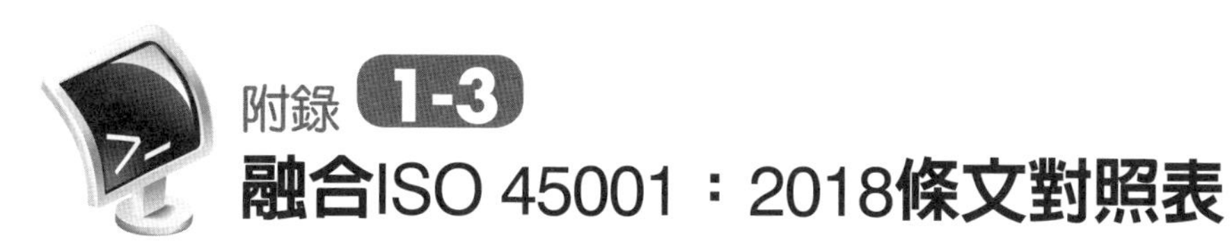

附錄 1-3 融合ISO 45001：2018條文對照表

ISO 14001：2015環境管理系統	ISO 45001：2018職安衛管理系統
0.簡介	0.簡介
1.適用範圍	1.適用範圍
2.引用標準	2.引用標準
3.名詞與定義	3.名詞與定義
4.組織背景	4.組織背景
4.1了解組織及其背景	4.1了解組織及其背景
4.2了解利害關係者之需求與期望	4.2了解工作者及利害相關人之需求與期望
4.3決定環境管理系統之範圍	4.3決定職安衛管理系統之範圍
4.4環境管理系統及其過程	4.4職安衛管理系統及其過程
5.領導力	5.領導力與工作者參與
5.1領導與承諾	5.1領導與承諾
5.2環境政策	5.2職業安全衛生政策
5.3組織的角色、責任和職權	5.3組織的角色、責任和職權
	5.4工作者諮商與參與
6.規劃	6.規劃
6.1處理風險與機會之措施	6.1處理風險與機會之措施
6.1.1一般要求	6.1.1一般要求
6.1.2環境考量面	6.1.2 危害鑑別及風險與機會的評估
6.1.3履約義務	6.1.3決定法令要求及其他要求
6.1.4規劃行動	6.1.4規劃行動
6.2規劃環境目標及其達成	6.2職安衛目標與其達成規劃
6.2.1環境目標	6.2.1職業安全衛生目標
6.2.2規劃達成環境目標	6.2.2規劃達成職安衛目標
6.3變更之規劃	
7.支援	7.支援
7.1資源	7.1資源
7.1.1一般要求	
7.2適任性	7.2適任性

7.3認知	7.3認知
7.4溝通	7.4溝通
7.4.1一般要求	7.4.1一般要求
7.4.2內部溝通	7.4.2內部溝通
7.4.3外部溝通	7.4.3外部溝通
7.5文件化資訊	7.5文件化資訊
7.5.1一般要求	7.5.1一般要求
7.5.2建立與更新	7.5.2建立與更新
7.5.3文件化資訊之管制	7.5.3文件化資訊之管制
8.營運	8營運
8.1營運之規劃與管制	8.1營運之規劃與管制
	8.1.1一般要求
	8.1.2消除危害及降低職安衛風險
	8.1.3變更管理
	8.1.4採購
8.2緊急事件準備與應變	8.2緊急事件準備與應變
9.績效評估	9.績效評估
9.1監督、量測、分析及評估	9.1監視、量測、分析及評估
9.1.1一般要求	9.1.1一般要求
9.1.2守規性評估	9.1.2守規性評估
9.2內部稽核	9.2內部稽核
9.2.1一般要求	9.2.1一般要求
9.2.2內部稽核計畫	9.2.2內部稽核計劃
9.3管理階層審查	9.3管理階層審查
10.改進	10改進
10.1一般要求	10.1一般要求
10.2不符合事項及矯正措施	10.2不符合事項與矯正措施
10.3持續改進	10.3持續改進

附錄 1-4 ISO 14001：2015程序書文件清單範例

QEM-01品質環境手冊
EP-01物質安全管制程序
EP-02廢棄物管制程序
EP-03能源管理管制程序
EP-04 合規法令要求管制程序
EP-05 緊急應變措施程序
EP-06 環境考量面管制程序

附錄 1-5 日月光投資控股股份有限公司環境責任政策（參考例）

中華民國一一〇年七月訂立

日月光投資控股股份有限公司及其子公司（以下合稱「日月光投控」）為實踐企業社會責任，促成經濟、社會與環境之進步，以四大永續策略：低碳使命、循環再生、社會共融與價值共創及「永續製造原則」，制定「環境責任政策」（以下簡稱「本政策」）規範日月光投控並作為與商業夥伴和利害關係人推動環境保護事務的原則，包括供應商、承攬商、客戶、合資企業與社區。日月光投控進行合併與收購時，亦宜依循此政策之精神執行盡職調查。

日月光投控承諾從事研發、採購、生產、包裝、物流及服務的營運活動過程，納入生態效益概念，持續改善能源績效並建構低能耗、省資源、零污染的綠色環境與價值鏈，提高生產並增加產品的價值，同時降低營運對環境及人類的衝擊，提供環境友善的綠色製造服務。

本政策依「永續製造原則」概述於：設計與開發、採購與供應鏈、生產與製造、運輸與物流等各層面於管理方針及環境承諾，所需要素如下：

■ 管理方針

1. 法令遵循：遵循環境相關法規及國際準則，適切地保護自然環境，於執行營運活動及內部管理時，應致力於達成環境永續之目標。
2. 治理組織：設立環境管理專責單位，負責擬訂、推動及維護相關環境管理制度及具體行動方案，並舉辦對管理階層及員工之環境教育課程。
3. 管理系統：建立環境管理系統，配合最佳控制技術及防制設備，確保日常營運活動與物質資源的處置，有效降低對環境的衝擊且持續改善，符合環境永續發展之方向。
4. 環保文化：建立全體員工環境保護之當責文化，擴展價值鏈合作與分享， 發揮社會影響力，攜手共創美好永續環境。

■ 環境承諾

1. 設計與開發

(1)提升產品生態效率，導入創新研發技術與管理。

(2)管控及限制生產製造物料及元件之有害物質使用。

(3)提供輕薄短小及具能源效率的產品解決方案。

(4)研發循環回收之材料或延長使用壽命。

2. 採購與供應鏈

(1)依循日月光投控衝突礦產採購管理政策和綠色產品規範，全面推動綠色採購。

(2)兼顧客戶需求與綠色設計，與上／下游供應鏈合作開發創新的材料及設備，以提升整體供應鏈之技術與競爭力。

3. 生產與製造

(1)提升資源、能源與水的使用效率，降低溫室氣體排放。

(2)減少污染物、有毒物及廢棄物之排放，並應妥善處理廢棄物及循環利用。

(3)廢水妥善處理、回收與監測。

(4)增進原物料之可回收性與再利用。

(5)重視並尋求環境友善材料替代有害物質，擴大內外部循環再生利用， 以達成「資源最大利用率」與「落實清潔生產」之目標。

(6)透過重新設計、循環加值、回收還原、共享經濟、循環農業與產業共生實際作法，推動循環經濟。

4. 運輸與物流

(1)透過溫室氣體盤查掌握上／下游輸配碳排放量，選擇低碳排放之運輸載具，持續優化運送路徑規劃和配送中心之網絡。

(2)優先選用可回收、低環境衝擊或可重複使用之包裝材料。

附錄 2

TAF國際認證論壇公報

章節體系架構▼

附錄 2-1 對已獲得ISO 9001認證之驗證的預期結果

財團法人全國認證基金會
中華民國一〇六年八月
本文件係依據國際認證論壇（IAF）所發行公報（Communiqué）「Expected Outcomes for Accredited Certification to ISO 9001」而訂定，本文件若有疑義時，請參考並依據IAF發行文件爲原則。IAF發行文件若有修訂時，本文件同時修訂，並依前述方式處理。

公　　報

對已獲得ISO 9001認證之驗證的預期結果

國際認證論壇（IAF）與國際標準組織（ISO）支持以下有關獲得ISO 9001認證之驗證，其預期結果之說明。其旨意是推廣一個共同焦點，透過完整的符合性評鑑供應鏈機制，共同努力達成這些預期結果，並強化獲得ISO 9001認證之驗證，其價值與相關性。

ISO 9001驗證常用於公部門與私部門，以提高對組織提供之產品與服務、商業合作夥伴之間對往來之業務關係、對供應鏈中供應商之選擇、以及對採購契約爭取權之信心。

ISO是ISO 9001之發展與發行機構，但其本身不執行稽核與驗證工作。這些服務是由獨立在ISO之外的驗證機構獨立執行。ISO不控制這些機構，而是發展自願性質之國際標準，鼓勵其在全球範圍，實施優良作業規範。例如，ISO/IEC 17021爲提供管理系統之稽核與驗證服務之機構，訂定其所需之要求。

若驗證機構希望強化對其服務之信心，可以向IAF認可之國家級認證機構提出申請並取得認證。IAF是一家國際級組織，其成員包括49個經濟體之國家級認證機構。ISO不控制這些機構，而是發展自願性質之國際標準，例如，ISO/IEC 17011，詳細指明執行認證工作所需之一般要求。

註：獲得認證之驗證只是組織得用以證明符合ISO 9001的方法之一。ISO不對其他符合性評鑑方法，推廣獲得認證之驗證。

對已獲得ISO 9001認證之驗證的預期結果 （從組織客戶之角度）

「在界定之驗證範圍內，其已獲得驗證之品質管理系統的組織，能夠持續提供符合客戶與相關法規及法令要求之產品，且以提高客戶之滿意度爲追求目標。」
註：
a.「產品」也包括「服務」。
b. 客戶對產品之要求可爲明訂（例如在契約或約定之規格中）或爲一般暗示引申（例如根據組織之宣傳資料或於該經濟體/產業領域中之共同規範）。
c. 對產品之要求得包括交貨及交貨後之活動。

已獲得ISO 9001認證之驗證，其代表之意義

爲確認「產品」的符合性，獲得認證之驗證的程序必須提供客戶有信心，確信組織具有符合適用之ISO 9001要求之品質管理系統。特別是，組織必須讓人確信：

A. 已建立適合其產品與過程及適用於其驗證範圍之品質管理系統
B. 能夠分析及了解客戶對於其產品之需求與期待，以及產品之相關法規及法令要求
C. 能夠確保已訂出產品特性，以符合客戶與法規要求
D. 已決定並正在管理爲達到預期結果（符合性產品與提高客戶滿意度）所需之過程
E. 已確保有足夠之資源，支持這些過程之運作與監控
F. 監督與控制所界定之產品特性
G. 爲預防不符合事項爲目的，並且已有系統化的改善過程，以
  1. 改正任何確已發生之不符合事項（包括在交貨之後發現之產品不符合事項）
  2. 分析不符合事項之原因及採取矯正措施，以避免其再次發生
  3. 處理客戶抱怨
H. 已實施有效的內部稽核與管理審查程序
I. 監控、量測及持續改進其品質管理系統之有效性

已獲得ISO 9001認證之驗證，不表示下述意義：

1. 非常重要的一點是必須承認ISO 9001是對組織的品質管理系統，而非對其產品，界定所需之要求。獲得ISO 9001認證之驗證須能讓人確信組織具有「持續提供符合客戶與相關法規及法令要求之產品」的能力。它也不必然確保組織一直都會達到100%的產品符合性，雖然這是所要追求的終極目標。
2. 已獲得ISO 9001認證之驗證，並不表示組織提供的一定是超優產品，或產品本身被驗證一定符合ISO（或任何其他）標準或規格之要求。

財團法人全國認證基金會
地址：新北市淡水區中正東路二段27號23樓
電話：（02）2809-0828
傳眞：（02）2809-0979
E-mail：taf@taftw.org.tw
WebSite：http://www.taftw.org.tw

附錄 2-2 對已獲得ISO 14001認證之驗證的預期結果

財團法人全國認證基金會
中華民國一〇六年八月
本文件係依據國際認證論壇（IAF）所發行公報（Communiqué）「Expected Outcomes for Accredited Certification to ISO 14001」而訂定，本文件若有疑義時，請參考並依據IAF發行文件爲原則。IAF發行文件若有修訂時，本文件同時修訂，並依前述方式處理。

公　　報

對已獲得ISO 14001認證之驗證的預期結果

國際認證論壇（IAF）與國際標準組織（ISO）支持以下有關獲得ISO 14001認證之驗證，其預期結果之說明。其旨意是推廣一個共同焦點，透過完整的符合性評鑑供應鏈機制，共同努力達成這些預期結果，並強化獲得ISO 14001認證之驗證，其價值與相關性。

ISO 14001驗證常用於公部門與私部門，以提高各利害關係者對組織之環境管理系統之信心水平。

ISO是ISO 14001之發展與發行機構，但其本身不執行稽核與驗證工作。這些服務是由獨立在ISO之外的驗證機構獨立執行。ISO不控制這些機構，而是發展自願性質之國際標準，鼓勵其在全球範圍，實施優良作業規範。例如，ISO/IEC 17021爲提供管理系統之稽核與驗證服務之機構，訂定其所需之要求。

若驗證機構希望強化對其服務之信心，可以向IAF認可之國家級認證機構提出申請並取得認證。IAF是一家國際級組織，其成員包括49個經濟體之國家級認證機構。ISO不控制這些機構，而是發展自願性質之國際標準，例如，ISO/IEC 17011，詳細指明執行認證工作所需之一般要求。

註：獲得認證之驗證只是組織得用以證明符合ISO 14001的方法之一。ISO不對其他符合性評鑑方法，推廣獲得認證之驗證。

對已獲得ISO 14001認證之驗證的預期結果（從利害關係者之角度）

「在界定之驗證範圍內，其已獲得驗證之環境管理系統的組織，能夠管理其與環境之間的互動，並能展現以下之承諾：

A. 預防污染。

B. 符合適用之法律與其他要求。

C. 持續改進其環境管理系統，以達成其整體環境績效之改善。」

已獲得ISO 14001認證之驗證，其代表之意義

獲得認證之驗證之程序必須能夠確保組織具有符合ISO 14001要求且適合於其活動、產品與服務性質之環境管理系統。特別是，必須能夠在界定之範圍內，證明該組織：

A. 已明訂適合其活動、產品與服務之性質、規模與環境衝擊的環境政策。

B. 已確認其活動、產品與服務中，其能控制與／或影響之環境考量面並已決定具有重大之環境衝擊之事項（包括與供應商／包商有關之事項）。

C. 已有相關程序，用以確認適用之環境法律與其他相關要求，以判定如何適用於環境考量面及隨時更新資料。

D. 已實施有效之控制，以履行其遵守適用之法律與其他要求之承諾。

E. 已依據法律要求及重大之環境衝擊，界定可衡量之環境目標與標的，並已準備達成目標與標的之執行計劃。

F. 確保爲組織工作的人員或代表組織之人員都已知道其環境管理系統之要求並能勝任執行對潛在重大環境衝擊有關之任務。

G. 已實施內部溝通及回應與溝通（若有必要）外部利害關係者之程序。

H. 確保與重大之環境考量面有關之作業都在規定之條件下執行，及監督與控制可能造成重大環境衝擊運作之關鍵特性。

J. 已建立及（若適用）測試對環境影響事件之緊急應變程序。

K. 定期評估其遵守適用之法律與其他要求之符合性。

L. 爲預防不符合事項爲目的，並且已有相關程序，以

1.改正任何已發生之不符合事項

2.分析不符合事項之原因及採取矯正措施，以避免其再次發生

M.已實施有效的內部稽核與管理審查程序。

已獲得ISO 14001認證之驗證，不表示下述意義：

1. ISO 14001是界定組織的環境管理系統之要求，但不界定特定之環境績效標準。
2. 獲得ISO 14001認證之驗證能提供確信組織能符合其之環境政策之信心，包括遵守適用法律、預防污染及持續改進環境績效之承諾。但它不確保組織正在達成最佳的環境績效。
3. 獲得ISO 14001認證之驗證的程序，不包括有關完整法律之符合性稽核，也不能確保絕不發生違法事件，雖然完全遵守法律規定一直都是組織之目標。
4. 獲得ISO 14001認證之驗證不表示組織一定能夠防止環境事故之發生。

財團法人全國認證基金會

地 址：新北市淡水區中正東路二段27號23樓

電 話：（02）2809-0828

傳 眞：（02）2809-0979

E-mail ：taf@taftw.org.tw

Web Site：http://www.taftw.org.tw

附錄 3

條文要求

章節體系架構

附錄 3-1 適合各產業之ISO 14001：2015條文

簡介

1. 適用範圍（略）
2. 引用標準（略）
3. 用語及定義（略）
4. 組織背景（Context of the organization）

4.1 了解組織及其背景

組織應決定有哪些內、外部因素會與組織營運目的及策略方向有所關聯，或是會影響環境管理系統實現預期結果的能力。哪些內外部因素應包含或被組織或足以影響組織的環境條件。

4.2 了解利害關係者（interested party）之需求與期望

組織應決定下列事項

(a) 與環境管理系統有直接相關的利害關係者；

(b) 這些利害關係者的相關需求與期望（即要求）；

(c) 這些需求與期望中有哪些需轉化為履約義務。

4.3 決定環境管理系統之範圍

組織應決定環境管理系統的界線及適用性，以確立其範疇。

決定此範疇時，組織應考量下列事項：

(a) 條文4.1提及之外部及內部議題；

(b) 條文4.2提及之履約義務；

(c) 組織單位、功能及實際邊界；

(d) 組織的活動、產品與服務；

(e) 組織行使管控權與影響的職權及能力。

一旦定義範圍，所有此範圍內的組織活動、產品和服務都應包含在環境管理系統內。

適用範圍應以文件化資訊的方式維持，且可讓利害關係者取得。

4.4 環境管理系統及其過程

為達成預期的結果，包含提升其環境績效，組織須依據本國際標準的要求建立、實施、維持和持續改善環境管理系統，包括所需過程及其互動。當組織建立和維護環境管理系統時，應考量由條文4.1及4.2獲得的知識。

5. 領導力（Leadership）

5.1 領導與承諾

高階管理者須以下列的方式展現其對環境管理系統的領導與承諾：

(a) 爲環境管理系統的有效性負起責任；
(b) 確保環境政策與目標的建立，且與組織的策略方向一致；
(c) 確保環境管理系統的要求整合到組織營運過程中；
(d) 確保環境管理系統所需資源的可獲性；
(e) 傳達有效的環境管理及符合環境管理系統要求的重要性；
(f) 確保環境管理系統達到其預期成果；
(g) 指導及支援人員以促成環境管理系統的有效性；
(h) 增進持續改善；
(i) 支持其他相關管理職位在個別負責的領域展現其領導能力。

備註：在本國際標準中提到的「營運」可以廣泛的解釋爲，組織存在的核心活動。

5.2 環境政策

高階管理者應在定義的環境管理系統範圍內建立、實施及維持環境政策，並且可：

(a) 適合組織的目的及背景，包括性質、規模，及其活動、產品和服務對環境的影響；
(b) 提供設立環境目標的架構；
(c) 包括對環境保護的承諾，包含汙染防治及對組織背景的細部說明；

備註：具體保護環境的承諾包括資源永續性的使用、氣候變化的減緩與適應及生物多樣性與生態系統保護。

(d) 包括達成履約義務的承諾；
(e) 包括持續改善環境管理系統以提升環境績效的承諾。

環境政策應：

- 以文件化資訊維護；
- 在組織內溝通傳達；
- 可供利害關係者使用。

5.3 組織的角色、責任及職權（Organizational roles、responsibilities and authorities）

高階管理者應確保相關職位的責任和權限已在組織內分派及傳達，以促進有效的環境管理。

高階管理者應針對下述賦予責任與權限：

(a) 確保環境管理系統符合國際標準要求；
(b) 向高階管理者回報環境管理系統的績效，包括環境績效。

6. 規劃（Planning）

6.1 處理風險與機會之措施（Action to address risk and opportunities）

6.1.1 一般要求

組織需建立、執行與維持過程以確保符合條文6.1.1到6.1.4之要求。

當組織著手爲條環境管理系統規劃時，組織應考量：

(a) 條文4.1提及之事項；
(b) 條文4.2提及之要求事項；
(c) 組織環境管理系統之範圍。

並且決定有關環境考量面（參照條文6.1.2）、履約義務（參照條文6.1.3）及其餘定義於條文4.1及4.2之事項與要求的風險與機會，且需能因應：

- 給予環境管理系統能夠達成組織預期結果的保證；
- 預防、或減少不良影響，包括可能影響組織之潛在外部環境因子；
- 達成持續改善。

在環境管理系統之範圍中，組織須決定潛在的緊急狀況，包括會對環境造成影響的因子。

組織應維持下列事項的文件化資訊：

- 需被解決的風險與機會；
- 滿足條文6.1.1到6.1.4所需且有信心已按計畫執行之過程。

6.1.2 環境考量面

在環境管理系統定義的範圍內，就生命週期層面考量，組織須決定其可予以掌控及影響之活動、產品與服務的環境考量面及相關的環境影響。

當組織決定環境考量面時，須顧及：

(a) 變更，包括已規劃或新發展，及新的或修正後的活動、產品與服務；

(b) 異常狀況及可合理預見的緊急情況。

組織應藉由已建立的標準去決定哪些已經或可對環境產生顯著影響的因素，如重大環境考量面。

適當時，組織應在各個階層及部門間傳達這些重大環境考量面。

組織應維護下述事項的文件化資訊：

- 環境考量面及相關的環境影響；
- 用以決定重大環境考量面的準則；
- 重大環境考量面。

備註：重大環境因考量面導致不是與負面的環境衝擊（威脅）相關，就是與環境影響的效益（機會）相關的風險與機會。

6.1.3 履約義務

組織應：

(a) 決定及行使與其相關的環境考量面之履約義務的權限；

(b) 決定履約義務如何應用在組織內。

(c) 在建立、執行、維持與持續改善環境管理系統時，須將履約義務納入考量。

組織應維持其履約義務的文件化資訊。

備考：履約義務對組織風險與機會有影響。

6.1.4 規劃行動

組織須規劃：

(a) 採取行動以因應：

(1) 重大環境考量面；

(2) 履約義務；

(3) 定義在6.1.1的風險與機會。

(b)如何：

(1) 整合及實施行動納入其環境管理系統過程（參照條文6.2、第7章、第8章及條文9.1），或其他營運過程；

(2) 評估這些行動的效益（參照條文9.1）。

當組織在規劃這些行動時，須考量其技術性選項、財務、作業及營運要求。

6.2 規劃環境目標及其達成

6.2.1 環境目標

組織應應建立環境管理系統各直接相關職能（functions）、階層（levels）及過程所需之環境目標，顧及組織的重大環境考量面及履約義務，並將風險和機會納入考量。

環境目標應有下列特性：

(a) 與環境政策一致；

(b) 可量測（如可行）；

(c) 可以被監控的；

(d) 可以被傳達的；

(e) 適時予以更新。

組織應維持環境目標之文件化資訊。

6.2.2 規劃達成環境目標的行動

規劃達成環境目標的方式時，組織應決定下列事項：

(a) 所須執行的工作；

(b) 所需要的資源爲何；

(c) 由何人負責；

(d) 何時完成；

(e) 如何評量結果，包括監控實現可量測環境目標進度的指標（參照條文9.1.1）。

組織應考量如何將實現環境目標的行動整合至組織的營運過程中。

7. 支援（Support）

7.1 資源

7.1.1 一般要求

組織應決定與提供建立、實施、維護及持續改進環境管理系統所需資源。

7.2 適任性（Competence）

組織應採取以下方法以確保人員之適任性。

(a) 組織應決定在其控管下工作，可能對環境管理系統績效及其履行守規性義務之能力有所影響的工作人員所必需之適任性。

(b) 以適用的教育、訓練或經驗爲基礎，確保其人員之適任性。

(c) 決定與其環境考量面及環境管理系統互相連結的訓練需求。

(d) 可行時，採取措施以取得必需的適任性，並評估所採取措施之有效性。

備考：適用的措施可包括，例：對人員提供訓練、提供輔導，或重新指派新聘人員；或聘僱或約聘具適任性的人員。

組織應保存正確的文件化資訊，以作為其適任性的證據。

7.3 認知（Awareness）

組織應確保在其控管下執行其工作的人員認知下列事項。

(a) 環境政策。

(b) 與其工作相關的重大環境考量面及有關的實質或潛在環境衝擊。

(c) 有關對環境管理系統有效性之貢獻，包括改進環境績效的益處。

(d) 不符合環境管理系統要求事項之不良影響，包括未能滿足組織的守規性義務。

7.4 溝通

7.4.1 一般要求

組織應決定與環境管理系統直接相關的內部及外部溝通事項，包括下列事項。

(a) 其所溝通的事項。

(b) 溝通的時機。

(c) 溝通的對象。

(d) 溝通的方式。

(e) 負責溝通的人員。

組織在建立其溝通過程時，應執行下列事項：

- 將其守規性義務納入考量；
- 確實已溝通的環境資訊與環境管理系統內產生的資訊一致且可靠。

組織應對與其環境管理系統直接相關的溝通事項予以回應。

組織應適當的保存文件化資訊，以作為其溝通事項之證據。

7.4.2 內部溝通

組織應進行下列內部溝通：

(a) 在組織不同階層與部門間對內溝通與環境管理系統直接相關之資訊，包括適當的對環境管理系統之變更。

(b) 確實其溝通過程能使在組織管制下執行之工作人員，對持續改進作出貢獻。

7.4.3 外部溝通

組織應依其所建立的溝通過程，以及其守規性義務要求，對外溝通與環境管理系統直接相關之資訊。

7.5 文件化資訊

7.5.1 一般要求

組織的環境管理系統應有以下文件化資訊。

(a) 本標準要求之文件化資訊。

(b) 組織為環境管理系統有效性所決定必要的文件化資訊。

備考：各組織環境管理系統文件化資訊的程度，可因下列因素而不同。

- 組織規模及其活動、過程、產品及服務的型態。
- 履行守規性義務。
- 過程及過程間交互作用之複雜性。
- 人員的適任性。

7.5.2 建立與更新

組織在建立及更新文件化資訊時，應確保下列之適當事項。

(a) 識別及敘述（例：標題、日期、作者或索引編號）。

(b) 格式（例：語言、軟體版本、圖示）及媒體（例：紙本、電子資料）。

(c) 適合性與充分性之審查及核准。

7.5.3 文件化資訊之管制

環境管理系統與本標準所要求的文件化資訊應予以管制，以確保下列事項。

(a) 在所需地點及需要時機，文件化資訊已備妥且適用。

(b) 充分地予以保護（例：防止洩露其保密性、不當使用，或喪失其完整性）。

對文件化資訊之管制，適用時，應處理下列作業。

(a) 分發、取得、取回及使用。

(b) 儲存及保管，包含維持其可讀性。

(c) 變更之管制（例：版本管制）。

(d) 保存及放置。

已被組織決定為環境管理系統規劃與營運所必須的外來原始文件化資訊，應予以適當地鑑別及管制。

備考：取得管道隱含僅可觀看文件化資訊，或允許觀看並有權變更文件化資訊的決定。

8. 營運（Operation）

8.1 營運之規劃及管制

組織應規劃、實施及管制所需要、用以滿足所提供環境管理系統要求事項的過程（參照條文4.4），並以下列方法實施第6章所決定之措施。

- 制定各過程之運作準則。
- 依運作準則實施各過程之管制。

備考：管制可包括工程管制與程序。管制可依循層級體系（例：消除、替代、管理）實施，並可個別或合併使用。

組織應管制所規劃的變更，並審查不預期的變更之後果，並依其必要採取措施以減輕任何負面效應。

組織應確保外包（outsource）的過程受到管制。應用於過程控管影響之形式與範圍，應在環境管理系統內加以界定。

與生命週期觀點一致，組織應進行下列事項：

(a) 適當的建立管制措施，以確保其環境要求事項，已在產品或服務設計與開發過程中，考慮其生命週期之每一階段予以陳訴。

(b) 適當的決定其所採購產品與服務之環境要求事項。

(c) 對外部提供者，包括合約商，溝通其直接相關的環境要求事項。

(d) 考慮提供連結其產品與服務的運輸或交貨、使用、廢棄處理及最終處置，有關潛在的重大環境衝擊資訊之需求。

組織應維持文件化資訊，必要的程度以對一項或多項過程依即有規劃執行具有信心。

8.2 緊急準備與應變

組織對如何準備條文6.1.1所鑑別的潛在緊急情況，以及如何應變，應建立、實施並維持所需要的過程。

組織應進行下列事項：

(a) 經由規劃措施準備應變，以預防或減緩緊急情況所產生不利的環境衝擊。

(b) 對實際的緊急情況做出應變。

(c) 採取適宜於緊急事件大小程度及其潛在環境衝擊之措施，以預防或減輕緊急情況所產生之後果。

(d) 若可行時，定期測試所規劃的應變措施。

(e) 定期審查與修訂過程規劃之應變，特別是在緊急情況發生或測試之後。

(f) 適當地對直接相關的利害關係者，包括在組織架構下工作人員，提供有關緊急準備與應變直接相關的資訊與訓練。

組織應維持文件化資訊，必要程度，以對一項或多項過程已依即訂規劃執行具有信心。

9. 績效評估（Performance evaluation）

9.1 監督、量測、分析及評估

9.1.1 一般要求

組織應監督、量測、分析及評估其環境績效。

組織應決定下列事項。

(a) 有需要監督及量測的對象。

(b) 為確保得到正確結果，所需要的監督、量測、分析及評估方法。

(c) 組織評估其環境績效及適當指標所依據之準則。

(d) 實施監督及量測的時機。

(e) 監督及量測結果所應加以分析及評估的時機。

組織應確保使用經校正或查證的監督與量測設備，並予適當的維持。

組織應評估環境管理系統的環境績效及有效性。

組織應依其溝通過程中所鑑別，及其守規性義務之要求，同時對內與對外溝通直接相關的環境績效資訊。

組織應保存適當的文件化資訊，以作為監督、量測、分析及評估結果的證據。

9.1.2 守規性評估

組織應建立、實施與維持一過程，對法令要求和其他要求進行守規性評估。

組織應進行下列事項。

(a) 決定守規性評估的頻率；

(b) 進行守規性評估並依需要採取行動；

(c) 維持對法令要求與其他要求守規性狀態的知識與了解。

組織應保存文件化資訊，作為守規性評估結果之證據。

9.2 內部稽核（Internal audit）

9.2.1 一般要求

組織應在規劃的期間執行內部稽核，以提供環境管理系統達成下列事項之資訊。

(a) 符合下列事項。

(1) 組織對其環境管理系統的要求事項。

(2)本標準要求事項。

(a) 環境管理系統已有效地實施及維持。

9.2.2 內部稽核計畫

組織應建立、實施及維持稽核方案，其中包括頻率、方法、責任、規劃要求事項及報告，此稽核方案應將有關過程之環境重要性、對組織有影響的變更，及先前稽核之結果納入考量。

組織應進行下列事項。

(a) 界定每一稽核之稽核準則（audit criteria）及範圍。

(b) 遴選稽核員並執行稽核，以確保稽核過程之客觀性及公正性。

(b) 確保稽核結果已通報給直接相關管理階層。

組織應保存文件化資訊，作爲實施稽核方案及其稽核結果之證據。

9.3 管理階層審查（Management review）

9.3.1 一般要求

最高管理階層應在所規劃之期間審查組織的環境管理系統，以確保其持續的適合性、充裕性、有效性。

9.3.2 管理階層審查之投入

管理階層審查的規劃及執行應將下列事項納入考量。

(a) 先前管理階層審查後，所採取的各項措施之現況。

(b) 下列事項之變更。

(1) 與環境管理系統直接相關的外部及內部議題之改變。

(2) 利害相關者之需求與期望，包括守規性義務。

(3) 其重大環境考量面。

(4) 風險與機會。

(c) 環境目標符合程度。

(d) 環境管理系統績效及有效性的資訊，包括下列趨勢。

(1) 不符合事項及矯正措施。

(2) 監督及量測結果。

(3) 其守規性義務之履行。

(4) 稽核結果。

(e) 資源之充裕性。

(f) 來自於直接相關利害關係者之回饋。包括抱怨。

(g) 改進之機會。

管理階層審查之產出應包括下列。

- 環境管理系統持續適合性、充裕性及有效性之總結。
- 與持續改進機會有關之決定。

• 與任何環境管理系統變更需求有關之決定，包括資源。
• 環境目標未達成時，所需採取措施。
• 改進環境管理系統與其他營運過程整合之機會。
• 對組織策略方向之任何影響。

組織應保存文件化資訊，作爲管理階層審查結果之證據。

10. 改進（Improvement）

10.1 一般要求

組織應決定與選擇改進機會（參照條文9.1、9.2及9.3），並實施必要措施，以達成其環境管理系統之預期結果。

10.2 不符合事項及矯正措施

當發現不符合事項時，組織應採取下列對策。

(a) 對不符合作出反應，可行時，採取下列對策。
  (1) 採取措施以管制並改正之。
  (2) 處理此等後果，包括減緩不利的環境衝擊。
(b) 以下列方式評估是否有採取措施以消除不符合原因之需要，以免其再發生或於他處發生。
  (1) 審查並分析不符合。
  (2) 查明不符合之原因。
  (3) 查明有無其他類似不符合事項，或有可能發生者。
(c) 實施所需要的措施。
(d) 審查所採行矯正措施之有效性。
(e) 若必要時，對環境管理系統作出變更。

矯正措施應相稱於不符合事項之影響之重大性，包括其環境衝擊。

組織應保存文件化資訊，以作爲下列事項之證據。

(a) 不符合事項之性質及後續所採取的措施。
(b) 矯正措施之結果。

10.3 改進

組織應持續改進其環境管理系統之適合性、充裕性及有效性，以增進環境績效。

資料參考:http://www.iso.org

附錄 3-2 ISO 14001管理系統圖

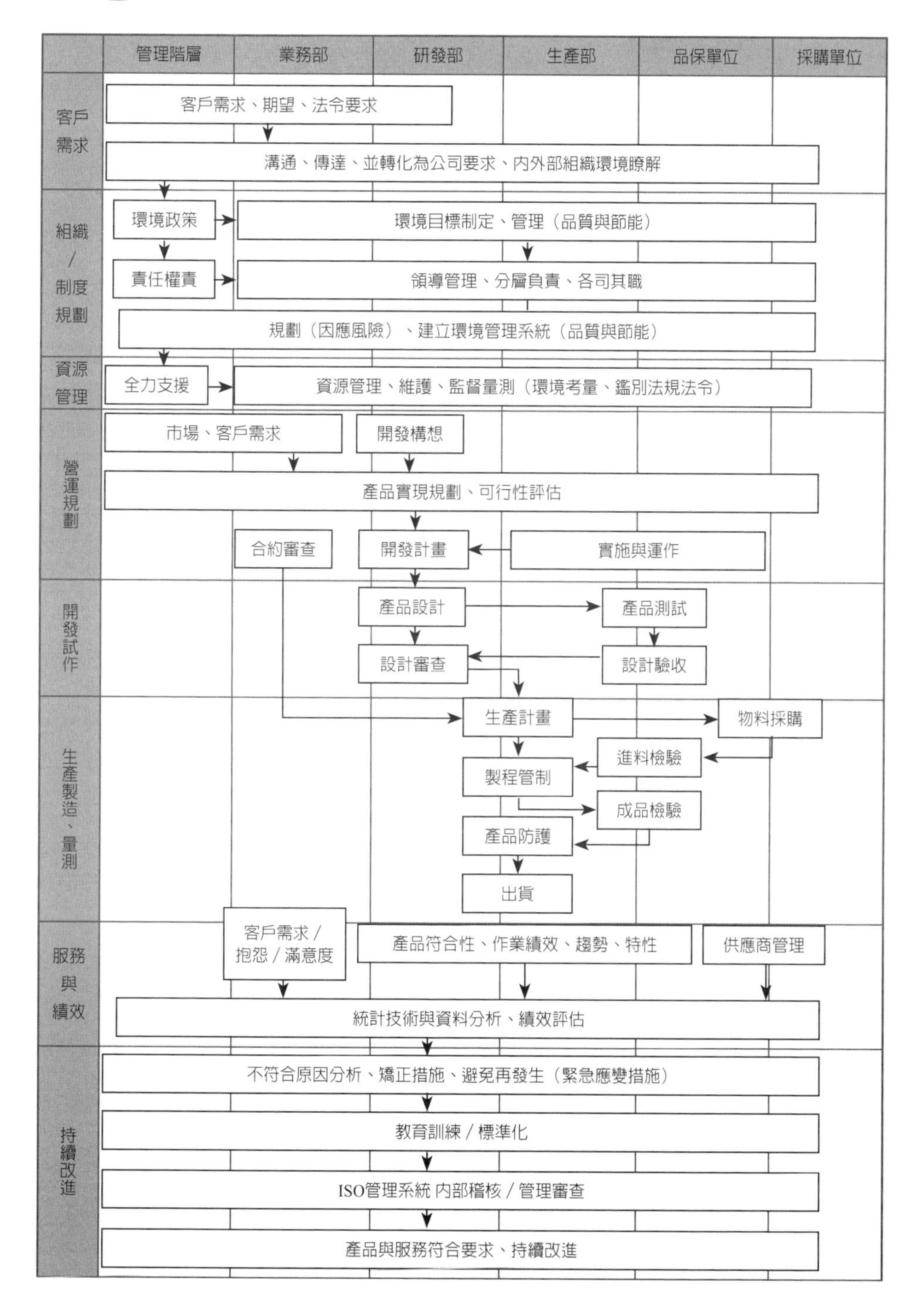

附錄 3-3 ISO管理系統要求與部門別文件程序對照表

◎：表主辦單位　　○：表協辦單位

條款	內　容	文件編號	文件名稱	總經理	文管	業務	生管	倉儲	研發	品保	管理
4.0	組織背景	QEM-01	品質環境手冊	◎		○	○				
4.1	瞭解組織背景	QP-01	管理審查程序	◎		○	○		○		○
4.2	利害關係者需求	QP-01		◎		○	○		○		○
4.3	決定系統範圍	QEM-01	品質環境手冊	◎		○	○				
4.4	品質管理系統	QP-02	品質系統管制程序	◎		○	○		○	○	○
5.0	領導	QEM-01	品質環境手冊	◎		○	○				
5.1	領導與承諾	QEM-01	品質環境手冊	◎		○	○				
5.2	品質政策	QEM-01	品質環境手冊	◎		○	○				
5.3	組織角色職掌	QEM-01	品質環境手冊	◎		○	○				
6.0	規劃	QP-03	績效管制程序	◎		○	○				
6.1	因應風險與機會	QP-04	風險管理管制程序	◎		○	○		○		○
6.2	品質目標與達成	QP-01	管理審查程序	◎		○	○		○		○
6.3	變更之規劃	QP-01	管理審查程序	◎		○	○		○		○
7.0	支援	QEM-01	品質環境手冊	◎		○	○				
7.1	資源	QP-05	生產設備與模具管制程序				◎		○	○	○
7.1	資源	QP-06	量測儀器管制程序				◎		○	○	○
7.2	能力	QP-07	教育訓練管制程序	◎		○	○		○		○
7.3	認知	QP-07	教育訓練管制程序	◎		○	○		○		○
7.4	溝通	QP-08	知識分享管制程序	◎		○	○		○		○
7.5	文件化資訊	QP-09	文件管制程序	◎		○	○				
8.0	營運	QP-10	業務管理程序	◎		○	○				
8.1	作業規劃與管控	QP-11	合約審查程序			◎					
8.1	作業規劃與管控	QP-12	進料檢驗管制程序					○		◎	
8.1	作業規劃與管控	QP-13	生產管理程序				◎			○	
8.1	作業規劃與管控	QP-14	製程檢驗管制程序				○			◎	
8.2	產品與服務要求	QP-15	採購管制程序					○			◎
8.2	產品與服務要求	QP-16	客戶抱怨管制程序			◎					

條款	內　容	文件編號	文件名稱	總經理	文管	業務	生管	倉儲	研發	品保	管理
8.3	產品設計與開發	QP-17	設計開發管制程序	○					◎		◎
8.4	外部提供過程產品與服務的管制	QP-18	供應商管制程序			○	○			○	
8.5	生產與服務供應	QP-19	鑑別和追溯管制程序			○	○	○	○	◎	○
8.5	生產與服務供應	QP-20	客戶財產管制程序			○	◎	○			
8.5	生產與服務供應	QP-21	倉儲管制程序				○	◎			
8.6	產品與服務之符合	QP-22	成品檢驗管制程序				○		○	◎	○
8.7	不符合產出之管制	QP-23	不合格管制程序				○	○	○	◎	○
9.0	績效評估	QEM-01	品質環境手冊	◎							○
9.1	監督量測分析評估	QP-24	客戶滿意度管制程序			◎			○		
9.1	監督量測分析評估	QP-25	統計資料分析程序			◎				○	
9.1	監督量測分析評估	QP-01	管理審查程序	◎						○	
9.2	內部稽核	QP-26	內部稽核程序	◎	○	○	○	○	○	○	○
9.3	管理審查	QP-01	管理審查程序	◎							○
10.0	改進	QEM-01	品質環境手冊	◎							
10.1	一般要求	QEM-01	品質環境手冊	◎							
10.2	不符合與矯正措施	QP-27	矯正再發管制程序	◎	○	○	○	○	○	○	○
10.3	持續改善	QP-28	提案改善管制程序	◎	○	○	○	○	○	○	○

EP-01物質安全管制程序

EP-02廢棄物管制程序

EP-03能源管理管制程序

EP-04 合規法令要求管制程序

EP-05 緊急應變措施程序

EP-06 環境考量面管制程序

附錄 3-4 合規法令要求管制程序

股份有限公司

文件類別	程序書
文件名稱	合規法令要求程序
文件編號	QP-
文件頁數	3頁
文件版次	A版
發行日期	113年03月　日

合規法令要求程序

核准	審查	制訂

股份有限公司

文件修訂記錄表

文件名稱：合規法令要求程序　　　　　　　　文件編號：QP-

修訂日期	版本	原始內容	修訂後內容	提案者	制訂者
2024.01.01	A		制訂		

A版　　　　　　　　　　　　　　　　　　QP-07-02

股份有限公司

文件類別	程序書		頁次	1/3
文件名稱	合規法令要求程序	文件編號	QP-	

一、目的：

為維持本公司的環境管理系統制度，藉由界定、取得並瞭解適用於本公司之環境法規及其他要求，以使符合並達到所要求的事項。

二、範圍：

本公司環境管理系統所涵蓋之各項法令法規與環境管理有關之內外部溝通與因應環境議題改善機會均適用之。其中亦包括本公司的客戶、供應商。

三、參考文件：

（一）環境手冊

（二）ISO 14001 6.1.3（2015年版）

四、權責：

由業務人員、採購人員與品管人員日常執行瞭解有關環保法令法規與客戶要求因應。

五、定義：

5.1 環境法規：在此指可直接應用於本公司環境考量面之環境法規。

5.2 其他要求：在此指可直接應用本公司環境考量面之要求，如產業實務相關規範、協議與非法規之指導綱要等。

5.3 環境法規符合性：在此指凡公司內之活動皆需符合可直接應用於本公司環境考量面之環保法規及其他要求。

六、作業流程：

略

七、作業內容：

7.1 環境法規與其他要求之界定、取得、更新：環安組負責。

7.2 利用先期環境審查評量，制定法規法令一覽表，針對公司之活動、產品及服務，以水、廢棄物、噪音等項目，界定適用於本公司之法規。

7.3 定期每月一次上網查閱相關環保資訊瞭解最新環境法規/其他要求之適用性與版次變更狀況。

7.4 應定期每月一次查檢公司內各項相關活動，是否符合環境法規及其他要求之規定。

7.5 應依最新之環保資訊瞭解、並查檢更新其中與本公司各項作業相關之法規，並依該規定之要求評估符合性並於年度之管理審查會議中報告，若有不符合狀況時，應依矯正再發管制程序書辦理。

八、相關程序作業文件

管理審查程序書

內部稽核程序書

矯正再發管制程序書

九、附件表單

法規法令一覽表

國內法規鑑別（參考）

全國法規資料庫（https://law.moj.gov.tw/LawClass/LawAll.aspx?pcode=A0030133）

□空氣污染防治

□水污染防治

□廢棄物清理

□毒性化學物質管理

□噪音污染控制

□飲用水設備管理

□環境影響評估

□地下水管理

□能資源管理

□消防安全

□環境教育

□室內空氣品質

□新化學物質及既有化學物質登錄辦法

□溫室氣體減量及管理

附錄 3-5 聯合國永續發展指標SDGs（參考例）

對應ISO 26000主要ESG重大議題

17項目標其中	169細項其中	臺灣SDGs	產學解題	產學研團隊	對應GRI
4.確保包容和公平的優質教育，讓全民終身享有學習機會	4.3增加職能 4.a終生學習	4.3人才招募與留才 4.6多元投入	產攜專班 產學合作 職訓局人力提升計畫		GRI 405
6.為所有人提供水和環境衛生並對其進行永續管理	6.3、6.4、6.5水之永續管理	6.3、6.4 綠色製程	廢水空品檢測		GRI 306
7.確保人人獲得負擔得起的、可靠和永續的現代能源	7.2、7.a 再生能源發展；7.3提高能源效率	7.2綠色發展	橡膠工業節能ISO 50001		GRI 302
8.促進持久、包容和永續的經濟增長，促進充分的生產性就業和人人獲得體面工作	8.8促進工作環境的安全	8.7職業安全衛生	橡膠產業工作環境改善 環境管理ISO 14001 產品碳足跡ISO 14067 職業安全衛生ISO 45001		GRI 403
12.採用永續的消費和生產模式	12.2有效利用能資源；12.4妥善之廢棄物管理	12.4綠色製程 12.5循環經濟	COMSOL優化製程分析 減廢LCA循環評估分析 亞臨界碳化減廢改質技術		GRI 416、305

附錄 3-6 空氣污染突發事故緊急應變措施計畫及警告通知作業辦法

法規名稱：空氣污染突發事故緊急應變措施計畫及警告通知作業辦法
發布日期：民國108年09月09日

第1條

本辦法依空氣污染防制法（以下簡稱本法）第三十三條第四項規定訂定之。

第2條

1 經中央主管機關指定公告應設置空氣污染防制專責單位或人員之公私場所，其固定污染源操作許可證所記載製程、儲槽之原（物）料及產品種類，使用附表所列空氣污染突發事故管制物質（以下簡稱管制物質），應擬訂空氣污染突發事故緊急應變措施計畫（以下簡稱空汙事故措施計畫），報請直轄市、縣（市）主管機關核定後切實執行。

2 前項所稱緊急應變措施，指足以即時控制大量排放，使固定污染源回復常態之各項污染控制措施。

第3條

前條第一項空汙事故措施計畫之內容，應包括下列事項：

一、公私場所基本資料及全廠（場）配置圖。

二、公私場所製程、儲槽之原（物）料、產品種類及其操作核定量。

三、公私場所周界二公里範圍內村（裡）之學校、醫療或社會福利機構等敏感受體資訊。

四、公私場所空氣污染防制設備失效之緊急應變措施。

五、公私場所模擬製程設施、儲槽、裝載操作設施及設備元件等可能洩漏之設備，所導致污染物嚴重洩漏之影響範圍分析資料。

六、公私場所因應突發事故預防整備及緊急應變之事項，並應包括公私場所內外緊急應變通報機制與聯絡人資訊、疏散避難場所清單及疏散路線。

七、使用管制物質之安全資料表。

第4條

1 直轄市、縣（市）主管機關受理空汙事故措施計畫之核定申請後，應通知公私場所於七日內繳納審查費，並於公私場所繳費後翌日起三十日內完成審查，審查符合規定者，核定其空汙事故措施計畫。

2 前項空汙事故措施計畫經審查不合規定或內容有欠缺者，直轄市、縣（市）主管機關應通知公私場所限期補正；屆期未補正，駁回其申請。但已於期限內補正而仍不合規定或內容有欠缺者，直轄市、縣（市）主管機關得再通知限期補正。各次補正日數不算入審查期限內，且補正總日數不得超過九十日。

第5條

1 公私場所應依直轄市、縣（市）主管機關核定空汙事故措施計畫之預防整備事項，每年至少辦理一次空氣污染突發事故演練，該演練得與其他事業單位相關演練一併辦理。

2 公私場所辦理前項事故演練後，得依演練結果檢討空汙事故措施計畫，並應檢附演練相關資料，於演練後三十日內報請直轄市、縣（市）主管機關備查。

第6條

1 公私場所使用管制物質種類改變或發生重大空氣污染突發事故，應於事實發生後三個月內檢討空汙事故措施計畫，向直轄市、縣（市）主管機關申請重新核定。但因特殊情形報經直轄市、縣（市）主管機關核准者，得延長爲一年。

2 直轄市、縣（市）主管機關受理前項申請之審查程式，準用第四條規定辦理。

3 空汙事故措施計畫因公私場所之基本資料、管制物質使用許可量或廠內通報聯絡人資訊有變動者，應於事實發生後三十日內報請直轄市、縣（市）主管機關備查。

第7條

1 直轄市、縣（市）主管機關於轄內公私場所發生重大空氣污染突發事故，大量排放空氣污染物，致空氣品質惡化時，應於接獲公私場所通報或民眾陳情後二小時內使用防救災訊息服務平臺，以有線電視及廣播發布空氣品質惡化警告；於事故處理情形與前次發布警告內容有變動，且經直轄市、縣（市）主管機關認有必要者，定時發布警告，並於事故受控制，無影響空氣品質之虞時，應發布警告解除之通知。

2 前項突發事故發生於三十人以上之學校、醫療或社會福利機構，且直轄市、縣（市）主管機關接獲通報時，事故已獲控制，得不適用前項規定發布警告。

第8條

1 直轄市、縣（市）主管機關發布前條警告，應載明下列事項：

一、發生事故之公私場所名稱。

二、事故類型。

三、事故影響區域範圍。

四、民眾應配合事項。

2 直轄市、縣（市）主管機關除依前條發布警告外，並應執行下列因應措施：

一、通報中央主管機關。

二、令公私場所立即控制大量空氣污染物排放。

三、研判突發事故影響程度。

四、監測及採集事故環境之空氣污染物。

第9條

第六條及第七條所稱重大空氣污染突發事故，指下列情形之一者：

一、事故嚴重影響附近地區空氣品質，導致十人以上送醫就診。
二、事故污染範圍涵蓋規模達三十人以上之學校、醫療或社會福利機構。
三、事故未達前二款情形。但可預見災害對社會有重大影響，經各級主管機關認事故可能持續惡化，有發布空氣品質惡化警告之必要。

第10條

本辦法發布前既存之固定污染源符合第二條第一項規定者，公私場所至遲應於本辦法發布日起六個月內，依本辦法規定，完成空汙事故措施計畫報請直轄市、縣（市）主管機關核定。

第11條

本辦法自發布日施行。

附錄 3-7 天然氣事業災害及緊急事故通報辦法

法規名稱：天然氣事業災害及緊急事故通報辦法
修正日期：民國108年05月30日

第1條

本辦法依天然氣事業法第十七條第二項規定訂定之。

第2條

天然氣事業發生下列災害或緊急事故時，應行通報：

一、因風災、水災、震災（含土壤液化）、土石流災害、火山災害、海嘯或其他天然災害，導致輸儲設備遭受損害。

二、輸儲設備發生火災、爆炸、洩漏或其他工安災害。

三、因天然氣事業發生作業事故，致影響供氣。

四、輸儲設備附近發生火災或其他非常災害，且停止一部或全部供氣。

第3條

1 天然氣生產、進口事業依下列災害或緊急事故之規模，分爲甲、乙、丙三種等級：

一、具有下列情形之一者爲甲級：

（一）各類災害或緊急事故造成七人以上傷亡、失蹤。

（二）各類災害或緊急事故影響輸儲設備無法正常供氣，三十分鐘內無法恢復供氣。

二、具有下列情形之一者爲乙級：

（一）各類災害或緊急事故造成五人以上，未達七人傷亡、失蹤。

（二）各類災害或緊急事故影響輸儲設備無法正常供氣，三十分鐘內能恢復供氣。

三、具有下列情形之一者爲丙級：

（一）各類災害或緊急事故造成一人以上，未達五人傷亡、失蹤。

（二）各類災害或緊急事故未影響輸儲設備正常供氣。

2 公用天然氣事業依下列災害或緊急事故規模，分爲甲、乙、丙三種等級：

一、具有下列情形之一者爲甲級：

（一）各類災害或緊急事故造成七人以上傷亡、失蹤。

（二）各類災害或緊急事故造成五百戶以上供氣戶數停氣。

二、具有下列情形之一者爲乙級：

（一）各類災害或緊急事故造成五人以上，未達七人傷亡、失蹤。

（二）各類災害或緊急事故造成三百戶以上未達五百戶供氣戶數停氣。

三、具有下列情形之一者爲丙級：

（一）各類災害或緊急事故造成一人以上，未達五人傷亡、失蹤。
（二）各類災害或緊急事故造成二十戶以上，未達三百戶供氣戶數停氣。
（三）各類災害或緊急事故造成供氣戶數停氣，雖未達二十戶，但已達八小時無法恢復供氣。

第4條

1 天然氣事業應建立緊急通報系統、緊急聯絡電話及其他相關資料，並應設置二十四小時通報專責人員。

2 前項資料及專責人員應報直轄市、縣（市）主管機關及中央主管機關備查；其有異動者，亦同。

第5條

天然氣事業發生各類災害或緊急事故，其通報程序如下：

一、災害或緊急事故規模等級達第三條所定甲級或乙級者：應於知悉或接獲通報後三十分鐘內，先行通報中央主管機關及直轄市、縣（市）主管機關指定聯絡人（以下簡稱指定聯絡人），並即時確認指定聯絡人是否收到通報；於一小時內，依附表格式填具天然氣事業各類災害及緊急事故速報表（以下簡稱速報表），陳報指定聯絡人。

二、災害或緊急事故規模等級達第三條所定丙級者：應於知悉或接獲通報後一小時內，通報前款指定聯絡人，並填具速報表，向其陳報。

三、災害或緊急事故規模未達第三條所定丙級者：依直轄市、縣（市）政府或各級災害應變中心指定之方式通報。

第6條

1 天然氣事業發生各類災害或緊急事故，其通報事項如下：

一、公司名稱。
二、通報時間。
三、事業單位。
四、通報類別。
五、事件類別及等級。
六、事件名稱。
七、發生時間。
八、發生地點。
九、現場指揮官。
十、發生原因。
十一、現場狀況。
十二、處理情形。
十三、人員傷亡人數。
十四、外部支援。
十五、影響區域及停氣戶數（依區域別填列該區停氣戶數）。
十六、財物損失。

2 前項第四款之通報類別，分為事件初次發生之初報、事件持續進行之續報及事件終了之結報。

第7條

速報表得採用下列方式之一陳報，並應於陳報後確認接獲通報事項：

一、傳眞。

二、網際網路或其他電子方式。

三、專人送達。

四、其他經中央主管機關指定之方式。

第8條

1 各類災害或緊急事故之通報，應依下列方式持續彙報：

一、災害或緊急事故規模等級達第三條所定甲級者：須於每日九時、十五時、二十一時提報最新情況。其間如有重大變化並應隨時提報。

二、災害或緊急事故規模等級達第三條所定乙級者：須於每日九時、十五時提報最新情況。

三、災害或緊急事故規模等級達第三條所定丙級者：由天然氣事業單位內部進行通報，並依災情狀況逐級報告。

2 中央主管機關得依實際事件狀況，通知天然氣事業變更通報時間及次數。

第9條

本辦法自發布日施行。

附錄 3-8 移動污染源空氣污染防制設備管理辦法

法規名稱：移動污染源空氣污染防制設備管理辦法
修正日期：民國108年06月12日

第1條

本辦法依空氣污染防制法第三十七條第二項規定訂定之。

第2條

移動污染源空氣污染防制設備之種類如下：

一、機動車輛：

（一）觸媒轉化器（Catalyticconverter）。
（二）排氣再循環系統（Exhaustgasrecirculation）。
（三）蒸發排放活性碳罐（Evaporativeemissioncanister）。
（四）曲軸箱通氣閥（Positivecrankcasevalve）。
（五）熱反應器（Thermalreactor）。
（六）二次空氣供給泵（Airinjection,airpump）。
（七）二次空氣控制閥（Airinjection,pulseair）。
（八）含氧量感知器（Oxygensensor）。
（九）減速控制裝置（Decelerationdevice）。
（十）濾煙器（ParticulateFilter）。
（十一）濾煙器再生裝置（Regenerationsystemforparticulatefilter）。
（十二）車上診斷系統（Onboarddiagnostics）。
（十三）電子控制單元（Electroniccontrolunit）。
（十四）其他經中央主管機關指定公告之設備。

二、火車、船舶、航空器及其他水上動力機具空氣污染防制設備之種類，中央主管機關得另行公告之。

第3條

1 移動污染源製造者或進口商於移動污染源上所使用之空氣污染防制設備，應經中央主管機關核准。

2 前項空氣污染防制設備之種類、規格或標識變更時，需經中央主管機關核准。

第4條

經中央主管機關指定公告之移動污染源空氣污染防制設備，製造者或進口商應於該設備或設備總成上標示明顯可見不易毀損之辨識號碼或型號。

第5條

經中央主管機關核准使用於移動污染源上之空氣污染防制設備，移動污染源使用人或所有人需更換其空氣污染防制設備時，應更換核准之空氣污染防制設備。

第6條

製造者或進口商應於移動污染源上標明空氣污染防制設備相關位置圖及標識，並加註使用人或所有人不得拆除或不得改裝非經中央主管機關認證之空氣污染防制設備。但機車得僅標明其標識。

第7條

本辦法自發布日施行。

附錄 3-9 勞工作業環境監測實施辦法

法規名稱：勞工作業環境監測實施辦法
修正日期：民國105年11月02日

第一章　總則

第1條

本辦法依職業安全衛生法（以下簡稱本法）第十二條第五項規定訂定之。

第2條

本辦法用詞，定義如下：

一、作業環境監測：指為掌握勞工作業環境實態與評估勞工暴露狀況，所採取之規劃、採樣、測定及分析之行為。

二、作業環境監測機構：指依本辦法規定申請，並經中央主管機關認可，執行作業環境監測業務之機構（以下簡稱監測機構）。

三、臨時性作業：指正常作業以外之作業，其作業期間不超過三個月，且一年內不再重複者。

四、作業時間短暫：指雇主使勞工每日作業時間在一小時以內者。

五、作業期間短暫：指作業期間不超過一個月，且確知自該作業終了日起六個月，不再實施該作業者。

六、第三者認證機構：指取得國際實驗室認證聯盟相互認可協議，並經中央主管機關公告之認證機構。

七、認證實驗室：指經第三者認證機構認證合格，於有效限期內，辦理作業環境監測樣本化驗分析之機構。

第3條

本辦法之作業環境監測，分類如下：

一、化學性因子作業環境監測：指第七條第一款、第二款、第八條第二款至第七款及其他經中央主管機關指定者。

二、物理性因子作業環境監測：指第七條第三款、第八條第一款及其他經中央主管機關指定者。

第4條

1 本辦法之作業環境監測人員（以下簡稱監測人員），其分類及資格如下：

一、甲級化學性因子監測人員，為領有下列證照之一者：

（一）工礦衛生技師證書。

（二）化學性因子作業環境監測甲級技術士證照。

（三）中央主管機關發給之作業環境測定服務人員證明並經講習。

二、甲級物理性因子監測人員，為領有下列證照之一者：

（一）工礦衛生技師證書。

（二）物理性因子作業環境監測甲級技術士證照。

（三）中央主管機關發給之作業環境測定服務人員證明並經講習。

三、乙級化學性因子監測人員，為領有化學性因子作業環境監測乙級技術士證照者。

四、乙級物理性因子監測人員，為領有物理性因子作業環境監測乙級技術士證照者。

2 本辦法施行前，已領有作業環境測定技術士證照者，可繼續從事作業環境監測業務。

第5條

第二條第七款之認證實驗室，其化驗分析類別如下：

一、有機化合物分析。

二、無機化合物分析。

三、石綿等礦物性纖維分析。

四、游離二氧化矽等礦物性粉塵分析。

五、粉塵重量分析。

六、其他經中央主管機關指定者。

第6條

作業環境監測之採樣、分析及儀器測量之方法，應參照中央主管機關公告之建議方法辦理。

第二章　監測作業場所及監測頻率

第7條

本法施行細則第十七條第二項第一款至第三款規定之作業場所，雇主應依下列規定，實施作業環境監測。但臨時性作業、作業時間短暫或作業期間短暫之作業場所，不在此限：

一、設有中央管理方式之空氣調節設備之建築物室內作業場所，應每六個月監測二氧化碳濃度一次以上。

二、下列坑內作業場所應每六個月監測粉塵、二氧化碳之濃度一次以上：

（一）礦場地下礦物之試掘、採掘場所。

（二）隧道掘削之建設工程之場所。

（三）前二目已完工可通行之地下通道。

三、勞工噪音暴露工作日八小時日時量平均音壓級八十五分貝以上之作業場所，應每六個月監測噪音一次以上。

第8條

1 本法施行細則第十七條第二項第四款規定之作業場所，雇主應依下列規定，實施作業環境監測：

一、下列作業場所，其勞工工作日時量平均綜合溫度熱指數在中央主管機關規定值以上者，應每三個月監測綜合溫度熱指數一次以上：
（一）於鍋爐房從事工作之作業場所。
（二）處理灼熱鋼鐵或其他金屬塊之壓軋及鍛造之作業場所。
（三）鑄造間內處理熔融鋼鐵或其他金屬之作業場所。
（四）處理鋼鐵或其他金屬類物料之加熱或熔煉之作業場所。
（五）處理搪瓷、玻璃及高溫熔料或操作電石熔爐之作業場所。
（六）於蒸汽機車、輪船機房從事工作之作業場所。
（七）從事蒸汽操作、燒窯等之作業場所。
二、粉塵危害預防標準所稱之特定粉塵作業場所，應每六個月監測粉塵濃度一次以上。
三、製造、處置或使用附表一所列有機溶劑之作業場所，應每六個月監測其濃度一次以上。
四、製造、處置或使用附表二所列特定化學物質之作業場所，應每六個月監測其濃度一次以上。
五、接近煉焦爐或於其上方從事煉焦作業之場所，應每六個月監測溶於苯之煉焦爐生成物之濃度一次以上。
六、鉛中毒預防規則所稱鉛作業之作業場所，應每年監測鉛濃度一次以上。
七、四烷基鉛中毒預防規則所稱四烷基鉛作業之作業場所，應每年監測四烷基鉛濃度一次以上。

2 前項作業場所之作業，屬臨時性作業、作業時間短暫或作業期間短暫，且勞工不致暴露於超出勞工作業場所容許暴露標準所列有害物之短時間時量平均容許濃度，或最高容許濃度之虞者，得不受前項規定之限制。

第9條

前二條作業場所，雇主於引進或修改製程、作業程序、材料及設備時，應評估其勞工暴露之風險，有增加暴露風險之虞者，應即實施作業環境監測。

第三章　監測實施及監測結果處理

第10條

1 雇主實施作業環境監測前，應就作業環境危害特性、監測目的及中央主管機關公告之相關指引，規劃採樣策略，並訂定含採樣策略之作業環境監測計畫（以下簡稱監測計畫），確實執行，並依實際需要檢討更新。

2 前項監測計畫，雇主應於作業勞工顯而易見之場所公告或以其他公開方式揭示之，必要時應向勞工代表說明。

3 雇主於實施監測十五日前，應將監測計畫依中央主管機關公告之網路登錄系統及格式，實施通報。但依前條規定辦理之作業環境監測者，得於實施後七日內通報。

第10-1條

前條監測計畫，應包括下列事項：

一、危害辨識及資料收集。
二、相似暴露族群之建立。
三、採樣策略之規劃及執行。
四、樣本分析。
五、數據分析及評估。

第10-2條

1 事業單位從事特別危害健康作業之勞工人數在一百人以上，或依本辦法規定應實施化學性因子作業環境監測，且勞工人數五百人以上者，監測計畫應由下列人員組成監測評估小組研訂之：
一、工作場所負責人。
二、依職業安全衛生管理辦法設置之職業安全衛生人員。
三、受委託之執業工礦衛生技師。
四、工作場所作業主管。

2 游離輻射作業或化學性因子作業環境監測依第十一條規定得以直讀式儀器監測方式為之者，不適用前項規定。

3 第一項監測計畫，雇主應使監測評估小組成員共同簽名及作成紀錄，留存備查，並保存三年。

4 第一項第三款之技師不得為監測機構之人員，且以經附表二之一所定課程訓練合格者為限。

5 前項訓練得由中央主管機關自行辦理，或由中央主管機關認可之專業團體辦理。

第11條

雇主實施作業環境監測時，應設置或委託監測機構辦理。但監測項目屬物理性因子或得以直讀式儀器有效監測之下列化學性因子者，得僱用乙級以上之監測人員或委由執業之工礦衛生技師辦理：
一、二氧化碳。
二、二硫化碳。
三、二氯聯苯胺及其鹽類。
四、次乙亞胺。
五、二異氰酸甲苯。
六、硫化氫。
七、汞及其無機化合物。
八、其他經中央主管機關指定公告者。

第12條

1 雇主依前二條訂定監測計畫，實施作業環境監測時，應會同職業安全衛生人員及勞工代表實施。

2 前項監測結果應依附表三記錄，並保存三年。但屬附表四所列化學物質者，應保存三十年；粉塵之監測紀錄應保存十年。

3 第一項之監測結果，雇主應於作業勞工顯而易見之場所公告或以其他公開方式揭示之，必要時應向勞工代表說明。
4 雇主應於採樣或測定後四十五日內完成監測結果報告，通報至中央主管機關指定之資訊系統。所通報之資料，主管機關得作爲研究及分析之用。

第12-1條

雇主依第十一條規定以直讀式儀器方式監測二氧化碳濃度者，其監測計畫及監測結果報告，免依第十條及前條規定辦理通報。

第13條

1 雇主得委由監測機構辦理監測計畫及監測結果之通報。
2 前項委託方式，應以書面方式爲之。
3 監測機構受託辦理第一項通報，準用第十條及前條之規定。

第四章　監測機構與監測人員資格及條件

第14條

監測機構應具備下列資格條件：
一、必要之採樣及測定儀器設備（附表五）。
二、三人以上甲級監測人員或一人以上執業工礦衛生技師。
三、專屬之認證實驗室。
四、二年內未經撤銷或廢止認可。

第14-1條

具備前條資格條件者，得向中央主管機關檢具下列資料，申請認可：
一、申請書（附表六）及機構設立登記或執業證明文件影本。
二、採樣及測定儀器設備清單。
三、監測人員名冊及資格證明影本。
四、認證實驗室及化驗分析類別之合格證明文件影本。
五、委託或設置實驗室之證明文件影本（協議書如附表六之一）。
六、具結符合第十四條第四款之情事。
七、其他經中央主管機關指定公告者。

第14-2條

監測機構應依中央主管機關認可之類別，辦理勞工作業環境監測業務。

第15條

1 監測機構就下列事項有變更者，應依附表七填具變更事項申報表，並檢附相關資料，於十五日內報請中央主管機關備查：
一、負責人、地址及聯絡方式。
二、監測人員。
三、必要之採樣及測定儀器設備。
四、認證實驗室有效期限及化驗分析類別。

五、其他經中央主管機關指定者。

2 前項第二款之報備，得於變更後三十日內爲之。

第16條

認證實驗室應符合國家標準CNS 17025或國際標準ISO/IEC1 7025及中央主管機關公告之實驗室認證規範。

第17條

1 監測機構之監測人員應親自執行作業環境監測業務。

2 監測機構於執行作業環境監測二十四小時前，應將預定辦理作業環境監測之行程，依中央主管機關公告之網路申報系統辦理登錄。

第18條

1 監測機構應訂定作業環境監測之管理手冊，並依管理手冊所定內容，記載執行業務及實施管理，相關紀錄及文件應保存三年。

2 前項管理手冊內容及記載事項，由中央主管機關公告之。

第19條

監測機構之監測人員及第十條之二之執業工礦衛生技師，應參加中央主管機關認可之各種勞工作業環境監測相關講習會、研討會或訓練，每年不得低於十二小時。

第五章　查核及管理

第20條

1 中央主管機關或勞動檢查機構對雇主設置或委託監測機構執行作業環境監測相關業務，得實施查核。

2 前項查核結果，有應改善事項，經限期令其改正者，雇主或監測機構應於限期內完成改正，並提出改善之書面報告。

3 第一項之查核，中央主管機關得委託相關專業團體辦理，並將查核結果公開之。

第21條

監測機構有下列情事之一者，得依本法第四十八條規定，予以警告，並限期令其改正：

一、採樣、分析及儀器測量之方法未依第六條規定辦理。

二、變更事項未依第十五條規定辦理。

三、監測人員違反第十七條第一項、第十九條之規定。

四、未依第十七條第二項規定，登錄預定監測行程。

五、違反第十八條第一項規定。

第22條

監測機構有下列情事之一者，得依本法第四十八條規定，處以罰鍰，並限期令其改正：

一、申請認可文件及監測紀錄有虛僞不實。
二、監測計畫及監測結果，未依第十三條第三項規定辦理。
三、資格條件未符合第十四條之規定。
四、未依第十四條之二認可之類別辦理。
五、經查核有應改善事項，未依第二十條第二項規定辦理。
六、拒絕、規避或妨礙主管機關業務查核。
七、未依監測計畫內容實施，情節重大。
八、未依前條規定改正。

第23條

1 監測機構違反前二條規定，屆期未改正或情節重大者，得撤銷或廢止其認可，並得依本法第四十八條規定，定期停止執行監測業務之一部或全部。
2 前項機構人員涉及刑責者，應移送司法機關偵辦。
3 工礦衛生技師違反本辦法有關規定時，得移請中央技師主管機關依技師法予以懲處。

第六章　附則

第24條

本辦法中華民國一百零三年七月三日施行前，原經中央主管機關認可之作業環境測定機構或實驗室，應於本辦法施行後一年內重新申請認可。

第25條

1 本辦法自中華民國一百零三年七月三日施行。
2 本辦法修正發布之條文，除第十條之二之規定，自中華民國一百零四年七月一日施行外，自中華民國一百零四年一月一日施行。
3 本辦法中華民國一百零五年十一月二日修正發布之條文，自發布日施行。

附錄3-10 噪音管制法

法規名稱：噪音管制法
修正日期：民國110年01月20日

第一章　總則

第1條

爲維護國民健康及環境安寧，提高國民生活品質，特制定本法。

第2條

本法所稱主管機關：在中央爲行政院環境保護署；在直轄市爲直轄市政府；在縣（市）爲縣（市）政府。

第3條

本法所稱噪音，指超過管制標準之聲音。

第4條

中央主管機關之主管事項如下：
一、全國性噪音管制政策、方案與計畫之策劃、訂定及執行。
二、全國性噪音管制法規之制（訂）定、研議及釋示。
三、全國性噪音監測事項之訂定及防制技術之研究發展。
四、噪音管制標準之訂定。
五、噪音管制工作之監督、輔導及核定。
六、涉及二以上直轄市、縣（市）噪音管制之協調或執行。
七、涉及二以上直轄市、縣（市）噪音管制區之劃定。
八、重大噪音糾紛之協調。
九、噪音管制專業人員之訓練。
十、噪音檢驗測定機構之管理。
十一、機動車輛之噪音檢驗。
十二、噪音管制之宣導。
十三、噪音管制之國際合作。
十四、對噪音源之檢查及鑑定。
十五、其他有關全國性噪音管制。

第5條

直轄市、縣（市）主管機關之主管事項如下：
一、直轄市、縣（市）噪音管制工作實施方案之規劃及執行。

二、直轄市、縣（市）噪音管制之研究發展。
三、直轄市、縣（市）噪音糾紛之協調。
四、直轄市、縣（市）轄境內噪音管（防）制區之劃定。
五、直轄市、縣（市）噪音之監測。
六、直轄市、縣（市）噪音管制之宣導。
七、對噪音源之檢查及鑑定。
八、其他有關直轄市、縣（市）噪音管制。

第6條

製造不具持續性或不易量測而足以妨害他人生活安寧之聲音者，由警察機關依有關法規處理之。

第二章　管制

第7條

1 直轄市及縣（市）主管機關得視轄境內噪音狀況劃定公告各類噪音管制區，並應定期檢討，重新劃定公告之；其管制區之劃分原則、劃定程序及其他應遵行事項之準則，由中央主管機關定之。

2 前項管制區有特殊需要者，由中央主管機關劃定並公告之。

第8條

噪音管制區內，於直轄市、縣（市）主管機關公告之時間、地區或場所不得從事下列行爲致妨害他人生活環境安寧：
一、燃放爆竹。
二、神壇、廟會、婚喪等民俗活動。
三、餐飲、洗染、印刷或其他使用動力機械操作之商業行爲。
四、其他經主管機關公告之行爲。

第9條

1 噪音管制區內之下列場所、工程及設施，所發出之聲音不得超出噪音管制標準：
一、工廠（場）。
二、娛樂場所。
三、營業場所。
四、營建工程。
五、擴音設施。
六、其他經主管機關公告之場所、工程及設施。

2 前項各款噪音管制之音量及測定之標準，由中央主管機關定之。

第10條

1 在指定管制區內之營建工程或其他公私場所使用經中央主管機關指定之易發生噪音設施，營建工程直接承包商或其他公私場所之設施所有人、操作人，應先向直轄市、縣（市）主管機關申請許可證後，始得設置或操作，並應依許可證內容進行設置或操作。

2 前項營建工程或其他公私場所之種類、規模及其應申請許可證之類別，與易發生噪音設施之種類，由中央主管機關定之。

3 第一項許可證之申請及審查程序、申請書與許可證應記載事項、許可證核（換、補）發、變更、撤銷、廢止及其他應遵行事項之辦法，由中央主管機關定之。

第11條

1 機動車輛、民用航空器所發出之聲音，不得超過機動車輛、民用航空器噪音管制標準；其標準，由中央主管機關會同交通部定之。

2 機動車輛供國內使用者，應符合前項噪音管制標準，始得進口、製造及使用。

3 使用中機動車輛、民用航空器噪音管制項目、程序、限制、檢驗人員之資格及其他應遵行事項之辦法，由中央主管機關會同交通部定之。

第12條

1 國內生產銷售之機動車輛，應取得中央主管機關核發之車型噪音審驗合格證明，始得申請牌照；總重量逾三千五百公斤之客車及進口機動車輛，應取得中央主管機關核發之車型噪音審驗合格證明，並經中央主管機關驗證核可，始得申請牌照。

2 機動車輛經前項車型噪音審驗合格後，中央主管機關得辦理噪音抽驗。

3 前二項車型噪音審驗合格證明之核發、廢止、噪音抽驗及檢驗處理之辦法，由中央主管機關會同交通部定之。

4 第一項總重量逾三千五百公斤之客車及進口機動車輛噪音驗證核可資格、條件、應檢附資料及其他應遵行事項之準則，由中央主管機關定之。

第13條

人民得向主管機關檢舉使用中機動車輛噪音妨害安寧情形，被檢舉之車輛經主管機關通知者，應於指定期限內至指定地點接受檢驗；其檢舉辦法，由中央主管機關定之。

第14條

1 快速道路、高速公路、鐵路及大衆捷運系統等陸上運輸系統內，車輛行駛所發出之聲音，經直轄市、縣（市）主管機關量測該路段音量，超過陸上運輸系統噪音管制標準者，營運或管理機關（構）應自直轄市、縣（市）主管機關通知之日起一百八十日內，訂定該路段噪音改善計畫，其無法改善者得訂定補助計畫，送直轄市、縣（市）主管機關核定，並據以執行。但補助計畫以改善噪音防制設施並以一次爲限。

2 前項陸上運輸系統之噪音管制音量及測定之標準，由中央主管機關會同交通部定之。

第15條

1 民用機場、民用塔台所轄軍民合用機場產生之航空噪音及其他交通產生之噪音，經直轄市、縣（市）主管機關監測，超過環境音量標準者，營運或管理機關（構）應自直轄市、縣（市）主管機關通知之日起一百八十日內，訂定該區域或路段噪音改善計畫，其無法改善者得訂定補助計畫，送直轄市、縣（市）主管機關核定，並據以執行。但補助計畫以改善噪音防制設施，得視需要分期、分階段辦理補助。

2 軍用塔台所轄軍民合用機場之航空噪音，其軍用航空主管機關應會商民用航空營運或管理機關（構）、直轄市、縣（市）主管機關，對於各級航空噪音防制區之航空噪音影響程度，訂定航空噪音改善計畫。軍用航空主管機關及民用航空營運或管理機關（構）應採取適當之防制或補償措施。

3 第一項環境音量之數值及測定之標準，由中央主管機關會同交通部定之。

第16條

1 經中央主管機關公告之航空站，應設置自動監測設備，連續監測其所在機場周圍地區飛航噪音狀況。

2 前項監測結果，應作成紀錄，並依規定向當地主管機關申報。

3 第一項機場周圍地區航空噪音防制措施、防制區劃定原則、航空噪音日夜音量測定條件、申報資料、程序及其他應遵行事項之辦法，由中央主管機關定之。

第17條

1 軍用航空主管機關應會商直轄市、縣（市）主管機關，就專供軍用航空器起降之航空站，對於各級航空噪音防制區之航空噪音影響程度，訂定航空噪音改善計畫，採取適當之防制或補償措施。

2 第十五條第二項及前項軍用航空主管機關所採之防制或補償措施，其防制、補償經費分配、使用、補償方式對象及其他相關事項之辦法，由國防部定之。

第18條

1 直轄市、縣（市）主管機關應依下列原則，檢討、規劃各級航空噪音防制區內之既有土地使用及開發計畫：

一、第一級航空噪音防制區：應檢討現有土地使用及開發計畫。

二、第二級航空噪音防制區：不得新建學校、圖書館及醫療機構。

三、第三級航空噪音防制區：不得新建學校、圖書館、醫療機構及不得劃定為住宅區。

2 前項學校、圖書館及醫療機構採用之防音建材，於新建完成後可使室內航空噪音日夜音量低於五十五分貝，並經當地主管機關許可者，不受前項不得新建規定之限制，且不得向各目的事業主管機關申請補助。

第19條

1 各級主管機關得指派人員並提示有關執行職務上證明文件或顯示足資辨別之標誌，進入發生噪音或有事實足認有發生噪音之虞之公、私場所檢查或鑑定噪音狀況。

2 對於前項之檢查或鑑定，任何人不得以任何理由規避、妨礙或拒絕。

3 前二項規定，於主管機關檢查機動車輛、民用航空器聲音狀況時，準用之。

第20條

1 環境檢驗測定機構應取得中央主管機關核發之許可證後，始得辦理本法規定之檢驗測定。

2 前項環境檢驗測定機構應具備之條件、設施、檢驗測定人員資格限制、許可證之申請、審查程序、核（換）發、撤銷或廢止許可證、停業、復業、查核、評鑑程序及其他應遵行事項之辦法，由中央主管機關定之。

3 噪音檢驗測定方法及品質管制事項，由中央主管機關公告之。

第21條

警察機關依第六條規定進行查察時，知悉有違反第九條第一項所定情事者，應即通知直轄市、縣（市）主管機關處理。

第22條

各種噪音源之改善，應由各目的事業主管機關負責輔導。

第三章　罰則

第23條

違反第八條規定者，處新臺幣三千元以上三萬元以下罰鍰，並令其立即改善；未遵行者，按次處罰。

第24條

1 違反第九條第一項規定，經限期改善仍未符合噪音管制標準者，得依下列規定按次或按日連續處罰，或令其停工、停業或停止使用，至符合噪音管制標準時為止；其為第十條第一項取得許可證之設施，必要時並得廢止其許可證：

一、工廠（場）：處新臺幣六千元以上六萬元以下罰鍰。

二、娛樂或營業場所：處新臺幣三千元以上三萬元以下罰鍰。

三、營建工程：處新臺幣一萬八千元以上十八萬元以下罰鍰。

四、擴音設施：處新臺幣三千元以上三萬元以下罰鍰。

五、其他經公告之場所、工程及設施：處新臺幣三千元以上三萬元以下罰鍰。

2 前項限期改善之期限規定如下：

一、工廠（場）不得超過九十日。

二、娛樂或營業場所不得超過三十日。

三、營建工程不得超過四日。

四、擴音設施不得超過十分鐘。

五、依本法第九條第一項第六款公告之場所、工程及設施，其改善期限由主管機關於公告時定之，最長不得超過九十日。

3 法人或非法人之場所、工程或設施有第一項各款情事之一者，除處罰其實際從事行為之自然人外，並對該法人或非法人之負責人處以各該款之罰鍰。

第25條

未依第十條第一項規定取得許可證者，除依下列規定處罰並限期取得許可證外，應令其立即停工、停業或停止使用；未依許可證內容設置或操作者，依下列規定處罰並通知限期改善；屆期未完成改善者，得按次處罰，或令其停工、停業或停止使用，必要時，並得廢止其許可證：

一、處營建工程直接承包商新臺幣一萬八千元以上十八萬元以下罰鍰。

二、處公私場所設施所有人或操作人新臺幣四千五百元以上四萬五千元以下罰鍰。

第26條

違反依第十一條第一項所定標準者，除民用航空器依民用航空法有關規定處罰外，處機動車輛所有人或使用人新臺幣一千八百元以上三千六百元以下罰鍰，並通知限期改善；屆期仍未完成改善者，按次處罰。

第27條

違反依第十二條第三項所定辦法中有關車型噪音審驗合格證明核發、換發及噪音抽測之管理規定者，處新臺幣一萬元以上十萬元以下罰鍰，並通知限期補正或改善；屆期仍未補正或完成改善者，按次處罰，必要時，並得廢止其合格證明。

第28條

不依第十三條規定檢驗，或經檢驗不符合管制標準者，處機動車輛所有人或使用人新臺幣一千八百元以上三千六百元以下罰鍰，並通知限期改善；屆期仍未完成改善者，按次處罰。

第29條

違反第十四條第一項或第十五條第一項規定，未檢送噪音改善或補助計畫或未依噪音改善或補助計畫執行，經通知限期檢送或改善、補助，屆期仍未檢送或未依改善、補助計畫執行者，由直轄市、縣（市）主管機關報請中央主管機關處營運或管理機關（構）新臺幣十萬元以上五十萬元以下罰鍰。

第30條

1 違反第十六條第一項規定，未設置自動監測設備者，處航空站新臺幣十五萬元以上三十萬元以下罰鍰，並通知限期設置；屆期仍未設置者，按次處罰。

2 違反第十六條第二項規定或依同條第三項所定辦法中有關機場周圍地區航空噪音防制或航空噪音測定、申報之管理規定者，處新臺幣二萬元以上十萬元以下罰鍰，並通知限期申報或補正；屆期仍未遵行者，按次處罰。

第31條

違反第十九條第二項或第三項規定，規避、妨礙或拒絕檢查或鑑定者，處規避、妨礙或拒絕之人新臺幣三千元以上三萬元以下罰鍰，並強制執行檢查或鑑定。

第32條

1 環境檢驗測定機構違反第二十條第一項規定者，處新臺幣二萬元以上二十萬元以下罰鍰，並通知限期補正或改善；屆期仍未補正或完成改善者，按次處罰。

2 經取得許可證之環境檢驗測定機構，違反依第二十條第二項所定辦法中有關檢驗測定機構許可證、檢測測定人員資格限制或檢驗測定業務執行之管理規定者，處新臺幣一萬元以上十萬元以下罰鍰，並通知限期補正或改善；屆期仍未補正或完成改善者，按日連續處罰；情節重大者，得命其停業；必要時，並得廢止其許可證。

第四章　附則

第33條

軍事機關及其所屬單位之場所、工程、設施及機動車輛、航空器等裝備之噪音管制辦法，由中央主管機關會同國防部定之。

第34條

各級主管機關依本法應收取規費之標準，由中央主管機關定之。

第35條

1 未於依本法所爲通知補正或改善之期限屆滿前，檢具補正資料、符合噪音管制標準或其他符合本法規定之證明文件，向主管機關報請查驗者，視爲未完成補正或改善。

2 未於本法規定期限屆滿前完成補正或改善者，其按日連續處罰之起算日、暫停日、停止日、改善完成認定查驗方式、法規執行方式及其他應遵行事項之準則，由中央主管機關定之。

第36條

本法施行細則，由中央主管機關定之。

第37條

本法自公布日施行。

附錄 3-11 氣候變遷因應法

法規名稱：氣候變遷因應法
修正日期：民國112年02月15日

第一章　總則

第1條

爲因應全球氣候變遷，制定氣候變遷調適策略，降低與管理溫室氣體排放，落實世代正義、環境正義及公正轉型，善盡共同保護地球環境之責任，並確保國家永續發展，特制定本法。

第2條

1 本法所稱主管機關：在中央爲行政院環境保護署；在直轄市爲直轄市政府；在縣（市）爲縣（市）政府。

2 本法所定事項，涉及中央目的事業主管機關職掌者，由中央目的事業主管機關辦理。

第3條

本法用詞，定義如下：

一、溫室氣體：指二氧化碳（CO_2）、甲烷（CH_4）、氧化亞氮（N_2O）、氫氟碳化物（HFCs）、全氟碳化物（PFCs）、六氟化硫（SF_6）、三氟化氮（NF_3）及其他經中央主管機關公告者。

二、氣候變遷調適：指人類與自然系統爲回應實際、預期氣候變遷風險或其影響之調整適應過程，透過建構氣候變遷調適能力並提升韌性，緩和因氣候變遷所造成之衝擊或損害，或利用其可能有利之情勢。

三、氣候變遷風險：指氣候變遷衝擊對自然生態及人類社會系統造成的可能損害程度。氣候變遷風險的組成因子爲氣候變遷危害、暴露度及脆弱度。

四、溫室氣體減量：指減少人類活動衍生之溫室氣體排放或增加溫室氣體吸收儲存。

五、排放源：指直接或間接排放溫室氣體至大氣中之單元或程序。

六、溫暖化潛勢：指單一質量單位之溫室氣體，在特定時間範圍內所累積之輻射驅動力，並將其與二氧化碳爲基準進行比較之衡量指標。

七、排放量：指自排放源排出之各種溫室氣體量乘以各該物質溫暖化潛勢所得之合計量，以二氧化碳當量表示。

八、負排放技術：指將二氧化碳或其他溫室氣體自排放源或大氣中以自然碳循環或人爲方式移除、吸收或儲存之機制。

九、碳匯：指將二氧化碳或其他溫室氣體自排放源或大氣中持續移除後，吸收或儲存之樹木、森林、土壤、海洋、地層、設施或場所。

十、淨零排放：指溫室氣體排放量與碳匯量達成平衡。

十一、公正轉型：在尊重人權及尊嚴勞動之原則下，向所有因應淨零排放轉型受影響之社群進行諮詢，並協助產業、地區、勞工、消費者及原住民族穩定轉型。

十二、事業：指公司、行號、工廠、民間機構、行政機關（構）及其他經中央主管機關公告之對象。

十三、減量額度：指事業及各級政府執行溫室氣體自願減量專案、本法修正施行前執行溫室氣體排放額度抵換專案（以下簡稱抵換專案）、溫室氣體減量先期專案（以下簡稱先期專案）取得之額度。

十四、效能標準：指排放源之單位產品、單位原（物）料、單位里程或其他單位用料容許之排放量。

十五、總量管制：指在一定期間內，爲有效減少溫室氣體排放，對公告排放源溫室氣體總容許排放量所作之限制措施。

十六、排放額度：指進行總量管制時，允許排放源於一定期間排放之額度。

十七、碳洩漏：指實施溫室氣體管制，可能導致產業外移至其他碳管制較爲寬鬆國家，反而增加全球排碳量之情況。

十八、碳足跡：指產品由原料取得、製造、配送銷售、使用及廢棄處理等生命週期各階段產生之碳排放量，經換算爲二氧化碳當量之總和。

第4條

1 國家溫室氣體長期減量目標爲中華民國一百三十九年溫室氣體淨零排放。

2 爲達成前項目標，各級政府應與國民、事業、團體共同推動溫室氣體減量、發展負排放技術及促進國際合作。

第5條

1 政府應秉持減緩與調適並重之原則，確保國土資源永續利用及能源供需穩定，妥適減緩及因應氣候變遷之影響，兼顧環境保護、經濟發展、社會正義、原住民族權益、跨世代衡平及脆弱群體扶助。

2 各級政府應鼓勵創新研發，強化財務機制，充沛經濟活力，開放良性競爭，推動低碳綠色成長，創造就業機會，提升國家競爭力。

3 爲因應氣候變遷，政府相關法律及政策之規劃管理原則如下：

一、參酌國內外最新氣候變遷科學研究、分析及情境推估。

二、爲確保國家能源安全，應擬定逐步降低化石燃料依賴之中長期策略，訂定再生能源中長期目標，逐步落實非核家園願景。

三、秉持使用者付費之環境正義原則，溫室氣體排放額度之核配應逐步從免費核配到拍賣或配售方式規劃。

四、依二氧化碳當量，推動溫室氣體排放之稅費機制，以因應氣候變遷，並落實中立原則，促進社會公益。

五、積極協助傳統產業節能減碳或轉型，發展綠色技術及綠色產業，創造就業機會及綠色成長。

六、提高資源及能源使用效率，促進資源循環使用以減少環境污染及溫室氣體排放。
七、納入因應氣候變遷風險因子，提高氣候變遷調適能力，降低脆弱度及強化韌性，確保國家永續發展。
八、為推動自然碳匯，政府應與原住民族共同推動及管理原住民族地區內之自然碳匯，該區域內新增碳匯之相關權益應與原住民族共享，涉及原住民族土地開發、利用或限制，應與當地原住民族諮商，並取得其同意。

第6條

因應氣候變遷相關計畫或方案，其基本原則如下：
一、國家減量目標及期程之訂定，應履行聯合國氣候變化綱要公約之共同但有差異之國際責任，同時兼顧我國環境、經濟及社會之永續發展。
二、部門階段管制目標之訂定，應考量成本效益，並確保儘可能以最低成本達到溫室氣體減量成效。
三、積極採取預防措施，進行預測、避免或減少引起氣候變遷之肇因，以緩解其不利影響，並協助公正轉型。
四、致力氣候變遷科學及溫室氣體減量技術之研究發展。
五、建構綠色金融機制及推動措施，促成投資及產業追求永續發展之良性循環。
六、提升中央地方協力及公私合作，並推動因應氣候變遷之教育宣傳及專業人員能力建構。
七、積極加強國際合作，以維護產業發展之國際競爭力。

第7條

主管機關及目的事業主管機關得委任所屬機關（構）、委託或委辦其他機關（構），辦理有關氣候變遷調適與溫室氣體減量之調查、查核、輔導、訓練及研究事宜。

第二章　政府機關權責

第8條

1 為推動氣候變遷因應及強化跨域治理，行政院國家永續發展委員會（以下簡稱永續會）應協調、分工、整合國家因應氣候變遷基本方針及重大政策之跨部會氣候變遷因應事務。

2 中央有關機關應推動溫室氣體減量、氣候變遷調適，其權責事項規定如下：
一、再生能源及能源科技發展事項：由經濟部主辦；國家科學及技術委員會協辦。
二、能源使用效率提升及能源節約事項：由經濟部主辦；各中央目的事業主管機關協辦。
三、製造部門溫室氣體減量事項：由經濟部主辦；國家科學及技術委員會協辦。
四、運輸管理、大眾運輸系統發展及其他運輸部門溫室氣體減量事項：由交通部主辦；經濟部協辦。
五、低碳能源運具使用事項：由交通部主辦；經濟部、行政院環境保護署協辦。
六、建築溫室氣體減量管理事項：由內政部主辦；各中央目的事業主管機關協辦。
七、服務業溫室氣體減量管理事項：由經濟部主辦；各中央目的事業主管機關協辦。

八、廢棄物回收處理及再利用事項：由行政院環境保護署主辦；各中央目的事業主管機關協辦。

九、自然資源管理、生物多樣性保育及碳匯功能強化事項：由行政院農業委員會主辦；內政部、海洋委員會協辦。

十、農業溫室氣體減量管理、低碳飲食推廣及糧食安全確保事項：由行政院農業委員會主辦。

十一、綠色金融及溫室氣體減量之誘因機制研擬及推動事項：由金融監督管理委員會、行政院環境保護署主辦；經濟部、財政部協辦。

十二、溫室氣體減量對整體經濟影響評估及因應規劃事項：由國家發展委員會主辦；經濟部協辦。

十三、溫室氣體總量管制交易制度之建立及國際合作減量機制之推動事項：由行政院環境保護署主辦；經濟部、金融監督管理委員會、外交部協辦。

十四、溫室氣體減量科技之研發及推動事項：由國家科學及技術委員會主辦；經濟部協辦。

十五、國際溫室氣體相關公約法律之研析及國際會議之參與事項：由行政院環境保護署主辦；各中央目的事業主管機關協辦。

十六、氣候變遷調適相關事宜之研擬及推動事項：由行政院環境保護署、國家發展委員會主辦；各中央目的事業主管機關協辦。

十七、氣候變遷調適及溫室氣體減量之教育宣導事項：由教育部、行政院環境保護署主辦；各中央目的事業主管機關協辦。

十八、公正轉型之推動事項：由國家發展委員會主辦；各中央目的事業主管機關協辦。

十九、原住民族氣候變遷調適及溫室氣體減量事項：由原住民族委員會主辦；各中央目的事業主管機關協辦。

二十、其他氣候變遷調適及溫室氣體減量事項：由永續會協調指定之。

第9條

1 中央主管機關應依我國經濟、能源、環境狀況、參酌國際現況及前條第一項分工事宜，擬訂國家因應氣候變遷行動綱領（以下簡稱行動綱領），會商中央目的事業主管機關，報請行政院核定後實施，並對外公開。

2 前項行動綱領，中央主管機關應參酌聯合國氣候變化綱要公約與其協議或相關國際公約決議事項及國內情勢變化，至少每四年檢討一次。

第10條

1 為達成國家溫室氣體長期減量目標，中央主管機關得設學者專家技術諮詢小組，並應邀集中央及地方有關機關、學者、專家、民間團體，經召開公聽會程序後，訂定五年為一期之階段管制目標，報請行政院核定後實施，並對外公開。

2 中央主管機關為研擬階段管制目標，於召開公聽會前，應將舉行公聽會之日期、地點及方式等事項，於舉行之日前三十日，以網際網路方式公開周知；並得登載於政府公報、新聞紙或其他適當方法廣泛周知。人民或團體得於公開周知期間內，以書面或網際網路方式載明姓名或名稱及地址提出意見送中央主管機關參考，由中央主管機關併同階段管制目標報行政院。

3 階段管制目標應依第五條第三項及第六條之原則訂定，其內容包括：
一、國家階段管制目標。
二、能源、製造、住商、運輸、農業、環境等部門階段管制目標。
三、電力排放係數階段目標。

4 各期階段管制目標，除第一期外，中央主管機關應於下一期開始前二年提出。

5 各期階段管制目標經行政院核定後，中央主管機關應彙整各部門之中央目的事業主管機關階段管制目標執行狀況，每年定期向行政院報告。

第11條

中央目的事業主管機關應依行動綱領及階段管制目標，邀集中央及地方有關機關、學者、專家、民間團體經召開公聽會程序後，訂修所屬部門溫室氣體減量行動方案（以下簡稱部門行動方案）送中央主管機關報請行政院核定後實施，並對外公開。

第12條

1 中央目的事業主管機關應每年編寫所屬部門行動方案成果報告。

2 中央目的事業主管機關執行所屬部門行動方案後，未能達成所屬部門階段管制目標時，應提出改善措施。

3 前二項成果報告及改善措施，中央目的事業主管機關應送中央主管機關報請行政院核定後，並對外公開。

第13條

1 中央目的事業主管機關應進行排放量之調查及統計之研議，並將調查及統計成果每年定期提送中央主管機關。

2 中央主管機關應定期統計全國排放量，建立國家溫室氣體排放清冊；並每三年編撰溫室氣體國家報告，報請行政院核定後對外公開。

第14條

1 直轄市、縣（市）主管機關設直轄市、縣（市）氣候變遷因應推動會，由直轄市、縣（市）主管機關首長擔任召集人，職司跨局處因應氣候變遷事務之協調整合及推動。

2 前項推動會之委員，由召集人就有關機關、單位首長及氣候變遷因應學識經驗之專家、學者派兼或聘兼之。

第15條

1 直轄市、縣（市）主管機關應依行動綱領及部門行動方案，邀集有關機關、學者、專家、民間團體舉辦座談會或以其他適當方法廣詢意見，訂修溫室氣體減量執行方案（以下簡稱減量執行方案）送直轄市、縣（市）氣候變遷因應推動會，報請中央主管機關會商中央目的事業主管機關核定後實施，並對外公開。

2 直轄市、縣（市）主管機關應每年編寫減量執行方案成果報告，經送直轄市、縣（市）氣候變遷因應推動會後對外公開。

第16條

目的事業主管機關應輔導事業進行排放源排放量之盤查、查驗、登錄、減量及參與國內或國際合作採行溫室氣體減量措施。

第三章　氣候變遷調適

第17條

1 爲因應氣候變遷，政府應推動調適能力建構之事項如下：

一、以科學爲基礎，檢視現有資料、推估未來可能之氣候變遷，並評估氣候變遷風險，藉以強化風險治理及氣候變遷調適能力。

二、強化因應氣候變遷相關環境、災害、設施、能資源調適能力，提升氣候韌性。

三、確保氣候變遷調適之推動得以回應國家永續發展目標。

四、建立各級政府間氣候變遷調適治理及協商機制，提升區域調適量能，整合跨領域及跨層級工作。

五、因應氣候變遷調適需求，建構綠色金融機制及推動措施。

六、推動氣候變遷新興產業，輔導、鼓勵氣候變遷調適技術開發，研發、推動氣候變遷調適衍生產品及商機。

七、強化氣候變遷調適之教育、人才培育及公民意識提升，並推展相關活動。

八、強化脆弱群體因應氣候變遷衝擊之能力。

九、融入綜合性與以社區及原住民族爲本之氣候變遷調適政策及措施。

十、其他氣候變遷調適能力建構事項。

2 國民、事業、團體應致力參與前項氣候變遷調適能力建構事項。

第18條

1 中央主管機關與中央科技主管機關應進行氣候變遷科學及衝擊調適研究發展，並與氣象主管機關共同研析及掌握氣候變遷趨勢，綜整氣候情境設定、氣候變遷科學及衝擊資訊，定期公開氣候變遷科學報告。

2 中央主管機關與中央科技主管機關應輔導各級政府使用前項氣候變遷科學報告，進行氣候變遷風險評估，作爲研擬、推動調適方案及策略之依據。各級政府於必要時得依據前項氣候變遷科學報告，規劃早期預警機制及系統監測。

3 前項氣候變遷風險評估之作業準則，由中央主管機關會商有關機關定之。

第19條

1 中央目的事業主管機關應就易受氣候變遷衝擊之權責領域，訂定四年爲一期之該領域調適行動方案（以下簡稱調適行動方案），並依第五條第三項、第六條及第十七條訂定調適目標。

2 中央目的事業主管機關擬訂前項調適行動方案及調適目標，應邀集中央及地方有關機關、學者、專家、民間團體經召開公聽會程序後訂修該領域調適行動方案，送中央主管機關。

3 中央主管機關應依行動綱領，整合第一項調適行動方案，擬訂國家氣候變遷調適行動計畫（以下簡稱國家調適計畫），報請行政院核定後實施，並對外公開。

4 第一項中央目的事業主管機關應每年編寫調適行動方案成果報告，送中央主管機關報請行政院核定後對外公開。

第20條

1 直轄市、縣（市）主管機關應依行動綱領、國家調適計畫及調適行動方案，邀集有關機關、學者、專家、民間團體舉辦座談會或以其他適當方法廣詢意見，訂修氣候變遷調適執行方案（以下簡稱調適執行方案）送直轄市、縣（市）氣候變遷因應推動會，報請中央主管機關會商中央目的事業主管機關核定後實施，並對外公開。

2 直轄市、縣（市）主管機關應每年編寫調適執行方案成果報告，經送直轄市、縣（市）氣候變遷因應推動會後對外公開。

第四章　減量對策

第21條

1 事業具有經中央主管機關公告之排放源，應進行排放量盤查，並於規定期限前登錄於中央主管機關指定資訊平台；其經中央主管機關公告指定應查驗者，盤查相關資料並應經查驗機構查驗。

2 前項之排放量盤查、登錄之頻率、紀錄、應登錄事項與期限、查驗方式、管理及其他應遵行事項之辦法，由中央主管機關定之。

第22條

1 查驗機構應先向中央主管機關或其委託（任）之認證機關（構）申請認證後，並取得中央主管機關許可，始得辦理本法所定查驗事宜。

2 前項查驗機構應具備之條件、許可之申請、審查程序、核發、許可事項、分級查驗範圍、監督、檢查、廢止；查驗人員之資格、訓練、取得合格證書、廢止、管理及其他應遵行事項之辦法，由中央主管機關定之。

3 第一項認證機構資格、委託（任）或停止委託（任）條件及其他應遵行事項之辦法，由中央主管機關定之。

第23條

1 中央主管機關公告之產品，其生產過程排放溫室氣體，應符合效能標準。

2 事業製造或輸入中央主管機關指定之車輛供國內使用者，其車輛排放溫室氣體，應符合效能標準。

3 新建築之構造、設備，應符合減緩溫室氣體排放之規定。

4 第一項、第二項效能標準及前項減緩溫室氣體排放及查核之規定，由中央主管機關會商中央目的事業主管機關擬訂，報請行政院核定後發布。

第24條

1 事業新設或變更排放源達一定規模者，應依溫室氣體增量之一定比率進行抵換。但進行增量抵換確有困難，向主管機關提出申請經核可者，得繳納代金，專作溫室氣體減量工作之用。

2 前項一定規模、增量抵換一定比率、期程、抵換來源、繳納代金之申請程序、代金之計算、繳納期限、繳納方式及其他應遵行事項之辦法，由中央主管機關定之。

第25條

1 事業或各級政府得自行或聯合共同提出自願減量專案，據以執行溫室氣體減量措施，向中央主管機關申請核准取得減量額度，並應依中央主管機關規定之條件及期限使用。

2 中央主管機關得依專案類型，指定前項自願減量措施或減量成果之查驗方式。

3 執行抵換專案、先期專案及第一項自願減量專案取得減量額度之事業及各級政府，應向中央主管機關申請開立帳戶，將減量額度之資訊公開於中央主管機關指定平台，並得移轉、交易或拍賣之。

4 第一項適用對象、申請程序、自願減量方式、專案內容、審查及核准、減量額度計算、使用條件、使用期限、收回、專案或減量額度廢止、管理及其他有關事項之辦法，由中央主管機關定之。

5 第三項帳戶開立應檢具之資料、帳戶管理、減量額度移轉與交易之對象、次數限制、手續費、減量額度拍賣之對象、方式及其他應遵行事項之辦法，由中央主管機關定之。

第26條

前條減量額度用途如下：

一、進行第二十四條第一項之溫室氣體增量抵換。

二、扣除第二十八條第一項各款之排放量。

三、扣除第三十一條第一項之排碳差額。

四、抵銷第三十六條第二項之超額量。

五、其他經中央主管機關認可之用途。

第27條

1 事業取得國外減量額度者，應經中央主管機關認可後，始得扣除第二十八條第一項各款之排放量或抵銷第三十六條第二項之超額量。

2 前項國外減量額度認可、扣除排放量或抵銷超額量之比率等相關事項，由中央主管機關參酌聯合國氣候變化綱要公約與其協議或相關國際公約決議事項、能源效率提升、國內減量額度取得及長期減量目標達成等要素，會商中央目的事業主管機關定之。

第28條

1 中央主管機關為達成國家溫室氣體長期減量目標及各期階段管制目標，得分階段對下列排放溫室氣體之排放源徵收碳費：

一、直接排放源：依其排放量，向排放源之所有人徵收；其所有人非使用人或管理人者，向實際使用人或管理人徵收。

二、間接排放源：依其使用電力間接排放之排放量，向排放源之所有人徵收；其所有人非使用人或管理人者，向實際使用人或管理人徵收。

2 生產電力之直接排放源，得檢具提供電力消費之排放量證明文件，向中央主管機關申請扣除前項第一款之排放量。

3 第一項碳費之徵收費率，由中央主管機關所設之費率審議會依我國溫室氣體減量現況、排放源類型、溫室氣體排放種類、排放量規模、自主減量情形及減量效果及其他相關因素審議，送中央主管機關核定公告，並定期檢討之。

4 第一項碳費之徵收對象、計算方式、徵收方式、申報、繳費流程、繳納期限、繳費金額不足之追繳、補繳、收費之排放量計算方法、免徵及其他應遵行事項之辦法，由中央主管機關定之。

第29條

1 碳費徵收對象因轉換低碳燃料、採行負排放技術、提升能源效率、使用再生能源或製程改善等溫室氣體減量措施，能有效減少溫室氣體排放量並達中央主管機關指定目標者，得提出自主減量計畫向中央主管機關申請核定優惠費率。

2 前項指定目標，由中央主管機關會商有關機關定之。

3 第一項優惠費率、申請核定對象、資格、應檢具文件、自主減量計畫內容、審查程序、廢止及其他應遵行事項之辦法，由中央主管機關定之。

第30條

1 碳費徵收對象得向中央主管機關申請核准以減量額度扣除第二十八條第一項各款之排放量。

2 前項適用對象、應檢具文件、減量額度扣減比率、上限、審查程序、廢止、補足額度及其他應遵行事項之辦法，由中央主管機關定之。

第31條

1 爲避免碳洩漏，事業進口經中央主管機關公告之產品，應向中央主管機關申報產品碳排放量，並依中央主管機關審查核定之排碳差額，於第二十五條之平台取得減量額度。但於出口國已實施排放交易、繳納碳稅或碳費且未於出口時退費者，得檢附相關證明文件，向中央主管機關申請核定減免應取得之減量額度。

2 事業未依前項規定取得足夠減量額度，應向中央主管機關繳納代金。

3 前二項申報、審查程序、排碳差額計算、減免、代金之計算、繳納期限、繳納方式及其他應遵行事項之辦法，由中央主管機關會商有關機關定之。

第32條

中央主管機關應成立溫室氣體管理基金，基金來源如下：

一、第二十四條與前條之代金及第二十八條之碳費。

二、第二十五條及第三十六條之手續費。

三、第三十五條拍賣或配售之所得。

四、政府循預算程序之撥款。

五、人民、事業或團體之捐贈。

六、其他之收入。

第33條

1 前條基金專供執行溫室氣體減量及氣候變遷調適之用，其用途如下：

一、排放源檢查事項。

二、補助直轄市、縣（市）主管機關執行溫室氣體減量工作事項。
三、補助中央目的事業主管機關執行溫室氣體減量工作事項。
四、補助及獎勵事業投資溫室氣體減量技術。
五、辦理前三款以外之輔導、補助、獎勵溫室氣體減量工作事項、研究及開發溫室氣體減量技術。
六、資訊平台帳戶建立、免費核配、拍賣、配售、移轉及交易相關行政工作事項。
七、執行溫室氣體減量及管理所需之約聘僱經費。
八、氣候變遷調適之協調、研擬及推動事項。
九、推動碳足跡管理機制相關事項。
十、氣候變遷及溫室氣體減量之教育及宣導事項。
十一、氣候變遷及溫室氣體減量之國際事務。
十二、協助中央目的事業主管機關執行公正轉型相關工作事項。
十三、其他有關氣候變遷調適研究及溫室氣體減量事項。

2 前項基金用途之實際支用情形，中央主管機關應每二年提出執行成果檢討報告並對外公開。

3 第一項第二款至第五款與第十三款補助、獎勵之對象、申請資格、條件、審查程序、獎勵、補助方式、廢止、追繳及其他有關事項之辦法，由中央主管機關定之。

第34條

1 中央主管機關應參酌聯合國氣候變化綱要公約與其協議或相關國際公約決議事項，因應國際溫室氣體減量規定，實施溫室氣體總量管制及排放交易制度。

2 總量管制應於實施排放量盤查、查驗、登錄制度，並建立自願減量、排放額度核配及交易制度後，由中央主管機關擬訂溫室氣體總量管制及排放交易計畫，會商有關中央目的事業主管機關，報請行政院核定後公告實施，並得與外國政府或國際組織協議共同實施。

第35條

1 中央主管機關應公告納入總量管制之排放源，分階段訂定排放總量目標，於總量管制時應考量各行業之貿易強度、總量管制成本等因素，以避免碳洩漏影響全球減碳及國家整體競爭力之原則，將各階段排放總量所對應排放源之排放額度，以免費核配、拍賣或配售方式，核配其事業。

2 前項配售排放額度之比例，得依進口化石燃料之稅費機制之施行情形酌予扣減。

3 中央主管機關於核配予公用事業之核配額，應扣除其提供排放源能源消費所產生之間接排放二氧化碳當量之額度。

4 中央主管機關得保留部分排放額度以穩定碳市場價格，或核配一定規模以上新設或變更之排放源所屬事業。

5 事業關廠、歇業或解散，其免費核配之排放額度不得轉讓，應由中央主管機關收回；事業停工或停業時，中央主管機關應管控其免費核配之排放額度，必要時得收回之。

6 第一項各行業碳洩漏對國家整體競爭力影響之認定、事業排放額度核配方式、條件、程序、拍賣或配售方法、核配排放額度之廢止及第四項保留排放額度、一定規模及前項收回排放額度、事業停工、停業、復工、復業之程序及其他應遵行事項之辦法，由中央主管機關會商中央目的事業主管機關定之。

第36條

1 經核配排放額度之事業，應向中央主管機關申請開立帳戶，將排放額度之資訊公開於中央主管機關指定平台，並得移轉或交易；其於中央主管機關指定一定期間之排放量，不得超過中央主管機關規定移轉期限日內其帳戶中已登錄可供該期間扣減之排放額度。

2 事業排放量超過其排放額度之數量（以下簡稱超額量），得於規定移轉期限日前，以執行抵換專案、先期專案、自願減量專案、移轉、交易、拍賣取得之減量額度登錄於其帳戶，以供扣減抵銷其超額量；移轉期限日前，帳戶中原已登錄用以扣減抵銷其超額量之剩餘量，在未經查驗前不得用以交易。

3 中央主管機關得委託中央金融主管機關或其指定之機關（構）辦理第二十五條第一項、第二十七條第一項及前條第一項所定額度之交易事宜。

4 第一項及第二項帳戶開立應檢具之資料、帳戶管理、扣減、排放額度移轉與交易之對象、手續費及其他應遵行事項之辦法，由中央主管機關定之；前項涉及額度之交易事宜，應會商中央金融主管機關同意。

第37條

1 中央主管機關得公告一定種類、規模之產品，其製造、輸入或販賣業者，應於指定期限內向中央主管機關申請核定碳足跡，經中央主管機關審查、查驗及核算後核定之，並於規定期限內依核定內容使用及分級標示於產品之容器或外包裝。

2 非屬前項公告之產品，其製造、輸入或販賣業者，得向中央主管機關申請核定碳足跡，經中央主管機關審查、查驗及核算後核定之，並依核定內容使用及分級標示。

3 前二項碳足跡核定之申請、應備文件、審查、查驗、核算、分級、標示、使用、期限、廢止、管理、其他應遵行事項及第二項產品獎勵之辦法，由中央主管機關定之。

第38條

1 中央主管機關得公告禁止或限制國際環保公約管制之高溫暖化潛勢溫室氣體及利用該溫室氣體相關產品之製造、輸入、輸出、販賣、使用或排放。

2 前項公告高溫暖化潛勢溫室氣體及利用該溫室氣體相關產品之製造、輸入、輸出、販賣、使用或排放，應向中央主管機關申請核准、記錄及申報。

3 前項核准之申請、審查程序、核准內容、廢止、記錄、申報、管理及其他應遵行事項之辦法，由中央主管機關定之。

第39條

1 事業捕捉二氧化碳後之利用，應依中央目的事業主管機關之規定辦理。

2 事業辦理二氧化碳捕捉後之封存，應向中央主管機關申請核准。

3 前項二氧化碳捕捉後封存核准之申請，應提出試驗計畫或執行計畫送中央主管機關審查，計畫內容至少應包含座落區位、封存方法、環境衝擊、可行性評估及環境監測。

4 經核准二氧化碳捕捉後封存之事業，應依核准內容執行，於二氧化碳封存期間持續執

行環境監測，並定期向主管機關申報監測紀錄。

5 前三項二氧化碳捕捉後封存核准之審查程序、廢止、監測、記錄、申報、管理及其他應遵行事項之辦法，由中央主管機關會商中央目的事業主管機關定之。

第40條

主管機關或目的事業主管機關得派員攜帶有關執行職務之證明文件或顯示足資辨別之標誌，進入事業、排放源所在或其他相關場所，實施排放源操作、排放相關設施、碳足跡標示、溫室氣體或相關產品製造、輸入、販賣、使用、捕捉後利用、捕捉後封存之檢查，或令其提供有關資料，受檢查者不得規避、妨礙或拒絕。

第41條

1 檢驗測定機構應取得中央主管機關核給之許可證後，始得辦理本法規定涉及溫室氣體排放量、排放效能及環境之檢驗測定。

2 前項檢驗測定機構應具備之條件、設施、檢驗測定人員資格限制、許可證之申請、審查程序、許可事項、廢止、許可證核（換）發、停業、復業、查核、評鑑程序、管理及其他應遵行事項之辦法，由中央主管機關定之。

3 本法各項溫室氣體排放量、排放效能及環境之檢驗測定方法，由中央主管機關定之。

第五章　教育宣導及獎勵

第42條

各級政府應加強推動對於國民、團體、學校及事業對因應氣候變遷減緩與調適之教育及宣導工作，並積極協助民間團體推展有關活動，其相關事項如下：

一、擬訂與推動因應氣候變遷減緩與調適之教育宣導計畫。

二、提供民眾便捷之氣候變遷相關資訊。

三、建立產業及民眾參與機制以協同研擬順應當地環境特性之因應對策。

四、推動氣候變遷相關之科學、技術及管理等人才培育。

五、於各級學校推動以永續發展為導向之氣候變遷教育，培育師資，研發與編製教材，培育未來因應氣候變遷之跨領域人才。

六、鼓勵各級政府、企業、民間團體支持與強化氣候變遷教育，結合環境教育、終身教育及在職教育之相關措施。

七、促進人民節約能源及提高能源使用效率。

八、推動低碳飲食、選擇在地食材及減少剩食。

九、其他經各級政府公告之事項。

第43條

各級政府、公立學校及公營事業機構應宣導、推廣節約能源及使用低耗能高能源效率產品或服務，以減少溫室氣體之排放。

第44條

提供各式能源者，應致力於宣導、鼓勵使用者節約能源及提高能源使用效率。

第45條

1 中央目的事業主管機關對於辦理氣候變遷調適或溫室氣體減量及管理績效優良之機關、機構、事業、學校、團體或個人，得予獎勵或補助。

2 前項獎勵與補助之條件、原則、審查程序、廢止及其他有關事項之辦法，由中央目的事業主管機關定之。

第46條

1 各中央目的事業主管機關應就其權責事項，在尊重人權及尊嚴勞動之原則下，諮詢因應淨零排放轉型受影響之社群，邀集中央及地方有關機關、學者、專家、民間團體採行適當公民參與機制廣詢意見，訂修該主管業務之公正轉型行動方案，送第八條第二項所定公正轉型之主辦機關。

2 前項主辦機關應基於公私協力原則，整合各中央目的事業主管機關提交之公正轉型行動方案，採行適當公民參與機制廣詢意見，定期擬訂國家公正轉型行動計畫及編寫成果報告，報請行政院核定後對外公開。

第六章　罰則

第47條

1 事業有下列情形之一者，處新臺幣二十萬元以上二百萬元以下罰鍰，並通知限期改善；屆期仍未完成改善者，按次處罰；情節重大者，得令其停止操作、停工或停業，及限制或停止交易：

一、依第二十一條第一項規定有盤查、登錄義務者，明知爲不實之事項而盤查、登錄。

二、依第三十六條第二項規定登錄者，明知爲不實之事項而登錄。

2 有前項第二款情形者，中央主管機關應於重新核配排放量時，扣減其登錄不實之差額排放量。

第48條

規避、妨礙、拒絕依第四十條之檢查或要求提供資料之命令者，由主管機關或目的事業主管機關處新臺幣二十萬元以上二百萬元以下罰鍰，並得按次處罰及強制執行檢查。

第49條

1 事業違反依第二十一條第二項所定辦法中有關排放量盤查、登錄之頻率、紀錄、應登錄事項、期限或管理之規定，經通知限期補正或改善，屆期仍未補正或完成改善者，處新臺幣十萬元以上一百萬元以下罰鍰，並通知限期補正或改善；屆期仍未補正或完成改善者，按次處罰。

2 查驗機構未依第二十二條第一項取得許可逕行辦理查驗或違反依同條第二項所定辦法中有關應具備之條件、許可事項、查驗人員之資格或管理之規定者，處新臺幣十萬元以上一百萬元以下罰鍰，並通知限期改善；屆期仍未完成改善者，按次處罰。

第50條

有下列情形之一者，處新臺幣十萬元以上一百萬元以下罰鍰，並通知限期補正或改善，屆期仍未補正或完成改善者，按次處罰；情節重大者，得令其停業，必要時，並得廢止其許可或勒令歇業：

一、檢驗測定機構未依第四十一條第一項取得許可證逕行檢驗測定。

二、違反依第四十一條第二項所定辦法有關檢驗測定機構應具備之條件、設施、檢驗測定人員資格限制、許可事項或管理之規定。

第51條

有下列情形之一者，處新臺幣十萬元以上一百萬元以下罰鍰，並通知限期改善；屆期仍未完成改善者，應限制或停止交易：

一、違反依第二十五條第五項所定辦法中有關減量額度移轉、交易、拍賣之對象或方式之規定。

二、違反依第三十六條第四項所定辦法中有關排放額度移轉、交易之對象之規定。

第52條

有下列情形之一者，處新臺幣十萬元以上一百萬元以下罰鍰，並通知限期補正或申報；屆期仍未補正或申報者，按次處罰：

一、未依第二十四條第一項規定抵換溫室氣體增量。

二、違反第三十八條第一項公告禁止之規定。

三、違反第三十八條第一項公告限制之規定，或未依第二項申請核准逕行製造、輸入、輸出、販賣、使用或排放第一項公告限制之高溫暖化潛勢溫室氣體或利用該溫室氣體相關產品。

四、違反依第三十八條第三項所定辦法中有關製造、輸入、輸出、販賣、使用或排放之核准內容、記錄、申報或管理之規定。

第53條

有下列情形之一者，處新臺幣十萬元以上一百萬元以下罰鍰，並通知限期補正或改善；屆期仍未補正或完成改善者，得按次處罰：

一、事業違反第三十九條第二項規定未經核准逕行二氧化碳捕捉後之封存。

二、事業違反第三十九條第四項規定未依核准內容執行。

三、違反依第三十九條第五項所定辦法有關二氧化碳捕捉後封存之監測、記錄、申報或管理之規定。

第54條

有下列情形之一者，由主管機關處新臺幣一萬元以上一百萬元以下罰鍰，並通知限期改善；屆期仍未完成改善者，按次處罰：

一、違反第三十七條第一項規定，未於中央主管機關指定期限內申請核定碳足跡，或未於規定期限內依核定內容使用或標示於產品之容器或外包裝。

二、違反依第三十七條第三項所定辦法中有關碳足跡標示、使用或管理之規定。

第55條

1 依第二十八條第一項規定應繳納碳費，有偽造、變造或其他不正當方式短報或漏報與

碳費計算有關資料者，中央主管機關得逕依查核結果核算排放量，並以碳費收費費率之二倍計算其應繳費額。

2 以前項之方式逃漏碳費者，中央主管機關除依第六十條計算及徵收逃漏之碳費外，並追繳最近五年內之應繳費額。但應徵收碳費起徵未滿五年者，自起徵日起計算追繳應繳費額。

3 前項追繳應繳費額，應自中央主管機關通知限期繳納截止日之次日或逃漏碳費發生日起，至繳納之日止，依繳納當日郵政儲金一年期定期存款固定利率按日加計利息。

第56條

1 事業違反第三十六條第一項規定，於移轉期限日，帳戶中未登錄足供扣減之排放額度者，每公噸超額量處碳市場價格三倍之罰鍰，以每一公噸新臺幣一千五百元為上限。

2 前項碳市場價格，由中央主管機關會商中央目的事業主管機關參考國內外碳市場交易價格定期檢討並公告之。

第57條

1 依本法通知限期補正、改善或申報者，其補正、改善或申報期間，以九十日為限。因天災或其他不可抗力事由致未能於補正、改善或申報期限內完成者，應於其原因消滅後繼續進行，並於十五日內，以書面敘明理由，檢具相關資料，向處分機關申請重新核定補正、改善或申報期限。

2 未能於前項期限內完成改善者，得於接獲通知之日起三十日內提出具體改善計畫，向處分機關申請延長，處分機關應依實際狀況核定改善期限，最長以一年為限，必要時得再延長一年；未確實依改善計畫執行，經查屬實者，處分機關得立即終止其改善期限，並從重處罰。

第58條

本法所定之處罰，除另有規定外，由中央主管機關為之。

第59條

本法所定罰鍰裁罰基準等相關事項之準則，由中央主管機關定之。

第七章　附則

第60條

1 未依第二十四條第二項、第二十八條第四項及第三十一條第三項所定辦法，於期限內繳納代金、碳費者，每逾一日按滯納之金額加徵百分之零點五滯納金，一併繳納；逾期三十日仍未繳納者，移送強制執行。

2 前項應繳納代金、碳費，應自滯納期限屆滿之次日起，至繳納之日止，依繳納當日郵政儲金一年期定期存款固定利率按日加計利息。

第61條

1 主管機關依本法規定受理各項申請之審查、許可，應收取檢驗費、審查費、手續費或證書等規費。

2 前項收費標準，由中央主管機關會商有關機關定之。

第62條

本法施行細則，由中央主管機關定之。

第63條

本法自公布日施行。

附錄 3-12 環境影響評估法

法規名稱：環境影響評估法
修正日期：民國112年05月03日

第一章　總則

第1條

為預防及減輕開發行為對環境造成不良影響，藉以達成環境保護之目的，特制定本法。
本法未規定者，適用其他有關法令之規定。

第2條

本法所稱主管機關：在中央為行政院環境保護署；在直轄市為直轄市政府；在縣（市）為縣（市）政府。

第3條

1 各級主管機關為審查環境影響評估報告有關事項，應設環境影響評估審查委員會（以下簡稱委員會）。
2 前項委員會任期二年，其中專家學者不得少於委員會總人數三分之二。目的事業主管機關為開發單位時，目的事業主管機關委員應迴避表決。
3 中央主管機關所設之委員會，其組織規程，由行政院環境保護署擬訂，報請行政院核定後發布之。
4 直轄市主管機關所設之委員會，其組織規程，由直轄市主管機關擬訂，報請權責機關核定後發布之。
5 縣（市）主管機關所設之委員會，其組織規程，由縣（市）主管機關擬訂，報請權責機關核定後發布之。

第4條

本法專用名詞定義如下：
一、開發行為：指依第五條規定之行為。其範圍包括該行為之規劃、進行及完成後之使用。
二、環境影響評估：指開發行為或政府政策對環境包括生活環境、自然環境、社會環境及經濟、文化、生態等可能影響之程度及範圍，事前以科學、客觀、綜合之調查、預測、分析及評定，提出環境管理計畫，並公開說明及審查。環境影響評估工作包括第一階段、第二階段環境影響評估及審查、追蹤考核等程序。

第5條

1 下列開發行為對環境有不良影響之虞者，應實施環境影響評估：

一、工廠之設立及工業區之開發。

二、道路、鐵路、大衆捷運系統、港灣及機場之開發。

三、土石採取及探礦、採礦。

四、蓄水、供水、防洪排水工程之開發。

五、農、林、漁、牧地之開發利用。

六、遊樂、風景區、高爾夫球場及運動場地之開發。

七、文教、醫療建設之開發。

八、新市區建設及高樓建築或舊市區更新。

九、環境保護工程之興建。

十、核能及其他能源之開發及放射性核廢料儲存或處理場所之興建。

十一、其他經中央主管機關公告者。

2 前項開發行為應實施環境影響評估者，其認定標準、細目及環境影響評估作業準則，由中央主管機關會商有關機關於本法公布施行後一年內定之，送立法院備查。

第二章　評估、審查及監督

第6條

1 開發行為依前條規定應實施環境影響評估者，開發單位於規劃時，應依環境影響評估作業準則，實施第一階段環境影響評估，並作成環境影響說明書。

2 前項環境影響說明書應記載下列事項：

一、開發單位之名稱及其營業所或事務所。

二、負責人之姓名、住、居所及身分證統一編號。

三、環境影響說明書綜合評估者及影響項目撰寫者之簽名。

四、開發行為之名稱及開發場所。

五、開發行為之目的及其內容。

六、開發行為可能影響範圍之各種相關計畫及環境現況。

七、預測開發行為可能引起之環境影響。

八、環境保護對策、替代方案。

九、執行環境保護工作所需經費。

十、預防及減輕開發行為對環境不良影響對策摘要表。

第7條

1 開發單位申請許可開發行為時，應檢具環境影響說明書，向目的事業主管機關提出，並由目的事業主管機關轉送主管機關審查。

2 主管機關應於收到前項環境影響說明書後五十日內，作成審查結論公告之，並通知目的事業主管機關及開發單位。但情形特殊者，其審查期限之延長以五十日為限。

3 前項審查結論主管機關認不須進行第二階段環境影響評估並經許可者，開發單位應舉行公開之說明會。

第8條

1 前條審查結論認爲對環境有重大影響之虞，應繼續進行第二階段環境影響評估者，開發單位應辦理下列事項：

一、將環境影響說明書分送有關機關。

二、將環境影響說明書於開發場所附近適當地點陳列或揭示，其期間不得少於三十日。

三、於新聞紙刊載開發單位之名稱、開發場所、審查結論及環境影響說明書陳列或揭示地點。

2 開發單位應於前項陳列或揭示期滿後，舉行公開說明會。

第9條

前條有關機關或當地居民對於開發單位之說明有意見者，應於公開說明會後十五日內以書面向開發單位提出，並副知主管機關及目的事業主管機關。

第10條

1 主管機關應於公開說明會後邀集目的事業主管機關、相關機關、團體、學者、專家及居民代表界定評估範疇。

2 前項範疇界定之事項如下：

一、確認可行之替代方案。

二、確認應進行環境影響評估之項目；決定調查、預測、分析及評定之方法。

三、其他有關執行環境影響評估作業之事項。

第11條

1 開發單位應參酌主管機關、目的事業主管機關、有關機關、學者、專家、團體及當地居民所提意見，編製環境影響評估報告書（以下簡稱評估書）初稿，向目的事業主管機關提出。

2 前項評估書初稿應記載下列事項：

一、開發單位之名稱及其營業所或事務所。

二、負責人之姓名、住、居所及身分證統一編號。

三、評估書綜合評估者及影響項目撰寫者之簽名。

四、開發行爲之名稱及開發場所。

五、開發行爲之目的及其內容。

六、環境現況、開發行爲可能影響之主要及次要範圍及各種相關計畫。

七、環境影響預測、分析及評定。

八、減輕或避免不利環境影響之對策。

九、替代方案。

十、綜合環境管理計畫。

十一、對有關機關意見之處理情形。

十二、對當地居民意見之處理情形。

十三、結論及建議。

十四、執行環境保護工作所需經費。

十五、預防及減輕開發行爲對環境不良影響對策摘要表。

十六、參考文獻。

第12條

1 目的事業主管機關收到評估書初稿後三十日內，應會同主管機關、委員會委員、其他有關機關，並邀集專家、學者、團體及當地居民，進行現場勘察並舉行公聽會，於三十日內作成紀錄，送交主管機關。

2 前項期間於必要時得延長之。

第13條

1 目的事業主管機關應將前條之勘察現場紀錄、公聽會紀錄及評估書初稿送請主管機關審查。

2 主管機關應於六十日內作成審查結論，並將審查結論送達目的事業主管機關及開發單位；開發單位應依審查結論修正評估書初稿，作成評估書，送主管機關依審查結論認可。

3 前項評估書經主管機關認可後，應將評估書及審查結論摘要公告，並刊登公報。但情形特殊者，其審查期限之延長以六十日爲限。

第13-1條

1 環境影響說明書或評估書初稿經主管機關受理後，於審查時認有應補正情形者，主管機關應詳列補正所需資料，通知開發單位限期補正。開發單位未於期限內補正或補正未符主管機關規定者，主管機關應函請目的事業主管機關駁回開發行爲許可之申請，並副知開發單位。

2 開發單位於前項補正期間屆滿前，得申請展延或撤回審查案件。

第14條

1 目的事業主管機關於環境影響說明書未經完成審查或評估書未經認可前，不得爲開發行爲之許可，其經許可者，無效。

2 經主管機關審查認定不應開發者，目的事業主管機關不得爲開發行爲之許可。但開發單位得另行提出替代方案，重新送主管機關審查。

3 開發單位依前項提出之替代方案，如就原地點重新規劃時，不得與主管機關原審查認定不應開發之理由牴觸。

第15條

同一場所，有二個以上之開發行爲同時實施者，得合併進行評估。

第16條

1 已通過之環境影響說明書或評估書，非經主管機關及目的事業主管機關核准，不得變更原申請內容。

2 前項之核准，其應重新辦理環境影響評估之認定，於本法施行細則定之。

第16-1條

開發單位於通過環境影響說明書或評估書審查，並取得目的事業主管機關核發之開發許可後，逾三年始實施開發行為時，應提出環境現況差異分析及對策檢討報告，送主管機關審查。主管機關未完成審查前，不得實施開發行為。

第16-2條

1 環境影響說明書、評估書或環境現況差異分析及對策檢討報告之審查結論公告後，開發單位遭目的事業主管機關廢止其開發許可文件者，審查結論失其效力。

2 本法修正前已公告之環境影響說明書、評估書或環境現況差異分析及對策檢討報告審查結論，適用前項規定。

第17條

開發單位應依環境影響說明書、評估書所載之內容及審查結論，切實執行。

第18條

1 開發行為進行中及完成後使用時，應由目的事業主管機關追蹤，並由主管機關監督環境影響說明書、評估書及審查結論之執行情形；必要時，得命開發單位定期提出環境影響調查報告書。

2 開發單位作成前項調查報告書時，應就開發行為進行前及完成後使用時之環境差異調查、分析，並與環境影響說明書、評估書之預測結果相互比對檢討。

3 主管機關發現對環境造成不良影響時，應命開發單位限期提出因應對策，於經主管機關核准後，切實執行。

第19條

目的事業主管機關追蹤或主管機關監督環境影響評估案時，得行使警察職權。必要時，並得商請轄區內之憲警協助之。

第三章　罰則

第20條

依第七條、第十一條、第十三條或第十八條規定提出之文書，明知為不實之事項而記載者，處三年以下有期徒刑、拘役或科或併科新臺幣三萬元以下罰金。

第21條

開發單位不遵行目的事業主管機關依本法所為停止開發行為之命令者，處負責人三年以下有期徒刑或拘役，得併科新臺幣三十萬元以下罰金。

第22條

開發單位於未經主管機關依第七條或依第十三條規定作成認可前，即逕行為第五條第一項規定之開發行為者，處新臺幣三十萬元以上一百五十萬元以下罰鍰，並由主管機關轉請目的事業主管機關，命其停止實施開發行為。必要時，主管機關得逕命其停止實施開發行為，其不遵行者，處負責人三年以下有期徒刑或拘役，得併科新臺幣三十萬元以下罰金。

第23條

1 有下列情形之一，處新臺幣三十萬元以上一百五十萬元以下罰鍰，並限期改善；屆期仍未改善者，得按日連續處罰：

一、違反第七條第三項、第十六條之一或第十七條之規定者。

二、違反第十八條第一項，未提出環境影響調查報告書或違反第十八條第三項，未提出因應對策或不依因應對策切實執行者。

三、違反第二十八條未提出因應對策或不依因應對策切實執行者。

2 前項情形，情節重大者，得由主管機關轉請目的事業主管機關，命其停止實施開發行爲。必要時，主管機關得逕命其停止實施開發行爲，其不遵行者，處負責人三年以下有期徒刑或拘役，得併科新臺幣三十萬元以下罰金。

3 開發單位因天災或其他不可抗力事由，致不能於第一項之改善期限內完成改善者，應於其原因消滅後繼續進行改善，並於三十日內以書面敘明理由，檢具有關證明文件，向主管機關申請核定賸餘期間之起算日。

4 第二項所稱情節重大，指下列情形之一：

一、開發單位造成廣泛之公害或嚴重之自然資源破壞者。

二、開發單位未依主管機關審查結論或環境影響說明書、評估書之承諾執行，致危害人體健康或農林漁牧資源者。

三、經主管機關按日連續處罰三十日仍未完成改善者。

5 開發單位經主管機關依第二項處分停止實施開發行爲者，應於恢復實施開發行爲前，檢具改善計畫執行成果，報請主管機關查驗；其經主管機關限期改善而自行申報停止實施開發行爲者，亦同。經查驗不合格者，不得恢復實施開發行爲。

6 前項停止實施開發行爲期間，爲防止環境影響之程度、範圍擴大，主管機關應會同有關機關，依據相關法令要求開發單位進行復整改善及緊急應變措施。不遵行者，主管機關得函請目的事業主管機關廢止其許可。

7 第一項及第四項所稱按日連續處罰，其起算日、暫停日、停止日、改善完成認定查驗及其他應遵行事項，由中央主管機關定之。

8 開發單位違反本法或依本法授權訂定之相關命令而主管機關疏於執行時，受害人民或公益團體得敘明疏於執行之具體內容，以書面告知主管機關。

9 主管機關於書面告知送達之日起六十日內仍未依法執行者，人民或公益團體得以該主管機關爲被告，對其怠於執行職務之行爲，直接向行政法院提起訴訟，請求判令其執行。

10 行政法院爲前項判決時，得依職權判令被告機關支付適當律師費用、偵測鑑定費用或其他訴訟費用予對預防及減輕開發行爲對環境造成不良影響有具體貢獻之原告。

12 第八項之書面告知格式，由中央主管機關定之。

第23-1條

1 開發單位經依本法處罰並通知限期改善，應於期限屆滿前提出改善完成之報告或證明文件，向主管機關報請查驗。

2 開發單位未依前項辦理者，視為未完成改善。第24條依本法所處罰鍰，經通知限期繳納，屆期不繳納者，移送法院強制執行。

第四章　附則

第25條

開發行為涉及軍事秘密及緊急性國防工程者，其環境影響評估之有關作業，由中央主管機關會同國防部另定之。

第26條

有影響環境之虞之政府政策，其環境影響評估有關作業，由中央主管機關另定之。

第27條

1 主管機關審查開發單位依第七條、第十一條、第十三條或第十八條規定提出之環境影響說明書、評估書初稿、評估書或環境影響調查報告書，得收取審查費。
2 前項收費辦法，由中央主管機關另定之。

第28條

本法施行前已實施而尚未完成之開發行為，主管機關認有必要時，得命開發單位辦理環境影響之調查、分析，並提出因應對策，於經主管機關核准後，切實執行。

第29條

本法施行前已完成環境影響說明書或環境影響評估報告書，並經審查作成審查結論，而未依審查結論執行者，主管機關及相關主管機關應命開發單位依本法第十八條相關規定辦理，開發單位不得拒絕。

第30條

當地居民依本法所為之行為，得以書面委任他人代行之。

第31條

本法施行細則，由中央主管機關定之。

第32條

本法自公布日施行。

國家圖書館出版品預行編目(CIP)資料

圖解環境管理系統ISO 14001:2015實務／林澤宏，林啟燦著. -- 初版. -- 臺北市：五南圖書出版股份有限公司，2024.09
面；　公分
ISBN 978-626-393-749-9(平裝)

1.CST: 環境保護　2.CST: 品質管理
3.CST: 國際標準

445.99　　113013156

5AF1

圖解環境管理系統ISO 14001：2015實務

作　　者 — 林澤宏（119.6）、林啟燦（122.8）
企劃主編 — 王正華
責任編輯 — 張維文
封面設計 — 姚孝慈
出 版 者 — 五南圖書出版股份有限公司
發 行 人 — 楊榮川
總 經 理 — 楊士清
總 編 輯 — 楊秀麗
地　　址：106台北市大安區和平東路二段339號4樓
電　　話：(02)2705-5066　　傳　　真：(02)2706-6100
網　　址：https://www.wunan.com.tw
電子郵件：wunan@wunan.com.tw
劃撥帳號：01068953
戶　　名：五南圖書出版股份有限公司
法律顧問　林勝安律師
出版日期　2024年9月初版一刷
定　　價　新臺幣450元

經典永恆·名著常在

五十週年的獻禮——經典名著文庫

五南，五十年了，半個世紀，人生旅程的一大半，走過來了。
思索著，邁向百年的未來歷程，能為知識界、文化學術界作些什麼？
在速食文化的生態下，有什麼值得讓人雋永品味的？

歷代經典·當今名著，經過時間的洗禮，千錘百鍊，流傳至今，光芒耀人；
不僅使我們能領悟前人的智慧，同時也增深加廣我們思考的深度與視野。
我們決心投入巨資，有計畫的系統梳選，成立「經典名著文庫」，
希望收入古今中外思想性的、充滿睿智與獨見的經典、名著。
這是一項理想性的、永續性的巨大出版工程。
不在意讀者的眾寡，只考慮它的學術價值，力求完整展現先哲思想的軌跡；
為知識界開啟一片智慧之窗，營造一座百花綻放的世界文明公園，
任君遨遊、取菁吸蜜、嘉惠學子！